Methodenvorschlag zur Berechnung der Sonneneinstrahlung für Prognosen

Larissa Hille

Methodenvorschlag zur Berechnung der Sonneneinstrahlung für Prognosen

Mathematische Verfahren für die ingenieurtechnische Anwendung

Springer Vieweg

Larissa Hille
Bielefeld, Deutschland

ISBN 978-3-658-43175-4 ISBN 978-3-658-43176-1 (eBook)
https://doi.org/10.1007/978-3-658-43176-1

Die Deutsche Nationalbibliothek verzeichnet diese Publikation in der Deutschen Nationalbibliografie; detaillierte bibliografische Daten sind im Internet über http://dnb.d-nb.de abrufbar.

Planung/Lektorat: Daniel Froehlich
Springer Vieweg ist ein Imprint der eingetragenen Gesellschaft Springer Fachmedien Wiesbaden GmbH und ist ein Teil von Springer Nature.
Die Anschrift der Gesellschaft ist: Abraham-Lincoln-Str. 46, 65189 Wiesbaden, Germany

Das Papier dieses Produkts ist recyclebar.

Vorwort

In diesem Buch werden zwei neue Verfahren vorgestellt, die es ermöglichen, die Sonneneinstrahlung auf der Erde exakter und schneller zu berechnen. Das Verfahren zur Berechnung diffuser Strahlung verwendet Informationen über die Konzentrationen atmosphärischer Partikel und die Sonnenposition, um die Verteilung der Strahlung in der Erdatmosphäre zu bestimmen. Sein Vorteil gegenüber anderen für solche Berechnungen einsetzbaren Verfahren ist, dass es Teile der berechneten Lösungen wiederverwenden kann und deshalb nach einer gewissen Anlaufzeit sehr schnell wird. Das zweite Verfahren ist eine schnelle und exakte Berechnung der Sonnenposition.

Beide Verfahren wurden mithilfe von Excel-Tabellen getestet. Diese können auf der Internetseite des Springer-Verlags zu diesem Buch heruntergeladen werden.

Mit dieser Veröffentlichung möchte ich Menschen erreichen, die sich mit der Erstellung von Leistungsprognosen für Photovoltaikanlagen und mit der Berechnung von Wetterprognosen befassen. Ich möchte helfen, die Genauigkeit der Prognosen für die Solarenergie zu erhöhen, um eine effizientere Nutzung der erneuerbaren Energie zu ermöglichen. Außerdem hoffe ich, dass meine Verfahren zur Verbesserung von Wettermodellen beitragen können.

Ich möchte mich in diesem Vorwort bei Menschen bedanken, die mir bei meiner Arbeit an diesem Projekt geholfen haben. An erster Stelle möchte ich meinen Mann Armin erwähnen, der ein tiefes Verständnis für Physik und Technik besitzt und mir bei vielen Fragen mit einer Erklärung oder mit einem Buch aus seiner umfassenden Fachbüchersammlung helfen konnte und der außerdem in der Zeit, in der ich an meinem Projekt gearbeitet habe, den Großteil der Hausarbeiten übernahm. Ich danke meiner Tochter Marina, die ihrem Vater hilft und mit mir zusammen Sport macht. Ich bedanke mich bei meiner Tochter Alexandra und allen Kindern und Erwachsenen, die 2019 für Fridays for Future auf die Straße gingen, weil sie mich dazu bewegt haben, eine Ideensuche gegen den Klimawandel zu starten. Ebenso bedanke ich mich bei meinem Bruder Gilani für das Einrichten eines Laptops. Ich danke dem Springer-Verlag und seinen Mitarbeitern für das Interesse an diesem Buch. Insbesondere danke ich dem Cheflektor für Energie und Umwelttechnik Dr. Daniel Fröhlich, weil sein Rat zu einer weiteren Recherche dazu führte, dass sich mein ursprüngliches Konzept verbessert hat. Ich bedanke mich bei meinem Freund und ehemaligen Kollegen Jan Klingel, der mir beim Erstellen von Skripten zum Sortieren von Simulationsergebnissen geholfen hat.

Bielefeld
26.07.2023

Larissa Hille

Inhaltsverzeichnis

Teil II Bahndynamik

Einleitung

1

Inhaltsverzeichnis

In diesem Kapitel wird nach einem kurzen Rückblick auf die bisherige Entwicklung der optischen Forschung das Thema dieses Buches vorgestellt. Anschließend werden einige in diesem Buch verwendete Begriffe der Strahlungsübertragung erklärt.

1.1 Entwicklung der optischen Forschung

Das Licht steht seit mehreren Jahrhunderten im Fokus der physikalischen Forschung. Die Entwicklung des Fernrohrs am Anfang des siebzehnten Jahrhunderts hat ein großes Interesse für Astronomie und optische Experimente ausgelöst und rückte das Licht ins Zentrum des wissenschaftlichen Diskurses. So hat sich P. Fermat (1601–1665) mit der Laufzeit des Lichts in Medien befasst und das Grundprinzip der klassischen Optik formuliert. C. Huygens (1629–1695) hat die Lichtstreuung an kleinen Partikeln beobachtet und die Wellentheorie des Lichts entwickelt. I. Newton (1643–1727) hat die Zerlegung des weißen Lichts in ein farbiges Spektrum entdeckt und daraus die Periodizität des Lichts gefolgert.

L. Hille, *Methodenvorschlag zur Berechnung der Sonneneinstrahlung für Prognosen*,
https://doi.org/10.1007/978-3-658-43176-1_1

T. Young (1773–1829) erkannte, wie sich eine Augenlinse auf Entfernungen einstellt und führte die Farbempfindlichkeit auf drei farbempfindliche Elemente zurück. Er schloss aus seinen Beobachtungen von Interferenzen, dass das Licht eine sich im Äther ausbreitende Welle ist und formulierte ein Interferenzprinzip, mit dem er Wellenlängen bestimmte. Zur Erklärung aller Interferenzphänomene schlug T. Young einen transversalen Wellencharakter des Lichts vor. A. J. Fresnel (1788–1827) wies mit seinen Experimenten zur Interferenz die Wellennatur des Lichts nach. Er folgerte aus seinen Versuchen zur Polarisation des Lichts, dass das Licht aus Transversalwellen besteht und hat die erste erfolgreiche Wellenlängenbestimmung durchgeführt. Er erklärte das Drehen der Polarisationsebene bei linear polarisiertem Licht und die Polarisation bei einer Reflexion, entdeckte und erklärte zirkulare und elliptische Polarisation.

Im neunzehnten Jahrhundert hat die Entdeckung der Elektrizität einen neuen Impuls für die Erforschung des Lichts gegeben. J. C. Maxwell (1831–1879) hat ausgehend von einer von M. Faraday (1791–1867) eingebrachten Idee des elektrischen Feldes seine vier Gleichungen der Elektrodynamik formuliert. Eine unmittelbare Folge dieser Gleichungen war die Existenz elektromagnetischer Wellen, die sich mit Lichtgeschwindigkeit ausbreiten. J. C. Maxwell folgerte daraus, dass das Licht eine elektromagnetische Strahlung darstellt.

J.W. Rayleigh (1842–1919) nutzte die Maxwellschen Gleichungen, um die Streuung einer elektromagnetischen Welle an sehr kleinen Teilchen zu berechnen und hat eine starke Abhängigkeit zwischen der Frequenz der Welle und der Stärke der gestreuten Strahlung festgestellt. Er folgerte aus seiner Berechnung, dass das blaue Licht des Himmels durch die Streuung des blauen Sonnenlichts an Luftmolekülen entsteht.

G. A. Mie (1868–1957) verwendete die Maxwellschen Gleichungen, um eine Theorie zur Berechnung der Streuung elektromagnetischer Wellen durch kugelförmige Partikel zu entwickeln. Die hierfür notwendigen Berechnungen waren so kompliziert, dass er nur Lösungen für sehr kleine Kugeln angeben konnte (Mie 1908). H. A. Lorentz (1853–1928) hat zehn Jahre früher ebenfalls eine Arbeit zur Streuung des Lichts an kugelförmigen Partikeln verfasst, in der er zum gleichen Ergebnis kam (Lorenz 1898). Weil es für Lorentz nur eines von vielen Forschungsbeiträgen war, wird die Streuung an großen Partikeln heute als Mie-Streuung bezeichnet.[1]

J. Stefan (1835–1893) formulierte das Gesetz über die Gesamtstrahlung des schwarzen Körpers und konnte damit die Oberflächentemperatur der Sonne berechnen. L. Boltzmann (1844–1906) fand eine theoretische Begründung für dieses Gesetz. M. Planck (1854–1947) erkannte, dass ein strahlendes System nicht beliebige Energiemengen emittieren kann, sondern nur ganzzahlige Vielfache eines Energiequantums $h\nu$, wobei ν die Frequenz der Strahlung und h eine Naturkonstante ist. Er leitete 1900 das Gesetz der

[1] Die Angaben zu Lebensdaten und Forschungsbeiträgen bis zum Ende des neunzehnten Jahrhunderts stammen von (Gerthsen et al. 1986) und (Brockhaus-Enzyklopädie 1992).

schwarzen Strahlung ab, dessen Integral über alle Frequenzen dem Stefan-Boltzmann-Gesetz entspricht.

A. Einstein (1879–1955) entwickelte seine Relativitätstheorie, aus der er die Äquivalenz von Masse und Energie folgerte. Er lieferte neue Feldgleichungen für die Gravitation und änderte grundlegend die Anschauungen über die Struktur des physikalischen Raums. K. Schwarzschild (1873–1916) führte bahnbrechende Arbeiten zu photographischen Helligkeitsmessungen der Sterne aus, erforschte den Strahlungstransport in der Sonnenatmosphäre und baute die allgemeine Relativitätstheorie aus (Karl Schwarzschild – Wikipedia 2023).

A. Eddington (1882–1944) hat 1919 durch Beobachtung einer totalen Sonnenfinsternis eine durch die Relativitätstheorie vorausgesagte Lichtablenkung im Schwerefeld der Sonne bestätigt und trug so zur Durchsetzung der Relativitätstheorie bei. Es stellte eine gegenwärtig anerkannte Theorie über den Zustand der Sternenmaterie auf, nach der ein Stern aus Gas besteht und sich der Druck und die Temperatur im Inneren eines Sterns mit zunehmender Tiefe erhöhen. Die Gravitationskraft im Sterneninneren wird nach dieser Theorie durch den Gasdruck und den Strahlungsdruck ausgeglichen, sodass der Stern nicht kollabiert (Arthur Stanley Eddington – Wikipedia 2023). S. Chandrasekhar entwickelte auf der Basis der Ideen von A. Schwarzschild und A. Eddington mehrere Methoden zur Berechnung des Strahlungstransports in einer planparallelen Atmosphäre (Chandrasekhar 1960).

In der zweiten Hälfte des zwanzigsten Jahrhunderts war es wieder der technische Fortschritt, der die Wissenschaft voranbrachte. Die Verfügbarkeit von elektronischen Rechenmaschinen erlaubte nun das Anwenden der Mie-Theorie auf Kugeln beliebiger Größe. Die neuen Möglichkeiten wurden genutzt, um lichtstreuende Eigenschaften verschiedener Wolkentypen zu untersuchen (Deirmendjian 1964), (Carrier et al. 1967). Mehrfachstreuung konnte mithilfe von Monte-Carlo-Simulationen berechnet werden (Carter et al. 1978). Diese Arbeiten dienten der Verbesserung meteorologischer Verfahren und zur Weiterentwicklung optischer Systeme.

Ein weiteres Anliegen der forschenden Gemeinschaft war es, nicht nur ausgehend von einer bekannten Größe und Beschaffenheit der streuenden Partikel die erwartete Strahlungsverteilung vorauszusagen, sondern auch aus Strahlungsmessungen folgern zu können, welche Teilchen sich in einem Volumen befinden und das Licht zum Streuen bringen (Bohren und Huffman 1983). Diese Forschungsrichtung nahm ihren Anfang in der Astrophysik. H. van de Hulst (1918–2000) erforschte laut (Hendrik Christoffel van de Hulst – Wikipedia 2022) die Lichtstreuung an interstellaren Partikeln und hat 1948 seine Methoden in einem Buch (H. C. van de Hulst 1981) zusammengefasst. Später nutzte er die Prinzipien des Strahlungstransports zur Entwicklung eines Verfahrens, mit dem sich die Lichtstreuung in der Erdatmosphäre aus Messungen der planetaren Albedo ermitteln lässt (H. C. van de Hulst 1980). Auch andere Forscher nutzten die Methoden des Strahlungstransports zu spektroskopischen Untersuchungen der Erdatmosphäre (Liou 2002).

Auch für medizinische und industrielle Anwendungen ist die Spektroskopie ein wichtiger Forschungszweig, denn sie erlaubt es, mikroskopisch kleine Teilchen mithilfe von Lasern zu erkennen. Weil das Licht eines Lasers im Gegensatz zum direkten Sonnenlicht keine ebene Welle darstellt und anders gestreut wird, haben G. Gouesbet und G. Gréhan eine Verallgemeinerung der Mie-Theorie entwickelt, die es erlaubt, die Form der einfallenden Welle zu variieren (Gouesbet und Gréhan 2011).

Heute werden satellitengestützte LiDAR-Systeme[2] für atmosphärische und ozeanographische Messungen eingesetzt. Sie werden für die Messungen von Treibhausgas- und Aerosolkonzentrationen, zur Überwachung maritimer Ökosysteme und für die Messungen der Wasserqualität genutzt. Um LiDAR-Daten analysieren zu können, ist es notwendig, den Einfluss von Wolken und Aerosolpartikeln auf die Verteilung der gestreuten Strahlung zu kennen. Cirrus-Wolken haben einen starken Einfluss auf die Menge der ins All reflektierten Strahlung und auf das Wettergeschehen (NASA 1999). Deshalb wurden in den letzten Jahrzehnten viele Studien zu lichtstreuenden Eigenschaften von Cirrus-Wolken und vielfältigen Aerosolpartikeln durchgeführt (Liou und Yang 2016), (Kahnert et al, 2016). Die Erkenntnisse aus diesen Studien erlauben eine automatische Erkennung von Wolken anhand von LiDAR-Daten und helfen dabei, kurzfristige Leistungsschwankungen von Photovoltaikanlagen auszugleichen.

Die Information über die Konzentrationen von Treibhausgasen wird genutzt, um die Strahlungsmenge, die die Erde aus der Sonnenstrahlung erhält, mit der Strahlungsmenge zu vergleichen, die sie wieder ins All abstrahlen kann. Dieser Vergleich erfordert das Lösen der Strahlungstransportgleichung für das gesamte Strahlungsspektrum und ist eine sehr komplexe Aufgabe (Liou 2002).

1.2 Zum Problem der Berechnung von Strahlungsverteilungen

Um aus einer bekannten Verteilung atmosphärischer Partikel auf die Verteilung der Strahlungsenergie in der Erdatmosphäre zu schließen, konnten bisher zwei Methoden eingesetzt werden: eine Monte-Carlo-Simulation und das Lösen der Strahlungstransportgleichung.

Bei einer Monte-Carlo-Simulation werden die Wege von sehr vielen Lichtstrahlen berechnet, die auf ihrem Weg durch ein streuendes Volumen auf zufällig gewählte Teilchen treffen und durch die Streuung an diesen Teilchen in zufällig gewählte Richtungen abgelenkt werden. Um eine repräsentative Zufallsprobe zu erhalten, müssen bei dieser Art der Simulation schon für kleine Volumen sehr viele Versuche ausgeführt werden.

[2] Ein LiDAR (Light Detection And Ranging) arbeitet nach dem gleichen Prinzip wie ein Radar, aber verwendet statt Radiowellen Wellen höherer Frequenzen: Es sendet ein Signal aus, empfängt das zurückgestrahlte Signal und analysiert die Differenz.

Für ein so großes Volumen wie dem der Erdatmosphäre wäre der Aufwand einer aussagekräftigen Simulation extrem hoch.

Die Strahlungstransportgleichung hat unter speziellen Bedingungen – zum Beispiel in einer planparallelen Atmosphäre – eine exakte analytische Lösung. Allerdings sind solche Bedingungen nur selten erfüllt. So können sich Charakteristiken einer planparallelen Atmosphäre nur in der vertikalen Richtung verändern. Horizontale Veränderungen – wie räumlich begrenzte Wolken – sind hingegen nicht vorgesehen. In einem allgemeinen dreidimensionalen Fall kann eine Strahlungstransportgleichung nur nummerisch gelöst werden. Die hierfür notwendigen Berechnungen sind sehr speicher- und rechenintensiv und lassen sich nicht durch den Einsatz paralleler Rechensysteme beschleunigen.

In dem ersten Teil dieses Buches wird eine schnelle und präzise Alternative zum Lösen einer Strahlungstransportgleichung präsentiert. Die Grundidee dieses Verfahrens ist: Eine komplexe Aufgabe – die Strahlungsverteilung in einem Teil der Erdatmosphäre zu berechnen – wird in sehr viele kleine Aufgaben aufgeteilt, deren Ergebnisse gespeichert und wiederverwendet werden können. Eine kleine Aufgabe ist hierbei die Berechnung der Strahlungsverteilung in einem überschaubar kleinen Volumen. Zur Lösung dieser kleinen Aufgaben werden Monte-Carlo-Simulationen eingesetzt. Um den Strahlungsaustausch zwischen den einzelnen Volumen zu simulieren, werden jeweils zwei Integrationsschritte ausgeführt. Einer dient dazu, die hineinfließende Strahlung in einem Volumen zu verteilen. Der zweite summiert die Strahlung auf, die ein Volumen verlässt.

Der aufwendigste Teil dieses Verfahrens ist die Durchführung von Monte-Carlo-Simulationen. Diese müssen für alle relevanten Kombinationen von Teilchenverteilungen, Wellenlängen und Einstrahlrichtungen durchgeführt werden. Liegen die Ergebnisse der meisten Simulationen bereits vor, wird der Rechenaufwand sehr viel kleiner. Er beschränkt sich dann im Wesentlichen darauf, für alle Wellenlängenbereiche und Raumwinkel mit analytischen Formeln Strahlungsintensitäten an den Grenzen einzelner Volumen zu berechnen.

Zusätzlich zur Berechnung der Strahlungsverteilung wird im zweiten Teil dieses Buches ein exaktes Verfahren zum Berechnen der Bahnbewegung eines Planeten mit einer periodischen Bahn präsentiert. Laut (Guthmann 2000) erfordern solche Berechnungen aktuell das aufwendige Lösen von Differentialgleichungen mithilfe numerischer Methoden. Das hier vorgestellte Verfahren berechnet eine exakte Lösung mit einem sehr geringen Aufwand und ermöglicht eine einfache Bestimmung der Sonnenposition, die zur Berechnung der Strahlungsverteilung genutzt werden kann.

1.3 Grundlegende Begriffe der Strahlungsübertragung

In diesem Buch verwendete Bezeichnungen für Strahlungsgroßen wurden im Wesentlichen von Liou (Liou 2002) übernommen. Im Folgenden wird die Bedeutung einiger Bezeichnungen erklärt.

1.3.1 Streuung und Absorption

In der Erdatmosphäre werden elektromagnetische Wellen von Gasmolekülen, Gasatomen, Aerosolpartikeln, Wassertröpfchen und Eiskristallen gestreut. Als *Streuung* wird ein physikalischer Prozess bezeichnet, bei dem ein Teilchen die Energie aus einer elektromagnetischen Welle aufnimmt und in alle Richtungen abstrahlt. Jedes von einer elektromagnetischen Welle erfasste Teilchen wirkt selbst als eine Punkt-Lichtquelle der gestreuten Strahlung. Jedes Teilchen in der Atmosphäre empfängt gestreute Strahlung von anderen Teilchen und streut sie wieder aus. So entsteht mehrfach gestreutes, diffuses Licht, das nicht mehr eindeutig einer Quelle zugeordnet werden kann.

Lichtstreuung wird oft von Absorption begleitet. *Absorption* ist ein Vorgang, bei dem ein Teilchen die Strahlungsenergie einer auf ihn einwirkenden Welle in eine andere Energieform umwandelt. Diese Energieumwandlung erfolgt nur, wenn die Frequenz der einfallenden Welle einer für dieses Teilchen charakteristischen Frequenz sehr nahe kommt.

Sowohl die Streuung als auch die Absorption entziehen der einfallenden Welle einen Teil ihrer Energie. Die Strahlung, die ein mit Gasmolekülen oder anderen Partikeln gefülltes Volumen durchquert, verliert einen Teil ihrer Intensität. Diese Auslöschung der Strahlung wird als *Extinktion* bezeichnet.

1.3.2 Raumwinkel

Um Ausbreitungsrichtungen elektromagnetischer Wellen zu beschreiben, wird der Begriff Raumwinkel verwendet. Ein Raumwinkel Ω ist ein Teil des dreidimensionalen Raums, das von einem aus einem Punkt O ausgehenden Strahlenbüschel begrenzt wird. Der Quotient der Fläche S, die dieser Strahlenbüschel aus einer Sphäre mit dem Mittelpunkt O und dem Radius r herausschneidet, zu dem Quadrat des Sphärenradius, ergibt die Größe des Raumwinkels Ω:

$$\Omega = \frac{S}{r^2}. \tag{1.1}$$

Die Einheit des Raumwinkels ist der Steradiant (sr). Ein Raumwinkel von 1sr schneidet aus einer Sphäre mit der Radius $r = 1m$ eine Fläche von $1m^2$. Der volle Raumwinkel hat die Größe[3]

$$\Omega = \frac{4\pi r^2}{r^2} = 4\pi.$$

---

[3] Die hier angegebene Definition des Raumwinkels basiert auf (Bronstein, Semendjajew, et al. 1997).

Ein infinitesimal kleiner Raumwinkel $d\Omega$ schneidet aus einer Einheitssphäre eine Fläche mit einem sehr kleinen Durchmesser aus.

1.3.3 Strahlungsgrößen

Sei d^4W die Menge der Energie, die in einer Zeitspanne dt, in einem Wellenlängenintervall $[\lambda, \lambda + d\lambda]$ und in einem Raumwinkel $d\Omega$ über einer Fläche dA fließt, deren Normale mit einem Strahl aus dem Raumwinkel $d\Omega$ einen Winkel ϑ bildet (Abb. 1.1). Das Verhältnis

$$I(\lambda) = \frac{d^4W}{\cos\vartheta \; dt \; d\lambda \; dA \; d\Omega} \tag{1.2}$$

wird als *monochromatische Strahlungsintensität* bezeichnet.

Die *monochromatische Strahlungsflussdichte* F der Strahlung aus einem Raumwinkel Ω ist die Energiemenge, die in diesem Raumwinkel pro Zeit-, Wellenlängen- und Flächeneinheit senkrecht zu einer Fläche dA fließt:

$$F_\Omega(\lambda) = \int_\Omega I(\lambda) \cos\vartheta \; d\Omega. \tag{1.3}$$

Der *monochromatische Strahlungsfluss* Φ im Raumwinkel Ω über die Fläche A ist die Energiemenge, die pro Zeit- und Wellenlängeneinheit im Raumwinkel Ω über die Fläche A strömt:

$$\Phi_{\Omega,\mathrm{A}}(\lambda) = \int_\mathrm{A} F_\Omega(\lambda) d\mathrm{A}. \tag{1.4}$$

Der *Strahlungsfluss* der im Raumwinkel Ω über die Fläche A fließenden Strahlung mit Wellenlängen aus $[\lambda_i, \lambda_{i+1}]$ ist die Energiemenge, die in diesem Wellenlängenintervall und Raumwinkel pro Zeiteinheit über die Fläche A strömt:

$$\Phi_{\Omega,\mathrm{A},\lambda} = \int_{\lambda_i}^{\lambda_{i+1}} \Phi_{\Omega,\mathrm{A}}(\lambda) d\lambda \tag{1.5}$$

Dieses Buch befasst sich mit der Berechnung *monochromatischer* Strahlungsgrößen. Strahlungsgrößen sind im Folgenden als *monochromatisch* zu verstehen, auch wenn das nicht explizit erwähnt wird.

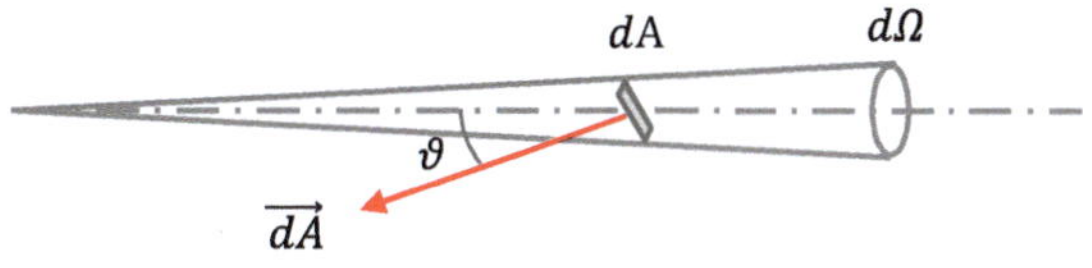

Abb. 1.1 Beleuchten einer zum Lichteinfall geneigten Fläche

Literatur

Arthur Stanley Eddington - Wikipedia. 16. Juni 2023. https://de.wikipedia.org/wiki/Arthur_Stanley_Eddington.

Bohren, Craig F., und Donald R. Huffman. *Absorption and Scattering of Light by Small Particles.* United States of America: Braun-Brumfield Inc., 1983.

Brockhaus-Enzyklopädie. Mannheim: F. A. Brockhaus GmbH, 1992.

Bronstein, Ilja N., Konstantin A. Semendjajew, Gerhard Musiol, und Heiner Mühlig. *Taschenbuch der Mathematik.* Frankfurt am Main: Verlag Harri Deutsch, 1997.

Carrier, L. W., G. A. Cato, und K. J. von Essen. „The Backscattering and Extinction of Visible and Infrared Radiation by Selected Major Cloud Models.“ *Applied Optics, Vol. 6 No. 7*, July 1967: 1209–1216.

Carter, L. L., H. G. Horak, und M. T. Sandford. *J. Comput. Phys. 26*, 1978: 119.

Chandrasekhar, S. *Radiative Transfer.* New York: Dover Publications Inc., 1960.

Deirmendjian, D. „Scattering and Polarization Properties of Water Clouds and Hazes in the Visible and Infrared.“ *Applied Optics, Vol. 3, No. 2*, 1964: 187–196.

Gerthsen, Christian, Hans Kneser, und Helmut Vogel. *Physik.* Berlin Heidelberg: Springer-Verlag, 1986.

Gouesbet, Gérard, und Gérard Gréhan. *Generalized Lorenz-Mie Theories.* Berlin Heidelberg: Springer-Verlag, 2011.

Guthmann, Andreas. *Einführung in die Himmelsmechanik und Ephemeridenrechnung: Theorie, Algorithmen, Numerik.* Heidelberg, Berlin: Spektrum Akademischer Verlag GmbH, 2000.

Hendrik Christoffel van de Hulst - Wikipedia. 11. März 2022. https://de.wikipedia.org/wiki/Hendrik_Christoffel_van_de_Hulst.

Kahnert, Michael, Timo Nousiainen, und Johannes Markkanen. „Morphological Models for Inhomogeneous Particles: Light Scattering by Aerosols, Cometary Dust and Living Cells.“ In *Light Scattering Review, Volume 11*, von Alexander Kokhanovsky, 299-337. Berlin, Heidelberg: Springer, 2016.

Karl Schwarzschild - Wikipedia. 5. Mai 2023. https://de.wikipedia.org//wiki//Karl_Schwarzschild.

Liou, Kuo-Nan. *An Introduction to Atmospheric Radiation.* Amsterdam, Boston: Academic Press, 2002.

Liou, Kuo-Nan, und Ping Yang. *Light Scattering by Ice Crystals: Fundamentals and Applications.* Cambridge University Press, 2016.

Lorenz, Ludvig. „Sur la lumière réfléchie et réfractée par une sphère (surface) transparente.“ In *Œuvres scientifiques de L. Lorenz, revues et annotées par H. Valentiner, Tome Premier*, 403–529. Kopenhagen: Libraire Lehmann & Stage, 1898.

Mie, Gustav. „Beiträge zur Optik trüber Medien speziell kolloidaler Metalllösungen.“ In *Annalen der Physik, Band 25*, 377–452. 1908.

NASA. *Clouds and the Energy Cycle.* https://web.archive.org/web/20070226010413/http://eospso.gsfc.nasa.gov/ftp_docs/Clouds.pdf: Goddard Space Flight Center, 1999.

van de Hulst, H. C. *Light scattering by small particles.* New York: Dover, 1981.

van de Hulst, Hendric C. *Multiple light scattering: tables, formulas and applications.* New York: Academic Press, 1980.

Teil I
Berechnen diffuser Strahlung

Optische Tiefe in einer nicht homogenen Umgebung

2

Inhaltsverzeichnis

In diesem Kapitel werden zwei Verfahren zur Berechnung der optischen Tiefe in einer nicht homogenen Umgebung vorgestellt. Um die Notwendigkeit solcher Verfahren zur Behandlung der atmosphärischen Strahlung zu demonstrieren, werden im Abschn. 2.1 der Einfluss der Schwerkraft und der Temperatur auf die Verteilung der atmosphärischen Partikeln und die Zusammensetzung der Atmosphäre aus Teilchen verschiedener Typen dargelegt. Die Eigenschaften von streuenden und absorbierenden Teilchen

L. Hille, *Methodenvorschlag zur Berechnung der Sonneneinstrahlung für Prognosen*,
https://doi.org/10.1007/978-3-658-43176-1_2

werden mit ihren Wirkungsquerschnitten angegeben, die im Abschn. 2.2 definiert werden. Im Abschn. 2.3 wird das Auslöschen der Strahlung einer Punktlichtquelle in einer nicht homogenen Umgebung betrachtet. Im Abschn. 2.4 werden Modellfunktionen zur mathematischen Beschreibung der Anzahldichte und der Wirkungsquerschnitte definiert. Im Abschn. 2.5 wird eine auf diesen Modellfunktionen basierende Berechnung der optischen Tiefe für flach gehende Strahlen beschrieben. Im Abschn. 2.6 wird als Alternative zu dieser Berechnung eine entsprechende Lösung für steil verlaufende Strahlen vorgestellt. Im Abschn. 2.7 wird die Anwendung der entwickelten Verfahren am Beispiel einer Testrechnung demonstriert. Im Abschn. 2.8 werden die Eigenschaften der verwendeten Modelfunktionen diskutiert. Es wird gezeigt, dass die Verteilung der streuenden und absorbierenden Teilchen durch die Angabe mehrerer vertikalen Profile festgelegt werden kann und sich die optische Tiefe einer beliebigen Strecke als eine Linearkombination mehrerer polynomiellen Funktionen berechnen lässt.

2.1 Auslöschen der Strahlung in der Erdatmosphäre

2.1.1 Struktur der Erdatmosphäre

Der Luftdruck in der Erdatmosphäre nimmt mit steigender Höhe ab, weil jede Atmosphärenschicht mit ihrem Gewicht einen Druck auf darunter liegende Schichten ausübt. Je höher man kommt, umso kleiner wird die darüber liegende Luftsäule, umso geringer ist der Druck[1]. In einer Atmosphäre mit einer einheitlichen Temperatur würde der Luftdruck mit wachsender Höhe exponentiell abnehmen. Weil warme Luft leichter ist als kalte und sich die Temperatur der Luftmassen durch die Absorption der Sonnenstrahlung und durch die Emission der Wärmestrahlung ständig ändert, sind die Luftdichte und der Luftdruck variable Größen. Die warme Luft steigt auf, die kalte Luft sinkt nach unten. Die Luft bleibt ständig in Bewegung.

In der Erdatmosphäre werden mehrere Schichten mit unterschiedlichem Temperaturverlauf unterschieden. In der unteren Atmosphärenschicht – der *Troposphäre* – nimmt die Temperatur mit zunehmender Höhe annähernd linear ab. Die Temperatur in dieser bodennahen Schicht wird durch Wärmestrahlung der Erdoberfläche und das Umwälzen der warmen und kalten Luftmassen bestimmt. Die Troposphäre endet in mittleren Breiten in einer Höhe von etwa 10 bis 13 km und in tropischen Breiten ca. in 18 km Höhe. Die Temperatur am oberen Ende der Troposphäre liegt in mittleren Breiten bei -50 °C bis -55 °C und in tropischen Breiten bei -80 °C.

In der darüber liegenden *Stratosphäre* wird es mit zunehmender Höhe wieder wärmer. Ultraviolette Strahlung löst in diesem Teil der Atmosphäre photochemische Reaktionen

[1] Dieser und der nächste Abschnitt folgen den Darstellungen von (Roedel, Physik unserer Umwelt: Die Atmosphäre 2000) und (Liou 2002).

aus, die zur Bildung einer Ozonschicht führen. In einer Höhe von etwa 50 km hört der Temperaturanstieg bei etwa −2,5 °C wieder auf. In der *Mesosphäre,* die sich in einer Höhe von 50 bis 85 km erstreckt, nimmt die Temperatur wie in der Troposphäre mit zunehmender Höhe ab. Wegen einer kleiner werdenden Luftdichte nimmt die Häufigkeit photochemischer Reaktionen in der Mesosphäre mit wachsender Höhe ab. Die Abb. 2.1 zeigt den Standard-Temperaturverlauf zwischen der Erdoberfläche und der oberen Grenze der Mesosphäre.

Über der Mesosphäre liegt eine mehrere Hundert Kilometer dicke Schicht der *Thermosphäre,* in der die Temperatur je nach Sonnenaktivität auf 500–2000 °C ansteigt. Röntgen- und Gammastrahlen spalten Gasmoleküle und ionisieren Atome in diesem Teil der Atmosphäre. Die Thermosphäre wird von der *Exosphäre* umgeben, in der die Teilchendichte langsam auf Null sinkt.

2.1.2 Zusammensetzung der Erdatmosphäre

Wasserdampffreie Luft besteht zu 78,08 % aus Stickstoff, zu 20,95 % aus Sauerstoff und zu 0,93 % aus Argon. Andere Stoffe kommen in der Erdatmosphäre in deutlich kleineren Mengen vor und werden als Spurenstoffe bezeichnet. In den unteren 80 km der Erdatmosphäre ist die Zusammensetzung der Luft weitgehend homogen. Oberhalb von 80 bis 110 km werden Zusammenstöße zwischen Luftmolekülen so selten, dass sich eine Entmischung einstellt: Leichtere Stoffe wandern nach oben.

Spurenstoffe mit den höchsten Konzentrationen sind Wasserdampf und Kohlenstoffdioxid. Diese Stoffe bilden zusammen mit Ozon, Methan, Distickstoffoxid (Lachgas) und Kohlenstoffmonoxid die Gruppe der Treibhausgase. Sie absorbieren und emittieren Wärmestrahlung und verhindern starke Temperaturschwankungen. Die Konzentrationen von Kohlenstoffdioxid, Methan und Lachgas nehmen wegen menschlicher Aktivitäten zu. Diese Konzentrationserhöhungen verstärken den Treibhauseffekt und verändern das Klima.

Wasserdampf kommt nur in der Troposphäre in größeren Mengen vor. Seine Konzentration unterliegt starken räumlichen und zeitlichen Schwankungen. Kondensierender

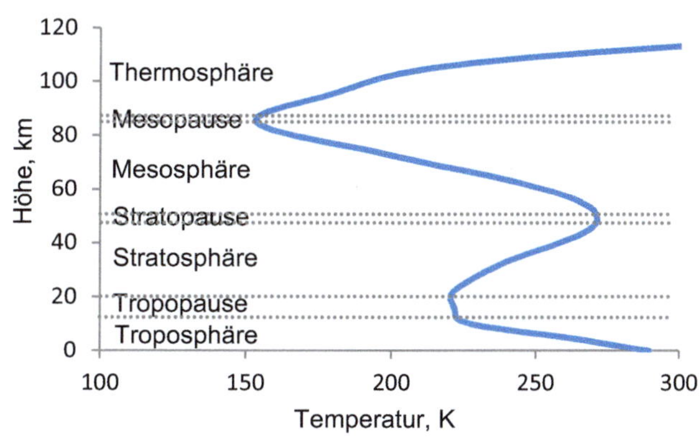

Abb. 2.1 Vertikaler Temperaturprofil der Atmosphäre bis 110 km Höhe an einem Sommertag, berechnet nach dem Atmosphärenmodel NRLMSIS v2.0 (Community Coordinated Modeling Center 2023)

und gefrierender Wasserdampf bildet Wolken, die Sonnenstrahlung streuen und Niederschläge erzeugen.

Die Konzentration des Ozons in der Atmosphäre variiert je nach Jahreszeit und geographischer Breite. Die stärkste Ozonproduktion und die höchsten Volumenanteile des Ozons werden in der mittleren Stratosphäre in tropischen und subtropischen Breiten beobachtet. Von dort aus wird es im Winter in die höheren Breiten transportiert.

Neben Gasen sind in der Erdatmosphäre zahlreiche Aerosolpartikel enthalten. Diese Partikel kommen sowohl durch natürliche Prozesse (Vulkanausbrüche, Waldbrände, Meeresspritzer, Staubverwehungen, natürliche chemische Reaktionen) als auch durch menschliche Aktivitäten (Verbrennen von Kraftstoffen) in die Atmosphäre. Die Größen der Aerosolpartikel liegen zwischen etwa 0,01 μm und 10 μm. In bodennaher Luft über den Kontinenten werden typischerweise Partikelzahlen von etwa $10^4\,\text{cm}^{-3}$ gemessen. Die Messwerte variieren zwischen $10^3\,\text{cm}^{-3}$ in reiner Luft und einigen $10^5\,\text{cm}^{-3}$ in stark belasteter Stadtluft. In der reinen Meeresluft werden in der Regel einige hundert bis tausend Partikel pro Kubikzentimeter gezählt. Mit wachsender Höhe nehmen Partikelkonzentrationen ab. Oberhalb von 5 km werden über den Kontinenten wenige hundert Teilchen pro Kubikzentimeter gezählt. (Roedel, Physik unserer Umwelt: Die Atmosphäre 2000).

Durch Vulkanausbrüche können Aerosolpartikel in die Stratosphäre geschleudert werden. Diese Partikel verändern für einige Zeit die Verteilung der Sonneneinstrahlung. Neben diesen gelegentlich hinzukommenden und wieder verschwindenden Partikeln gibt es in der Stratosphäre auch eine dauerhaft präsente Aerosolpartikelschicht aus Schwefelverbindungen. (Roedel, Physik unserer Umwelt: Die Atmosphäre 2000).

2.1.3 Absorption der Sonnenstrahlung in der Erdatmosphäre[2]

Die Strahlung der Sonne enthält elektromagnetische Wellen verschiedener Wellenlängen. Ihr Spektrum erstreckt sich von der Gammastrahlung bis zu Radiowellen und entspricht in etwa dem Strahlungsspektrum eines schwarzen Körpers mit einer Temperatur von 5700 K. Die maximale Intensität wird im sichtbaren Teil des Spektrums bei einer Wellenlänge von etwa 0,5 μm erreicht.

In der Erdatmosphäre werden elektromagnetische Wellen von Gasmolekülen, Gasatomen, Aerosolpartikeln, Wassertröpfchen und Eiskristallen gestreut und absorbiert. Strahlung mit Wellenlängen unter 0,175 μm wird größtenteils in der Thermosphäre absorbiert. Diese hochfrequente Strahlung spaltet und ionisiert Gasmoleküle und bewirkt die Bildung einer aus Ionen, Elektronen und Gasatomen bestehenden Ionosphäre.

Ultraviolette Strahlung mit Wellenlängen von 0,175 μm bis 0,24 μm dringt tiefer in die Erdatmosphäre ein und wird in der Mesosphäre und in der Stratosphäre absorbiert.

[2] Die Darstellung der Absorption basiert auf (Liou 2002).

Diese Strahlung spaltet Sauerstoffmoleküle und setzt Sauerstoffatome frei, die sich bei Kollisionen mit anderen Teilchen an Sauerstoffmoleküle binden und Ozon bilden können. Das Ozon absorbiert ultraviolette Strahlung mit Wellenlängen von 0,2 µm bis 0,31 µm und zerfällt wiederum in Sauerstoffmoleküle und Sauerstoffatome. Für ultraviolette Strahlung mit Wellenlängen ab 0,31 µm ist die Erdatmosphäre vergleichsweise transparent (Abb. 2.2). Diese Strahlung wird lediglich durch Rayleigh-Streuung und Streuung an Wolken und Aerosolpartikeln geschwächt.

Nahe ultraviolette Strahlung mit Wellenlängen bis 0,36 µm wird teilweise von **Ozon** absorbiert. Im sichtbaren Wellenlängenbereich zeigt Ozon bei 0,4 µm bis 0,8 µm eben-

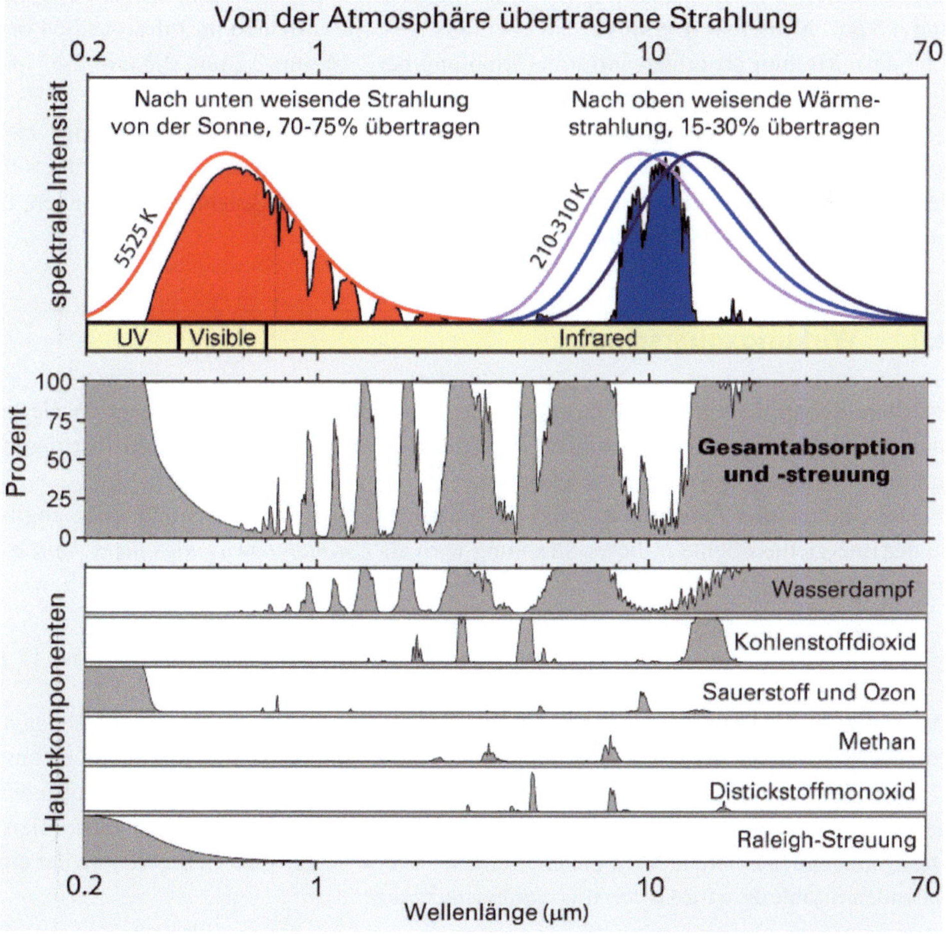

Abb. 2.2 Von der Erdatmosphäre übertragene Strahlung. Die obere Graphik zeigt den Anteil der Sonnenstrahlung, der an der Erdoberfläche ankommt (links), und den Anteil der von der Erde ausgestrahlten thermischen Strahlung, der die Atmosphäre in Richtung des Weltalls verlässt (rechts). Unten sind Strahlungsanteile dargestellt, die von verschiedenen Treibhausgasen absorbiert werden. (Quelle: https://commons.wikimedia.org/wiki/File:Atmospheric_Transmission_de.png)

falls eine schwache Absorption. Außerdem absorbiert es infrarote Strahlung am Ende des Sonnenspektrums (3,3 µm, 4,7 µm). **Stickstoffdioxid** zeigt eine schwache Absorption im ultravioletten und sichtbaren Bereich (0,2 µm bis 0,7 µm). **Sauerstoffmoleküle** besitzen Absorptionsbande im roten (0,63 µm, 0,69 µm und 0,76 µm) und infraroten (1,06 µm, 1,27 µm und 1,58 µm) Bereich.

Wasserdampf hat den größten Anteil an der Absorption der Sonnenstrahlung. Er besitzt eine große Anzahl Absorptionsbande im roten und infraroten Teil des Spektrums (0,72 µm, 0,82 µm, 0,94 µm, 1,1 µm, 1,38 µm, 1,87 µm, 2,7 µm und 3,2 µm). **Kohlenstoffdioxid** hat ebenfalls mehrere Absorptionsbande in dem infraroten Teil des Sonnenspektrums (1,4 µm, 1,6 µm, 2,0 µm, 2,7 µm, 4,3 µm). **Distickstoffoxid** (Lachgas) absorbiert infrarote Sonnenstrahlung mit Wellenlängen 2,87 µm, 2,97 µm, 3,9 µm, 4,06 µm und 4,5 µm. **Kohlenstoffmonoxid** hat ebenfalls Absorptionsbande im Infrarot (2,34 µm, 4,67 µm). **Methan** absorbiert infrarote Strahlung bei 1,66 µm, 2,2 µm, 2,3 µm, 2,37 µm, 3,26 µm, 3,31 µm, 3,53 µm und 3,83 µm.

Diese Aufzählung der Absorptionsbande macht deutlich: Um Zusammenhänge zwischen den Konzentrationen verschiedener Gase und der Absorption, sowie der Emission der Strahlung in der Berechnung der Strahlungsverteilung berücksichtigen zu können, ist es notwendig, mehrere Wellenlängenintervalle zu betrachten.

2.2 Wirkungsquerschnitte

Die durchschnittliche Energiemenge, die ein von einer elektromagnetischen Welle erfasstes Teilchen dieser Welle entzieht, wird beim Betrachten der Strahlungsübertragung mit einem Wirkungsquerschnitt beschrieben.

Der Quotient der Leistung Φ_{ext}, die die einfallende Strahlung an ein Teilchen abgibt, zu der Energieflussdichte F dieser Strahlung wird als *Extinktionswirkungsquerschnitt* σ_{ext} bezeichnet:

$$\sigma_{ext} = \frac{\Phi_{ext}}{F} \tag{2.1}$$

Der Extinktionswirkungsquerschnitt ist charakteristisch für ein Teilchen und abhängig von der Wellenlänge der einfallenden Strahlung. Seine Einheit ist die Flächeneinheit cm^2.

Die Energie, die das Teilchen von der einfallenden Welle erhält, wird teilweise ausgestrahlt (gestreut) und teilweise in eine andere Energieform umgewandelt (absorbiert). Der Quotient der Leistung Φ_{sca}, die ein Teilchen streut, zu der Energieflussdichte der einfallenden Strahlung wird als *Streuwirkungsquerschnitt*

$$\sigma_{sca} = \frac{\Phi_{sca}}{F} \tag{2.2}$$

aufgefasst. Der Quotient der Leistung Φ_{abs}, die ein Teilchen absorbiert, zu der Energieflussdichte der einfallenden Strahlung ist der *Absorptionswirkungsquerschnitt* σ_{abs}:

$$\sigma_{abs} = \frac{\Phi_{abs}}{F}. \tag{2.3}$$

Der Extinktionswirkungsquerschnitt kann als Summe des Streuwirkungsquerschnitts mit dem Absorptionswirkungsquerschnitt berechnet werden:

$$\sigma_{ext} = \sigma_{sca} + \sigma_{abs}. \tag{2.4}$$

Wenn eine elektromagnetische Welle mit einer Wellenlänge λ ein bestimmtes Volumen der Erdatmosphäre durchquert, trifft sie auf Teilchen mit unterschiedlichen Streu- und Absorptionswirkungsquerschnitten. Um für dieses Teilchengemisch die Extinktion zu berechnen, werden für alle in dem Volumen vorhandene Teilchen der durchschnittliche Streuwirkungsquerschnitt und der durchschnittliche Absorptionswirkungsquerschnitt für die betrachtete Wellenlänge bestimmt.

Sind in einem Volumen m Teilchentypen mit Anzahldichten $n_1, \ldots, n_m$, Streuwirkungsquerschnitten $\sigma_{sca,1}, \ldots, \sigma_{sca,m}$ und Absorptionswirkungsquerschnitten $\sigma_{abs,1}, \ldots, \sigma_{abs,m}$ vorhanden, so können die durchschnittlichen Streu- und Absorptionswirkungsquerschnitte als

$$\overline{\sigma}_{sca}(\lambda) = \frac{\sum_{i=1}^{m} n_i \sigma_{sca,i}(\lambda)}{\sum_{i=1}^{m} n_i}, \tag{2.5}$$

$$\overline{\sigma}_{abs}(\lambda) = \frac{\sum_{i=1}^{m} n_i \sigma_{abs,i}(\lambda)}{\sum_{i=1}^{m} n_i} \tag{2.6}$$

berechnet werden. Die Teilchen in diesem Volumen verursachen die gleiche Extinktion wie Teilchen mit der Anzahldichte

$$\mathrm{n}_\Sigma = \sum_{\mathrm{i}=1}^{\mathrm{m}} \mathrm{n}_\mathrm{i}, \tag{2.7}$$

Streuwirkungsquerschnitt $\overline{\sigma}_{\mathrm{sca}}(\lambda)$ und Absorptionswirkungsquerschnitt $\overline{\sigma}_{\mathrm{abs}}(\lambda)$.

Anzahldichten von Gasmolekülen können näherungsweise aus Angaben zum Druck und Temperatur berechnet werden. Nach dem Gasgesetz erzeugen N Moleküle eines idealen Gases bei einer in Kelvin angegebenen Temperatur T in einem Volumen V den Druck

$$p = \frac{N}{V} kT. \tag{2.8}$$

Die Konstante k, die Boltzmann-Konstante, hat den Wert

$$k = 1{,}381 \cdot 10^{-23} \frac{J}{K}. \tag{2.9}$$

Sind im betrachteten Volumen V Aerosolpartikel, Wassertröpfchen oder Eiskristalle mit einem Gesamtvolumen V' vorhanden, so ist das Volumen $V - V'$ mit Gasmolekülen gefüllt. Auf ein Gas, das in der betrachteten Höhe einen Volumenanteil c_i besitzt, entfällt das Volumen $c_i \cdot \left(V - V'\right)$. Um in diesem Volumen bei einer Temperatur T den Druck p zu erzeugen, werden nach dem Gasgesetz (2.8) etwa

$$N_i = c_i \cdot \left(V - V'\right) \cdot \frac{p}{kT}$$

Moleküle benötigt. Die Anzahldichte der Gasmoleküle des Typs i lässt sich deshalb mit

$$n_i = \frac{N_i}{V} = c_i \cdot \left(1 - \frac{V'}{V}\right) \cdot \frac{p}{kT} \approx c_i \frac{p}{kT} \tag{2.10}$$

abschätzen.

2.3 Auslöschen des Lichts einer Punktlichtquelle

Wenn Wassertröpfchen in einem Nebel Sonnenstrahlen streuen, wirken sie wie Milliarden kleine Punktlichtquellen. Jedes Tröpfchen empfängt das Streulicht anderer Tröpfchen und strahlt es größtenteils wieder aus. Seine Strahlung wird wieder von anderen Tröpfchen aufgenommen und erneut gestreut.

Um eine solche Mehrfachstreuung zu berechnen, muss geklärt werden, welche Entfernung die Streustrahlung eines Tröpfchens zurücklegt, bis ein bestimmter Teil ihrer Energie von anderen Tröpfchen aufgenommen ist[3]. Betrachten wir die folgende Aufgabe:

Eine Punktlichtquelle L erzeugt in einem kleinen Raumwinkel $\mathrm{d}\Omega$ *Strahlung mit einer Wellenlänge* λ. *Der Raum im Raumwinkel* $\mathrm{d}\Omega$ *ist mit schwebenden Teilchen gefüllt, deren Anzahldichte in einer Entfernung r von der Lichtquelle mit einer Funktion* $\mathrm{n}_\Sigma(\mathrm{r})$ *beschrieben wird. Der durchschnittliche Extinktionswirkungsquerschnitt der Teilchen in einer Entfernung r von der Lichtquelle bei einer Bestrahlung mit der Wellenlänge* λ *wird durch eine Funktion* $\overline{\sigma}_{\mathrm{ext}}(\lambda, \mathrm{r})$ *beschrieben. Die Strahlung der Lichtquelle L, die im Raumwinkel* $\mathrm{d}\Omega$ *eine Entfernung* r_0 *zurücklegt, ohne gestreut oder absorbiert zu werden, erzeugt einen Strahlungsfluss* Φ_0 *(Abb. 2.3). Welcher Teil dieser Strahlung wird von lichtstreuenden Teilchen aufgenommen, bevor er sich von der Lichtquelle L um eine Distanz r mit* $\mathrm{r} \geq \mathrm{r}_0$ *entfernt?*

Bezeichne $V(r)$ ein von dem Raumwinkel $d\Omega$ begrenztes Volumen, in dem der Abstand von der Lichtquelle L nicht größer als r ist. Die Größe dieses Volumens ist:

$$V(r) = \frac{d\Omega}{3} r^3.$$

[3] In der Fachliteratur wird in der Regel nur das Auslöschen einer ebenen Welle behandelt. In Gegensatz dazu wird hier das Auslöschen einer Welle untersucht, die sich radial ausbreitet.

Wir betrachten die Strahlungsaufnahme in einem kleinen Abschnitt des Raumwinkels dΩ, in dem die Entfernung von der Lichtquelle L größer oder gleich r, aber kleiner als $r + dr$ ist. In der Abb. 2.3 ist dieser Abschnitt gestrichelt dargestellt. Sein Volumen kann durch Differenzieren der oberen Gleichung ermittelt werden:

$$dV = \frac{dV}{dr}dr = d\Omega r^2 dr.$$

Das Produkt dieses Volumens mit der Teilchendichte $n_\Sigma(r)$ liefert die Anzahl der Teilchen in diesem Abschnitt

$$n_\Sigma(r)dV = n_\Sigma(r)d\Omega r^2 dr.$$

Diese Teilchen entziehen dem von der Lichtquelle kommenden Strahlungsfluss einen Teil seiner Energie. Die Höhe der Leistung Φ_{ext}, die ein in einer Entfernung r von der Lichtquelle schwebendes Teilchen aus diesem Fluss aufnimmt, hängt nach (2.1) von der Energieflussdichte der Strahlung und von dem Extinktionswirkungsquerschnitt des Teilchens ab:

$$\Phi_{\text{ext}}(\text{r}) = \overline{\sigma}_{\text{ext}}(\lambda, \text{r})\text{F}(\text{r}).$$

Die Energieflussdichte F(r) ist der Quotient der Strahlungsenergie, die pro Zeiteinheit durch eine zu der Flussrichtung senkrechte Fläche fließt, zu der Größe dieser Fläche. Die Fläche, über die sich der Strahlungsfluss im Volumen dV verteilt, ist:

$$A(r) = d\Omega r^2.$$

Die Fläche $A(r)$ ist senkrecht zum Strahlungsfluss $\Phi(r)$. Somit lässt sich die Energieflussdichte in einer Entfernung r von der Lichtquelle als

$$F(r) = \frac{\Phi(r)}{A(r)} = \frac{\Phi(r)}{d\Omega r^2}$$

ausdrücken. Weil sich die Entfernung zur Lichtquelle in dem Abschnitt dV nur wenig ändert und der Raumwinkel $d\Omega$ klein ist, kann die Energieflussdichte in diesem Abschnitt als konstant angesehen werden. Die Leistung, die in dem Volumen dV von streuenden Teilchen aufgenommen wird, ist demzufolge gleich

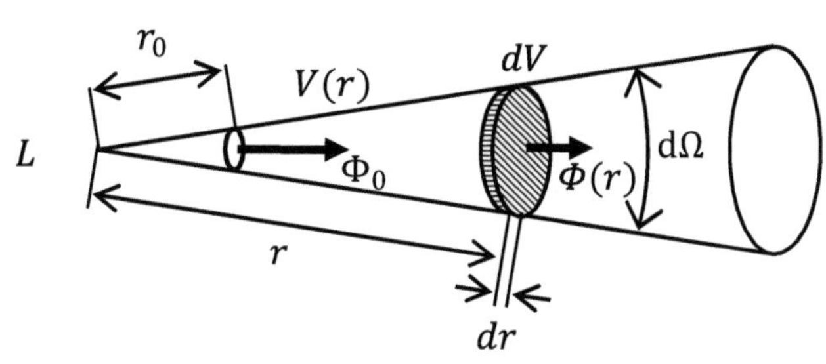

Abb. 2.3 Strahlungsfluss in einem Raumwinkel

$$\Phi_{\mathrm{ext}}(\mathrm{r})n_\Sigma(r)dV = \overline{\sigma}_{\mathrm{ext}}(\lambda,\mathrm{r})\mathrm{F}(\mathrm{r})n_\Sigma(r)dV = \overline{\sigma}_{\mathrm{ext}}(\lambda,\mathrm{r})\frac{\Phi(\mathrm{r})}{d\Omega r^2}n_\Sigma(r)dV$$
$$= \overline{\sigma}_{\mathrm{ext}}(\lambda,\mathrm{r})\frac{\Phi(\mathrm{r})}{d\Omega r^2}n_\Sigma(r)d\Omega r^2 dr = \overline{\sigma}_{\mathrm{ext}}(\lambda,\mathrm{r})\Phi(\mathrm{r})n_\Sigma(r)dr.$$

Die Strahlung, die nicht von den streuenden Teichen aufgenommen wird, kommt auf der anderen Seite des Volumens dV an und bildet den Strahlungsfluss $\Phi(r + dr)$:

$$\Phi(r) = \Phi(r)\overline{\sigma}_{ext}(\lambda,\mathrm{r})n_\Sigma(r)dr + \Phi(r+dr),$$

$$0 = \Phi(r)\overline{\sigma}_{\mathrm{ext}}(\lambda,\mathrm{r})n_\Sigma(r)dr + \Phi(r+dr) - \Phi(r).$$

Hieraus ergibt sich die folgende Differentialgleichung:

$$0 = \Phi(\mathrm{r})\overline{\sigma}_{\mathrm{ext}}(\lambda,\mathrm{r})n_\Sigma(r)dr + d\Phi,$$

$$0 = \overline{\sigma}_{\mathrm{ext}}(\lambda,\mathrm{r})n_\Sigma(r)dr + \frac{d\Phi}{\Phi}.$$

Das Integrieren dieser Gleichung ergibt:

$$0 = \int_{\mathrm{r}_0}^{\mathrm{r}} \overline{\sigma}_{\mathrm{ext}}(\lambda,r)n_\Sigma(r)dr + \int_{\Phi(r_0)}^{\Phi(r)} \frac{d\Phi}{\Phi} = \int_{\mathrm{r}_0}^{\mathrm{r}} \overline{\sigma}_{\mathrm{ext}}(\lambda,r)n_\Sigma(r)dr + \ln\Phi(\mathrm{r}) - \ln\Phi(r_0).$$

Aus der Randbedingung $\Phi(\mathrm{r}_0) = \Phi_0$ folgt:

$$\ln\Phi(\mathrm{r}) - \ln\Phi_0 = -\int_{\mathrm{r}_0}^{\mathrm{r}} \overline{\sigma}_{\mathrm{ext}}(\lambda,r)n_\Sigma(r)dr,$$

$$\ln\frac{\Phi(\mathrm{r})}{\Phi_0} = -\int_{\mathrm{r}_0}^{\mathrm{r}} \overline{\sigma}_{\mathrm{ext}}(\lambda,r)n_\Sigma(r)dr.$$

Der Strahlungsfluss in einer Entfernung r von der Lichtquelle L beträgt

$$\Phi(\mathrm{r}) = \Phi_0 exp\left(-\int_{\mathrm{r}_0}^{\mathrm{r}} \overline{\sigma}_{\mathrm{ext}}(\lambda,r)n_\Sigma(r)dr\right). \tag{2.11}$$

Das Integral in dieser Gleichung wird im Folgenden als *optische Tiefe* bezeichnet. Das Produkt des Extinktionswirkungsquerschnitts mit der Anzahldichte der Teilchen ist der *Extinktionskoeffizient* K_{ext}:

$$K_{ext}(\lambda,r) = \overline{\sigma}_{\mathrm{ext}}(\lambda,r)n_\Sigma(r). \tag{2.12}$$

Die Gleichung (2.11) gilt sowohl für Streulicht als auch für direkte Sonnenstrahlung.

2.4 Modellfunktionen für Anzahldichte und Wirkungsquerschnitte

Die Energiemenge, die ein Strahlungsfluss durch Absorption und Streuung verliert, hängt nach (2.11) von der Anzahldichte der Teilchen und ihrem Extinktionswirkungsquerschnitt ab. Um die Extinktion eines in der Erdatmosphäre stattfindenden Strahlungsflusses zu berechnen, müssen die Anzahldichte und der Extinktionswirkungsquerschnitt der Teilchen im durchströmten Teil der Atmosphäre mit analytischen Funktionen beschrieben werden.

Zur Definition dieser Funktionen wird im betrachteten Strahlungsfluss ein Bezugspunkt A gewählt. Für diesen Punkt wird ein Kugelkoordinatensystem (E, ρ, α, β) definiert, dessen Ursprung E im Mittelpunkt der Erde liegt (Abb. 2.4). Der Strahl, der vom Mittelpunkt der Erde E zum Punkt A geht, bestimmt die Normale der Polarebene. Die Koordinate ρ ist die Länge des Aufpunktvektors $\vec{\rho}$. Die Koordinate β ist der Winkel zwischen dem Aufpunktvektor $\vec{\rho}$ und dem Strahl EA. Die Koordinate α ist ein von einer festgelegten Richtung zu der Projektion des Aufpunktvektors $\vec{\rho}$ auf die Polarebene gegen den Uhrzeigersinn gezählter Winkel.

Die Anzahldichte n_Σ in der Gleichung (2.11) bezieht sich auf alle streuenden und absorbierenden Teilchen. In den unteren 80 km der Atmosphäre ist sie in etwa proportional zur Luftdichte. Die Luftdichte in der Erdatmosphäre nimmt mit zunehmender Höhe annähernd exponentiell ab. Zudem ist die Luftdichte abhängig von der Temperatur, die auch horizontal variieren kann. Um solche Abhängigkeiten abbilden zu können, wird zur Beschreibung der Anzahldichte die folgende Modellfunktion verwendet:

$$n_\Sigma(\rho, \alpha, \beta) = (1 + b_n \cdot \cos(\alpha - \alpha_n) \sin \beta) \cdot f_n(\rho) \tag{2.13}$$

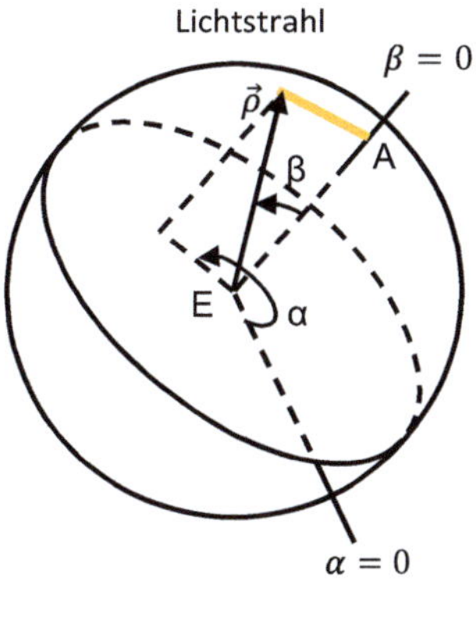

Abb. 2.4 Der Strahl $\beta = 0$ des Koordinatensystems (E, ρ, α, β) kreuzt den Lichtstrahl in einem Punkt A

Die Funktion $f_n(\rho)$ beschreibt die Abhängigkeit der Anzahldichte von der Höhe. Der Ausdruck

$$(1 + b_n \cdot \cos(\alpha - \alpha_n) \sin\beta)$$

beschreibt ihre Abhängigkeit von der horizontalen Position. Der Ausdruck $\cos(\alpha - \alpha_n) \sin\beta$ entspricht dem Skalarprodukt der Vektoren $(1, \alpha, \beta)$ und $\left(1, \alpha_n, \frac{\pi}{2}\right)$.

Behauptung 2–1 Fläche $cos(\alpha - \alpha_n)sin\beta = c$

Sei (E, ρ, α, β) ein Kugelkoordinatensystem und $A(\rho_A, 0, 0)$ ein senkrecht über dem Ursprungspunkt E liegender Punkt. Seien $\alpha_n \in \mathbb{R}$ und $c \in [0, 1]$.

a) Die Fläche $cos(\alpha - \alpha_n)sin\beta = c$ ist eine Kegeloberfläche mit der Spitze im Koordinatenursprung E $(0, 0, 0)$ und einer durch den Punkt $D\left(1, \alpha_n, \frac{\pi}{2}\right)$ verlaufenden Mittellinie. Die Strahlen dieser Kegeloberfläche bilden mit der Mittellinie einen Winkel arccosc.

b) Die Schnittlinie der Fläche $cos(\alpha - \alpha_n)sin\beta = c$ mit der Sphäre $\rho = \rho_0$ verläuft senkrecht zu der Ebene AED. Der Abstand zwischen dieser Linie und der Geraden AE beträgt $c\rho_0$.

Beweis:

a) Sei (E, x, y, z) ein kartesisches Koordinatensystem mit

$$\begin{cases} x = \rho\, cos\, \alpha sin\, \beta, \\ y = \rho\, sin\, \alpha sin\, \beta, \\ z = \rho\, cos\, \beta. \end{cases}$$

Der Punkt $D\left(1, \alpha_n, \frac{\pi}{2}\right)$ hat in diesem Koordinatensystem die Koordinaten $(cos\, \alpha_n, sin\, \alpha_n, 0)$.

Sei $B(x_B, y_B, z_B)$ ein beliebiger Punkt mit $\sqrt{x_B^2 + y_B^2 + z_B^2} > 0$, dessen Koordinaten im Koordinatensystem (E, ρ, α, β) die Gleichung

$$\cos(\alpha_B - \alpha_n) \sin\beta_B = c \tag{2.14}$$

erfüllen. Der Winkel γ zwischen den Vektoren $\overrightarrow{ED}$ und $\overrightarrow{EB}$ kann aus ihrem Skalarprodukt berechnet werden:

$$\begin{aligned} \cos\gamma = \frac{\overrightarrow{ED} \cdot \overrightarrow{EB}}{\left|\overrightarrow{ED}\right| \cdot \left|\overrightarrow{EB}\right|} &= \frac{\cos\alpha_n \cdot x_B + \sin\alpha_n \cdot y_B}{\sqrt{\cos^2\alpha_n + \sin^2\alpha_n}\sqrt{x_B^2 + y_B^2 + z_B^2}} \\ &= \frac{1}{\rho_B}(\cos\alpha_n \cdot \rho_B \cos\alpha_B \sin\beta_B + \sin\alpha_n \cdot \rho_B sin\alpha_B sin\beta_B) \\ &= (\cos\alpha_n \cos\alpha_B + \sin\alpha_n sin\, \alpha_B) sin\, \beta_B = cos(\alpha_B - \alpha_n) sin\beta_B. \end{aligned}$$

Die Größe dieses Winkels ist wegen (2.14)

$$\gamma = \arccos(cos(\alpha_B - \alpha_n) sin\, \beta_B) = arccos\; c.$$

Das heißt, dass alle Punkte, die die Bedingung (2.14) erfüllen, auf Strahlen liegen, die im Punkt E beginnen und in einem Winkel *arccos* c zu der Strecke $\overline{\text{ED}}$ stehen. Sie bilden eine Kegeloberfläche (Abb. 2.5).

b) Gemeinsame Punkte der Fläche $cos(\alpha - \alpha_n)sin\beta = c$ und der Sphäre $\rho = \rho_0$ liegen in einer Entfernung ρ_0 von der Spitze der Kegeloberfläche $cos(\alpha - \alpha_n)sin\beta = c$. Die Punkte (ρ, α, β) mit

$$cos(\alpha - \alpha_n)sin\,\beta = c \quad und \quad \rho \leq \rho_0$$

bilden einen geraden Kreiskegel. Die Grundfläche dieser Kegel verläuft senkrecht zu der Mittellinie der Kegel, der Geraden ED. Somit ist sie auch senkrecht zu der Ebene AED. Die Schnittlinie der Kegelfläche mit der Sphäre $\rho = \rho_0$ gehört zu der Kegelgrundfläche und ist ebenfalls senkrecht zu der Ebene AED. Bezeichne B_1 den Punkt, an dem diese Linie im Halbraum $z > 0$ die Ebene AED passiert. Da dieser Punkt B_1 an dem Grundflächenrand der Kegel liegt, ist

$$\angle B_1ED = arccos\ c \quad und \quad |B_1E| = \rho_0.$$

Der Abstand zwischen dem Punkt B_1 und seiner Projektion auf die Geraden AE ist somit gleich

$$|B_1E| \cdot cos\,\angle B_1ED = c\,\rho_0.$$

∎

Nach der Behauptung 2–1 b) bilden Punkte (ρ, α, β) mit

$$\rho = \rho' \quad und \quad \cos(\alpha - \alpha_n)\sin\beta = i\delta \quad für \quad i \in \mathbb{Z}$$

parallele Kreise, die bei kleinen Winkeln β näherungsweise äquidistant verlaufen (Abb. 2.6). Der Ausdruck

$$1 + b_n \cdot \cos(\alpha - \alpha_n)\sin\beta$$

Abb. 2.5 Die Strecke $\overline{ED}$ liegt in der Ebene *Exy* in einem rechten Winkel zu dem Strahl *EA*. Der Strahl *EB* bildet mit der Strecke $\overline{ED}$ einen Winkel γ= arccos(c)

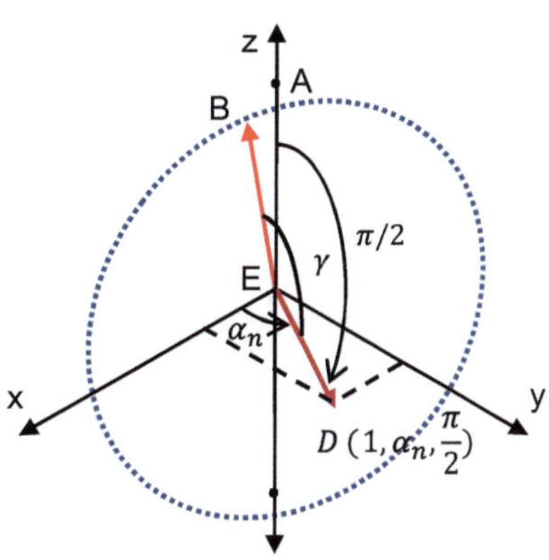

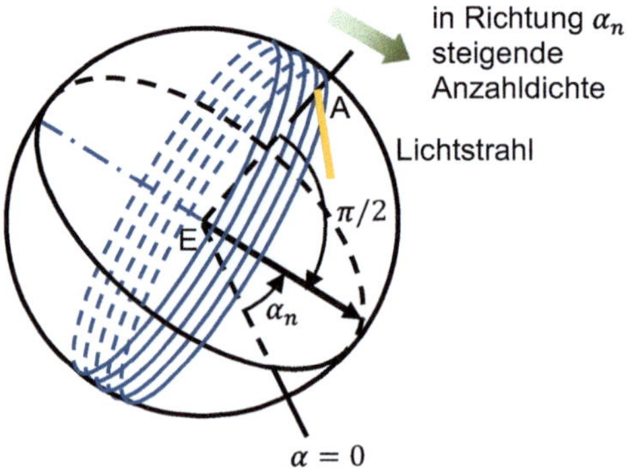

Abb. 2.6 Linien mit festen Werten $cos(\alpha - \alpha_n)sin\beta$ schneiden die Sphäre (E, ρ) in parallelen Kreisen

beschreibt somit eine in Richtung α_n annähernd linear zunehmende ($b_n \geq 0$) oder sinkende ($b_n \leq 0$) Funktion.

Die Parameter b_n und α_n und die Funktion $f_n(\rho)$ müssen so gewählt werden, dass die Veränderungen der Anzahldichte n_Σ in der Umgebung des Punktes A passend beschrieben werden. Es ist ebenfalls möglich mehrere Modellfunktionen zu kombinieren. Diese Möglichkeit wird im Abschn. 2.8 diskutiert.

Durchschnittliche Streu- und Absorptionswirkungsquerschnitte $\overline{\sigma}_{\text{sca}}(\lambda)$ und $\overline{\sigma}_{\text{abs}}(\lambda)$ hängen nach Abschn. 2.2 von Anzahldichten bestimmter Teilchentypen ab (Wassertröpfchen, Ozonmoleküle etc.). Diese Anzahldichten verändern sich auf eine ähnliche Weise wie n_Σ. Die Ortsabhängigkeit der Wirkungsquerschnitte kann deshalb mit ähnlichen Modellfunktionen beschrieben werden:

$$\overline{\sigma}_{sca}(\lambda, \rho, \alpha, \beta) = (1 + b_{sca}(\lambda) \cdot \cos(\alpha - \alpha_{sca}(\lambda)) \sin \beta) \cdot f_{sca}(\lambda, \rho), \tag{2.15}$$

$$\overline{\sigma}_{abs}(\lambda, \rho, \alpha, \beta) = (1 + b_{abs}(\lambda) \cdot \cos(\alpha - \alpha_{abs}(\lambda)) \sin \beta) \cdot f_{abs}(\lambda, \rho). \tag{2.16}$$

Im Folgenden wird angenommen, dass elektromagnetische Wellen mit der Wellenlänge λ von Teilchen eines Typs τ_1 gestreut und von Teilchen eines anderen Typs τ_2 absorbiert werden. Ferner wird angenommen, dass beide Teilchentypen auf unterschiedliche Weise verteilt sind, sodass sich die Modellfunktionen $\overline{\sigma}_{sca}(\lambda, \rho, \alpha, \beta)$ und $\overline{\sigma}_{abs}(\lambda, \rho, \alpha, \beta)$ nicht ähneln. Um das Variieren der Streu- und Absorptionskoeffizienten bei der Berechnung der optischen Tiefe berücksichtigen zu können, werden beide Modellfunktionen $\overline{\sigma}_{sca}(\lambda, \rho, \alpha, \beta)$ und $\overline{\sigma}_{abs}(\lambda, \rho, \alpha, \beta)$ getrennt betrachtet.

2.5 Optische Tiefe in einer kugelrunden Atmosphäre

Ein monochromatischer Strahlungsfluss mit der Wellenlänge λ breitet sich von einer Lichtquelle L in einem infinitesimal kleinen Raumwinkel $d\Omega$ aus und erreicht in einer Entfernung r_A von der Lichtquelle einen Atmosphärenpunkt A. Anschließend erreicht er *in einer Entfernung r_B von der Lichtquelle einen Punkt B. Die Position des Punktes A wird in einem nach Abschn. 2.4 definierten, auf den Punkt A ausgerichteten Koordinatensystem (E, ρ, α, β) mit Koordinaten $(\rho_A, 0, 0)$ beschrieben. Der Raumwinkel $d\Omega$ geht vom Punkt A in die Azimutrichtung α_A und bildet mit dem Strahl $\beta = 0$ einen Winkel θ_A. Die Teilchendichte, der Streuwirkungsquerschnitt und der Absorptionswirkungsquerschnitt in der Umgebung der Punkte A und B werden durch Modellfunktionen* (2.13), (2.15) *und* (2.16) *angegeben. Der monochromatische Strahlungsfluss im Raumwinkel $d\Omega$ hat bei Verlassen des Punktes A die Leistung $\Phi_A(\lambda)$. Welcher Teil dieses Strahlungsflusses wird gestreut oder absorbiert, bevor der Fluss den Punkt B erreicht?*

Der Teil des Strahlungsflusses, der im Raumwinkel $d\Omega$ zwischen den Punkten A und B absorbiert oder gestreut wird, kann nach (2.11) als

$$\Phi_A(\lambda) - \Phi_B(\lambda) = \Phi_A(\lambda) \cdot \left(1 - \exp\left(\int_{r_A}^{r_B} \overline{\sigma}_{ext}(\lambda, r) n_\Sigma(r) dr\right)\right) \tag{2.17}$$

berechnet werden. Um diese Flussverringerung oder Extinktion zu bestimmen, muss das Integral für die optische Tiefe der Stecke $\overline{AB}$

$$\int_{r_A}^{r_B} \overline{\sigma}_{ext}(\lambda, r) n_\Sigma(r) dr = \int_{r_A}^{r_B} (\overline{\sigma}_{sca}(\lambda, r) + \overline{\sigma}_{abs}(\lambda, r)) n_\Sigma(r) dr. \tag{2.18}$$

gelöst werden.

Für die Berechnung dieses Integrals wird ein im Erdmittelpunkt E entspringendes, auf den Punkt A ausgerichtetes Kugelkoordinatensystem (E, ρ, α, β) verwendet. Die Anzahldichte n_Σ und die Wirkungsquerschnitte $\overline{\sigma}_{sca}$ und $\overline{\sigma}_{abs}$ werden durch Modellfunktionen (2.13), (2.15) und (2.16) angegeben. Um jedem Punkt der Strecke $\overline{AB}$ eine passende Anzahldichte und passende Wirkungsquerschnitte zuzuordnen, müssen Koordinaten dieser Punkte durch Parametergleichungen beschrieben werden.

Wir betrachten einen Punkt C auf der Strecke $\overline{AB}$ und kennzeichnen die Projektion des Punktes C auf den Strahl AE mit einem Punkt D (Abb. 2.7). Bezeichnet Δr die

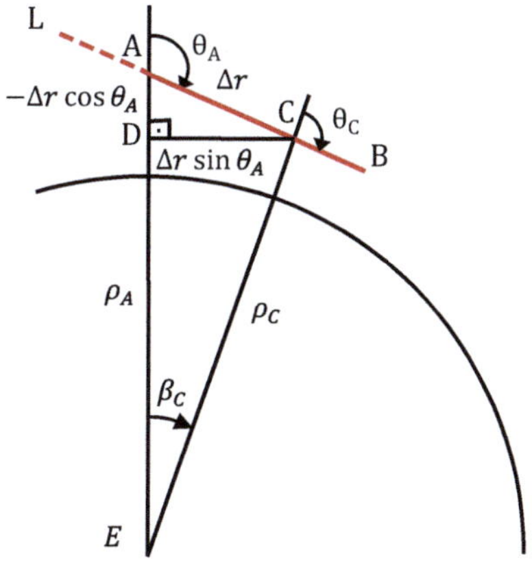

Abb. 2.7 Der Punkt C liegt auf der Strecke $\overline{AB}$ in einer Entfernung Δr vom Punkt A. Die Entfernung ρ_C und die Winkel β_C und θ_C können aus rechtwinkligen Dreiecken ΔACD und ΔEDC bestimmt werden

Entfernung zwischen den Punkten A und C, so lassen sich die Längen der Strecken $\overline{AD}$ und $\overline{DC}$ als

$$\left|\overline{AD}\right| = |\Delta r \cos\theta_A|, \left|\overline{DC}\right| = \Delta r \sin\theta_A$$

ausdrücken. Die Länge der Strecke $\overline{ED}$ kann aus Längen der Strecken $\overline{EA}$ und $\overline{AD}$ berechnet werden:

$$\left|\overline{ED}\right| = \rho_A + \Delta r \cos\theta_A.$$

Die Entfernung des Punktes C von dem Mittelpunkt der Erde E kann aus dem rechtwinkligen Dreieck ΔEDC mit dem Satz von Pythagoras berechnet werden:

$$\begin{aligned}
\rho_C = \left|\overline{EC}\right| &= \sqrt{\left|\overline{ED}\right|^2 + \left|\overline{DC}\right|^2} = \sqrt{(\rho_A + \Delta r \cos\theta_A)^2 + \Delta r^2 \sin^2\theta_A} \\
&= \sqrt{\rho_A^2 + 2\rho_A \Delta r \cos\theta_A + \Delta r^2 \cos^2\theta_A + \Delta r^2 \sin^2\theta_A} \\
&= \sqrt{\rho_A^2 \cdot \left(\sin^2\theta_A + \cos^2\theta_A\right) + 2\rho_A \Delta r \cos\theta_A + \Delta r^2} \\
&= \sqrt{\rho_A^2 \sin^2\theta_A + (\rho_A \cos\theta_A + \Delta r)^2}.
\end{aligned} \tag{2.19}$$

Der Winkel zwischen den Strecken $\overline{EC}$ und $\overline{ED}$ beträgt

$$\beta_C = \angle DEC = \arcsin\frac{\left|\overline{DC}\right|}{\left|\overline{EC}\right|} = \arcsin\frac{\Delta r \sin\theta_A}{\sqrt{\rho_A^2 \sin^2\theta_A + (\rho_A \cos\theta_A + \Delta r)^2}}. \tag{2.20}$$

Der Winkel θ_C zwischen einem im Punkt C nach oben gerichteten Strahl EC und der Richtung des Strahlenflusses $\overrightarrow{AB}$ kann aus dem Dreieck ΔAEC ermittelt werden:

$$\theta_C = \angle ACE = \pi - \angle EAC - \angle CEA = \theta_A - \beta_C = \theta_A - \arcsin\frac{\Delta r \sin\theta_A}{\sqrt{\rho_A^2 \sin^2\theta_A + (\rho_A \cos\theta_A + \Delta r)^2}} \tag{2.21}$$

Die Gleichungen (2.19) und (2.20) gelten für alle Punkte der Strecke $\overline{AB}$ und ergeben eine Parameterbeschreibung dieser Strecke:

$$\begin{cases}
\rho(r) = \sqrt{\rho_A^2 \sin^2\theta_A + (\rho_A \cos\theta_A + r - r_A)^2}, \\
\alpha(r) = \alpha_A, \\
\beta(r) = \arcsin\frac{(r - r_A)\sin\theta_A}{\sqrt{\rho_A^2 \sin^2\theta_A + (\rho_A \cos\theta_A + r - r_A)^2}}.
\end{cases} \tag{2.22}$$

Das Einsetzen der Modellfunktionen (2.13), (2.15) und (2.16) in das Integral (2.18) verwandelt dieses Integral in:

$$
\begin{aligned}
&\int_{r_A}^{r_B} \overline{\sigma}_{\text{ext}}(\lambda, r) n_\Sigma(r) dr \\
&\quad = \int_{r_A}^{r_B} ((1 + b_{sca}(\lambda) \cdot \cos(\alpha(r) - \alpha_{sca}(\lambda)) \sin \beta(r)) \cdot f_{sca}(\lambda, \rho) \\
&\quad +(1 + b_{abs}(\lambda) \cdot \cos(\alpha(r) - \alpha_{abs}(\lambda)) \sin \beta(r)) \cdot f_{abs}(\lambda, \rho)) \\
&\quad \cdot (1 + b_n \cdot \cos(\alpha(r) - \alpha_n) \sin \beta(r)) \cdot f_n(\rho) dr \\
&\quad = \sum_{q \in \{sca,abs\}} \int_{r_A}^{r_B} (1 + b_q(\lambda) \cos(\alpha(r) - \alpha_q(\lambda)) \sin \beta(r) \\
&\quad + b_n \cos(\alpha(r) - \alpha_n) \sin \beta(r) \\
&\quad + b_n b_q(\lambda) \cos\left(\alpha(r) - \alpha_q(\lambda)\right) \cos(\alpha(r) - \alpha_n) \sin^2 \beta(r)\big) \cdot f_q(\lambda, \rho) f_n(\rho) dr.
\end{aligned}
\tag{2.23}
$$

Das Verwenden der Streckenbeschreibung (2.22) anstelle von $\rho(r)$, $\alpha(r)$ und $\beta(r)$ ergibt das folgende Integral:

$$
\begin{aligned}
&\int_{r_A}^{r_B} \overline{\sigma}_{\text{ext}}(\lambda, r) n_\Sigma(r) dr \\
&\quad = \sum_{q \in \{sca,abs\}} \int_{r_A}^{r_B} \left(1 + d_{q,1} \cdot \frac{(r - r_A) \sin \theta_A}{\sqrt{\rho_A^2 \sin^2 \theta_A + (\rho_A \cos \theta_A + r - r_A)^2}} + d_{q,2} \right. \\
&\quad \left. \cdot \frac{(r - r_A)^2 \sin^2 \theta_A}{\rho_A^2 \sin^2 \theta_A + (\rho_A \cos \theta_A + r - r_A)^2} \right) \\
&\quad \cdot f_q\left(\lambda, \sqrt{\rho_A^2 \sin^2 \theta_A + (\rho_A \cos \theta_A + r - r_A)^2}\right) \\
&\quad \cdot f_n\left(\sqrt{\rho_A^2 \sin^2 \theta_A + (\rho_A \cos \theta_A + r - r_A)^2}\right) dr.
\end{aligned}
\tag{2.24}
$$

Die Koeffizienten $d_{q,1}$ und $d_{q,2}$ mit $q \in \{sca, abs\}$ werden als

$$
\begin{aligned}
d_{q,1} &= b_q(\lambda) \cos\left(\alpha_A - \alpha_q(\lambda)\right) + b_n \cos(\alpha_A - \alpha_n), \\
d_{q,2} &= b_n b_q(\lambda) \cos\left(\alpha_A - \alpha_q(\lambda)\right) \cos(\alpha_A - \alpha_n)
\end{aligned}
\tag{2.25}
$$

berechnet.

2.5.1 Polynomielle Approximation

Um das Integral (2.24) lösen zu können, werden die Produkte der Funktionen f_{sca} und f_n beziehungsweise f_{abs} und f_n durch Polynome angenähert.

Behauptung 2–2 Approximieren einer Funktion mit einem Polynom des 3. Grades *Sei $f : \mathbb{R} \to \mathbb{R}$ eine beliebige differenzierbare Funktion. Seien $u_0, \Delta u \in \mathbb{R}$. Sei die Funktion $\xi_3 : \mathbb{R} \to \mathbb{R}$ als*

$$\xi_3(u) = w_3(u-u_0)^3 + w_2(u-u_0)^2 + w_1(u-u_0) + w_0$$

mit

$$w_0 = f(u_0), \quad w_1 = f'(u_0),$$

$$w_2 = 3 \cdot \frac{f(u_0+\Delta u) - f(u_0)}{\Delta u^2} - \frac{f'(u_0+\Delta u) + 2f'(u_0)}{\Delta u},$$

$$w_3 = -2 \cdot \frac{f(u_0+\Delta u) - f(u_0)}{\Delta u^3} + \frac{f'(u_0+\Delta u) + f'(u_0)}{\Delta u^2}$$

definiert.

Die Funktionen $f(u)$ und $\xi_3(u)$ haben in Punkten $u = u_0$ und $u = u_0 + \Delta u$ die gleichen Werte und die gleichen Ableitungen :

$$f(u_0) = \xi_3(u_0), \qquad f'(u_0) = \xi_3'(u_0),$$
$$f(u_0+\Delta u) = \xi_3(u_0+\Delta u), \; f'(u_0+\Delta u) = \xi_3'(u_0+\Delta u).$$

Beweis: Die Ableitung der Funktion $\xi_3(t)$ ist

$$\xi_3'(u) = 3w_3(u-u_0)^2 + 2w_2(u-u_0) + w_1.$$

Für den Punkt $u = u_0$ gilt:

$$\xi_3(u_0) = w_0 = f(u_0), \quad \xi_3'(u) = w_1 = f'(u_0).$$

Im Punkt $u = u_0 + \Delta u$ ist

$$\begin{aligned}
\xi_3(u_0+\Delta u) =& w_3\Delta u^3 + w_2\Delta u^2 + w_1\Delta u + w_0 \\
&= -2 \cdot (f(u_0+\Delta u) - f(u_0)) + \big(f'(u_0+\Delta u) + f'(u_0)\big)\Delta u + 3 \\
&\cdot (f(u_0+\Delta u) - f(u_0)) - \big(f'(u_0+\Delta u) + 2f'(u_0)\big)\Delta u + f'(u_0)\Delta u + f(u_0) \\
&= f(u_0+\Delta u),
\end{aligned}$$

$$\begin{aligned}
\xi_3'(u_0+\Delta u) =& 3w_3\Delta u^2 + 2w_2\Delta u + w_1 \\
&= -6 \cdot \frac{f(u_0+\Delta u) - f(u_0)}{\Delta u} + 3 \cdot \big(f'(u_0+\Delta u) + f'(u_0)\big) + 6 \\
&\cdot \frac{f(u_0+\Delta u) - f(u_0)}{\Delta u^2} - 2 \cdot \big(f'(u_0+\Delta u) + 2f'(u_0)\big) + f'(u_0) = f'(u_0+\Delta u).
\end{aligned}$$

∎

Weil die Anzahldichte der Gasmoleküle mit zunehmender Höhe annähernd exponentiell abnimmt, hat das Produkt $f_{sca}(\lambda, A, \rho)f_n(A, \rho)$ bzw. $f_{abs}(\lambda, A, \rho)f_n(A, \rho)$ einen in etwa exponentiellen Verlauf. Die Abb. 2.8 zeigt die Approximation einer exponentiellen Funktion

$$f(u) = \exp(-\chi u) \tag{2.26}$$

mit $\chi = 0,7$ mit einem nach Behauptung 2–2 definierten Polynom $\xi_3(u)$. Im Intervall $[u_0, u_0 + \Delta u] = [0, 2]$ liegen beide Funktionen nah aneinander. Weil sich die Funktion (2.26) in jedem Intervall der Länge Δu um den gleichen Faktor $\exp(\chi \Delta u)$ verändert, ist der Approximationsfehler

$$\max_{u \in [u_0, u_0 + \Delta u]} \left| \frac{f(u) - \xi_3(u)}{f(u)} \right|$$

nur von dem Faktor $\exp(\chi \Delta u)$ abhängig. Diese Abhängigkeit ist in der Abb. 2.9 dargestellt. In einem Intervall $[u_0, u_0 + \Delta u]$, in dem sich die exponentielle Funktion (2.26)

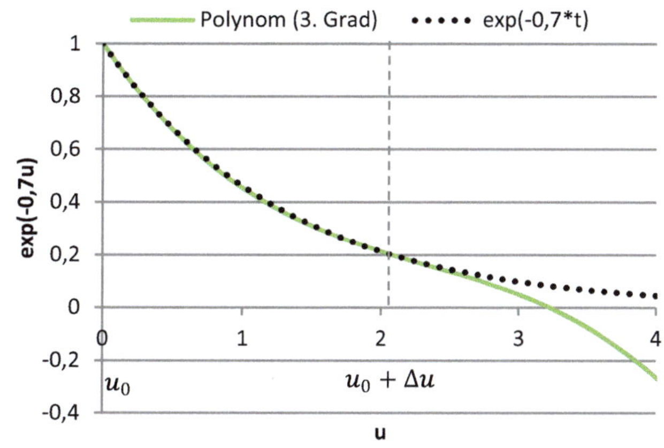

Abb. 2.8 Approximieren der exponentiellen Funktion mit einem Polynom des dritten Grades

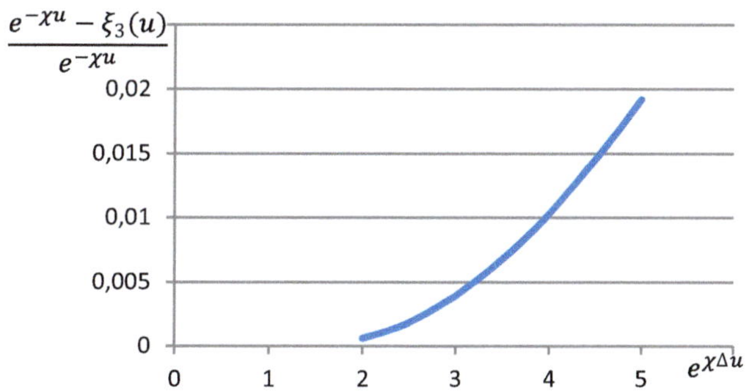

Abb. 2.9 Das Annähern der Funktion $f(u) = e^{-\chi u}$ mit einem Polynom des 3. Grades verursacht einen Approximationsfehler $\frac{f(u)-\xi_3(u)}{f(u)}$. Die Größe dieses Fehlers hängt von dem Faktor $e^{\chi \Delta u}$ ab, um den sich die Funktion im betrachteten Intervall $[u_0, u_0 + \Delta u]$ verändert

um einen Faktor vier verändert, liefert ein nach Behauptung 2–2 definiertes Polynom des 3. Grades eine Approximation, die sich von dem Original um weniger als 1,04 % unterscheidet.

Das Verhalten einer näherungsweise exponentiellen Funktion

$$f(\rho) = f_q(\lambda, \rho) f_n(\rho) \quad mit \quad q \in \{sca, abs\} \tag{2.27}$$

zwischen den Punkten

$$\rho_A \quad und \quad \rho_B = \sqrt{\rho_A^2 \sin^2\theta_A + (\rho_A \cos\theta_A + r_B - r_A)^2}$$

kann mit einem nach Behauptung 2–2 gewählten Polynom

$$\xi_3(\rho) = w_{q,3} \cdot (\rho - \rho_0)^3 + w_{q,2} \cdot (\rho - \rho_0)^2 + w_{q,1} \cdot (\rho - \rho_0) + w_{q,0} \tag{2.28}$$

mit

$$\rho_0 \leq min\{\rho_A, \rho_B\}, \quad \rho_1 \geq max\{\rho_A, \rho_B\},$$

$$w_{q,0} = f_q(\lambda, \rho_0) f_n(\rho_0),$$

$$w_{q,1} = f_q'(\lambda, \rho_0) f_n(\rho_0) + f_q(\lambda, \rho_0) f_n'(\rho_0),$$

$$w_{q,2} = 3 \cdot \frac{f_q(\lambda, \rho_1) f_n(\rho_1) - w_{q,0}}{(\rho_1 - \rho_0)^2} - \frac{f_q'(\lambda, \rho_1) f_n(\rho_1) + f_q(\lambda, \rho_1) f_n'(\rho_1) + 2w_{q,1}}{\rho_1 - \rho_0},$$

$$w_{q,3} = -2 \cdot \frac{f_q(\lambda, \rho_1) f_n(\rho_1) - w_{q,0}}{(\rho_1 - \rho_0)^3} + \frac{f_q'(\lambda, \rho_1) f_n(\rho_1) + f_q(\lambda, \rho_1) f_n'(\rho_1) + w_{q,1}}{(\rho_1 - \rho_0)^2}$$

angenähert werden.

Um eine höhere Genauigkeit in größeren Intervallen zu erzielen, kann ein Polynom mit einem höheren Grad verwendet werden.

Behauptung 2–3 Approximieren einer Funktion mit einem Polynom des 5. Grades
Sei f : $\mathbb{R} \to \mathbb{R}$ *eine beliebige differenzierbare Funktion. Seien* $u_1, \Delta u \in \mathbb{R}$.

Sei die Funktion $\xi_5 : \mathbb{R} \to \mathbb{R}$ *als*

mit

$$\xi_5(u) = w_5(u - u_1)^5 + w_4(u - u_1)^4 + w_3(u - u_1)^3 + w_2(u - u_1)^2 + w_1(u - u_1) + w_0$$

$$w_0 = f(u_1), \quad w_1 = f'(u_1),$$

$$w_2 = \frac{1}{4\Delta u}\left(\frac{4f(u_1 - \Delta u) - 8f(u_1) + 4f(u_1 + \Delta u)}{\Delta u} + f'(u_1 - \Delta u) - f'(u_1 + \Delta u)\right)$$

$$w_3 = -\frac{1}{4 \cdot u^2}\left(\frac{5f(u_1 - \Delta u) - 5f(u_1 + \Delta u)}{\Delta u} + f'(u_1 - \Delta u) + 8f'(u_1) + f'(u_1 + \Delta u)\right)$$

$$w_4 = -\frac{1}{4\Delta u^3}\left(\frac{2\mathrm{f}(\mathrm{u}_1 - \Delta u) - 4\mathrm{f}(u_1) + 2f(u_1 + \Delta u)}{\Delta u} + f'(u_1 - \Delta u) - f'(u_1 + \Delta u)\right)$$

definiert. Die Funktionen $f(u)$ *und* $\xi_5(\mathrm{u})$ *haben in Punkten* $\mathrm{u} = \mathrm{u}_1 - \Delta u, \mathrm{u} = \mathrm{u}_1$ *und*

$$w_5 = \frac{1}{4\Delta u^4}\left(\frac{3f(u_1 - \Delta u) - 3f(u_1 + \Delta u)}{\Delta u} + f'(u_1 - \Delta u) + 4f'(u_1) + f'(u_1 + \Delta u)\right)$$

$\mathrm{u} = \mathrm{u}_1 + \Delta u$ *die gleichen Werte und die gleichen Ableitungen:*

$$\begin{aligned} f(u_1 - \Delta u) &= \xi_5(u_1 - \Delta u), & f'(u_1 - \Delta u) &= \xi_5'(u_1 - \Delta u),\\ f(u_1) &= \xi_5(u_1), & f'(u_1) &= \xi_5'(u_1),\\ f(u_1 + \Delta u) &= \xi_5(u_1 + \Delta u), & f'(\mathrm{u}_1 + \Delta u) &= \xi_5'(u_1 + \Delta u). \end{aligned}$$

Die Gültigkeit dieser Behauptung lässt sich analog zum Beweis der Behauptung 2–2 durch Berechnen entsprechender Werte überprüfen.

Die exponentielle Funktion (2.26) lässt sich in einem Intervall $[u_1 - \Delta u, u_1 + \Delta u]$ in dem sie sich um einen Faktor 25 ändert, mit einem nach Behauptung 2–3 definierten Polynom mit einer Genauigkeit von 99,08 % approximieren (Abb. 2.10).

Die Abb. 2.11 zeigt für diese Art der polynomiellen Approximation den Zusammenhang zwischen der Veränderung der Funktion $f(u) = \exp(-\chi u)$ im Intervall $[u_1 - \Delta u, u_1 + \Delta u]$ und dem Approximationsfehler.

2.5.2 Berechnen des Integrals für die optische Tiefe

Das Annähern der höhenabhängigen Komponente $f_q(\lambda, \rho)f_n(\rho)$ eines Streu-, Absorptions- oder Extinktionskoeffizienten mit einem nach Behauptung 2–2 gewählten Polynom

Abb. 2.10 Approximieren einer exponentiellen Funktion mit einem Polynom des 5. Grades

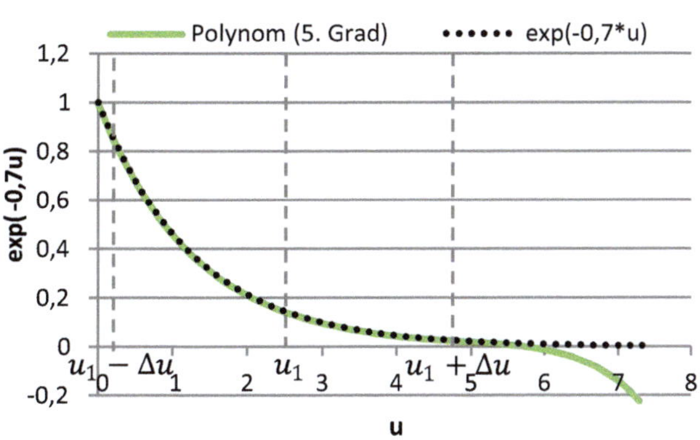

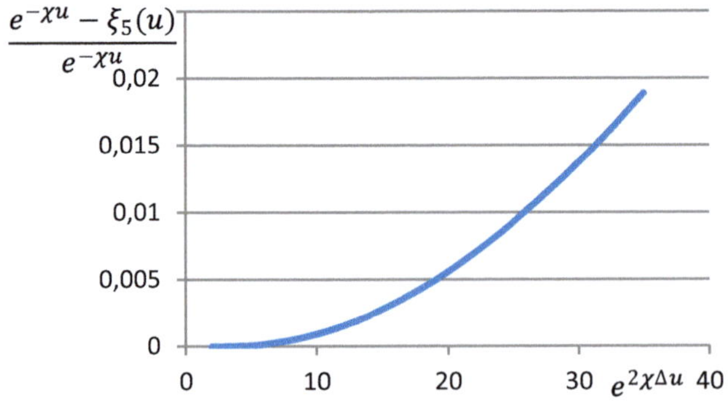

Abb. 2.11 Approximationsfehler beim Annähern der exponentiellen Funktion mit einem Polynom des 5. Grades in Abhängigkeit von dem Faktor, um den sich die Funktion im Intervall $[u_1 - \Delta u, u_1 + \Delta u]$ verändert

ermöglicht eine einfache Anpassung des mathematischen Modells an eine vorgegebene Teilchenverteilung und ergibt eine leicht integrierbare analytische Funktion. Die Gleichung (2.24) verwandelt sich beim Einsetzen der polynomiellen Approximation (2–28) in eine Summe aus zwei ähnlichen Integralen irrationaler Funktionen

$$\int_{\mathrm{r_A}}^{\mathrm{r_B}} \sigma_{\mathrm{ext}}(\lambda, r) n_\Sigma(r) dr = J\left(\overrightarrow{d_{sca}}, \overrightarrow{w_{sca}}, \theta_A, \rho_A, r_A, r_B\right) + J\left(\overrightarrow{d_{abs}}, \overrightarrow{w_{abs}}, \theta_A, \rho_A, \mathrm{r_A}, \mathrm{r_B}\right) \tag{2.29}$$

mit

$$\begin{aligned} &J\left(\overrightarrow{d_q}, \vec{w}_q, \theta_A, \rho_A, \mathrm{r_A}, \mathrm{r_B}\right) \\ &\quad = \int_{\mathrm{r_A}}^{\mathrm{r_B}} \left(1 + \sum_{i=1}^{2} d_{q,i} \cdot \left(\frac{(r - r_A)\sin\theta_A}{\sqrt{\rho_A^2 \sin^2\theta_A + (\rho_A\cos\theta_A + r - r_A)^2}}\right)^i\right) \\ &\quad \cdot \sum_{\mathrm{k=0}}^{3} \left(\mathrm{w_{q,k}} \cdot \left(\sqrt{\rho_A^2 \sin^2\theta_A + (\rho_A\cos\theta_A + r - r_A)^2} - \rho_0\right)^k\right) dr \end{aligned} \tag{2.30}$$

für $q \in \{sca, abs\}$.

Die Wurzel im Integral (2.30) kann mithilfe der Substitution

$$\rho_A \cos\theta_A + r - r_A = \rho_A \sin\theta_A \tan\varphi, \quad dr = \frac{\rho_A \sin\theta_A}{\cos^2\varphi} d\varphi \tag{2.31}$$

in eine trigonometrische Funktion verwandelt werden:

$$\begin{aligned} &\sqrt{\rho_A^2 \sin^2\theta_A + (\rho_A\cos\theta_A + r - r_A)^2} = \sqrt{\rho_A^2 \sin^2\theta_A\left(1 + \tan^2\varphi\right)} = \sqrt{\rho_A^2 \sin^2\theta_A \cdot \frac{\cos^2\varphi + \sin^2\varphi}{\cos^2\varphi}} \\ &\quad = \frac{\rho_A \sin\theta_A}{\cos\varphi}. \end{aligned}$$

Das Integral (2.30) nimmt nach dieser Substitution die folgende Form an:

$$J\left(\vec{d}_q, \vec{w}_q, \theta_A, \rho_A, \mathrm{r_A}, \mathrm{r_B}\right) = \int\limits_{\arctan(\mathrm{ctg}\theta_\mathrm{A})}^{\arctan\left(\frac{\rho_A \cos\theta_A + r_B - r_A}{\rho_A \sin\theta_A}\right)} \frac{\rho_A \sin\theta_A}{\cos^2\varphi} \cdot \left(1 + \sum_{i=1}^{2} \left(d_{q,i} \cdot (\sin\theta_A \tan\varphi - \cos\theta_A)^i \cos^i\varphi\right)\right) \cdot \sum_{k=0}^{3} \left(w_{q,k} \cdot \left(\frac{\rho_A \sin\theta_A}{\cos\varphi} - \rho_0\right)^k\right) \cdot d\varphi. \tag{2.32}$$

Dieses Integral kann mithilfe der universellen trigonometrischen Substitution

$$u = \tan\frac{\varphi}{2}, \quad d\varphi = \frac{2du}{1+u^2}, \tag{2.33}$$

gelöst werden. Diese Substitution verwandelt Sinus und Kosinus in gebrochen rationale Funktionen:

$$\cos\varphi = \frac{\cos^2\frac{\varphi}{2} - \sin^2\frac{\varphi}{2}}{\cos^2\frac{\varphi}{2} + \sin^2\frac{\varphi}{2}} = \frac{1-\tan^2\frac{\varphi}{2}}{1+\tan^2\frac{\varphi}{2}} = \frac{1-u^2}{1+u^2}, \tag{2.34}$$

$$\sin\varphi = \frac{2\sin\frac{\varphi}{2}\cos\frac{\varphi}{2}}{\cos^2\frac{\varphi}{2} + \sin^2\frac{\varphi}{2}} = \frac{2\tan\frac{\varphi}{2}}{1+\tan^2\frac{\varphi}{2}} = \frac{2u}{1+u^2}. \tag{2.35}$$

Das Integral (2.32) wird zu:

$$J\left(\vec{d}_q, \vec{w}_q, \theta_A, \rho_A, \mathrm{r_A}, \mathrm{r_B}\right) = \int\limits_{\tan\left(\frac{\pi-2\theta_A}{4}\right)}^{\tan\left(\frac{1}{2}\arctan\left(\frac{\rho_A\cos\theta_A + r_B - r_A}{\rho_A \sin\theta_A}\right)\right)} \rho_A \sin\theta_A \frac{\left(1+u^2\right)^2}{\left(1-u^2\right)^2} \cdot \left(1 + \sum_{i=1}^{2} d_{q,i} \cdot \left(\sin\theta_A \frac{2u}{1+u^2} - \cos\theta_A \frac{1-u^2}{1+u^2}\right)^i\right) \cdot \sum_{k=0}^{3} \left(w_{q,k} \cdot \left(\rho_A \sin\theta_A \frac{1+u^2}{1-u^2} - \rho_0 \frac{1-u^2}{1-u^2}\right)^k\right) \cdot \frac{2du}{1+u^2}. \tag{2.36}$$

Die Lösung dieses Integrals hängt von dem Wert $d_{q,2}$ ab. Je nachdem, ob dieser Wert gleich Null oder von Null verschieden ist, ergibt sich eine unterschiedliche Anzahl von Freiheitsgraden und unterschiedliche Lösungsfunktionen.

2.5.2.1 Erster Fall: Lineare Abhängigkeit von der horizontalen Position

Hängt die Anzahldichte der Teilchen $n_\Sigma(r)$ oder der Wirkungsquerschnitt $\overline{\sigma}_q(\lambda, r)$ im betrachteten Teil der Atmosphäre laut Modellfunktionen (2.13), (2.15) und (2.16) nur von der Höhe eines Punktes, aber nicht von seiner geographischen Länge und Breite ab, so ist nach (2.25)

$$d_{q,2} = 0. \tag{2.37}$$

Das Integral (2.36) vereinfacht sich in diesem Fall zu

$$\begin{aligned} J\left(\overrightarrow{d}_q, \overrightarrow{w}_q, \theta_A, \rho_A, r_A, r_B\right) &= \int\limits_{\tan\left(\frac{\pi-2\theta_A}{4}\right)}^{\tan\left(\frac{1}{2}\arctan\left(\frac{\rho_A\cos\theta_A+r_B-r_A}{\rho_A\sin\theta_A}\right)\right)} \frac{2\rho_A\sin\theta_A}{\left(1-u^2\right)^5} \\ &\cdot \left(1+u^2+d_{q,1}\cdot\left(\sin\theta_A\cdot 2u-\cos\theta_A\cdot\left(1-u^2\right)\right)\right). \\ &\cdot \sum_{k=0}^{3}\left(w_{q,k}\cdot\left(1-u^2\right)^{3-k}\left(\rho_A\sin\theta_A\left(1+u^2\right)-\rho_0\cdot\left(1-u^2\right)\right)^k\right)\cdot du. \end{aligned} \tag{2.38}$$

Die Summe im Integral (2.38) lässt sich zu

$$\begin{aligned} &\sum_{k=0}^{3}\left(w_{q,k}\cdot\left(1-u^2\right)^{3-k}\left(\rho_A\sin\theta_A\left(1+u^2\right)-\rho_0\cdot\left(1-u^2\right)\right)^k\right) \\ &= w_{q,3} \\ &\cdot\left(\rho_A^3\sin^3\theta_A\cdot\left(1+u^2\right)^3-3\rho_0\rho_A^2\sin^2\theta_A\cdot\left(1+u^2\right)^2\left(1-u^2\right)+3\rho_0^2\rho_A\sin\theta_A\right. \\ &\left.\cdot\left(1+u^2\right)\left(1-u^2\right)^2-\rho_0^3\left(1-u^2\right)^3\right)+w_{q,2} \\ &\cdot\left(\rho_A^2\sin^2\theta_A\cdot\left(1+u^2\right)^2\left(1-u^2\right)-2\rho_0\rho_A\sin\theta_A\cdot\left(1+u^2\right)\left(1-u^2\right)^2\right. \\ &\left.+\rho_0^2\left(1-u^2\right)^3\right)+w_{q,1}\cdot\left(\rho_A\sin\theta_A\cdot\left(1+u^2\right)\left(1-u^2\right)^2-\rho_0\left(1-u^2\right)^3\right)+w_{q,0} \\ &\cdot\left(1-u^2\right)^3 \\ &= w_{q,3}\rho_A^3\sin^3\theta_A\cdot\left(1+3u^2+3u^4+u^6\right)+\left(w_{q,2}-3\rho_0w_{q,3}\right)\rho_A^2\sin^2\theta_A \\ &\cdot\left(1+u^2-u^4-u^6\right)+\left(w_{q,1}-2\rho_0w_{q,2}+3\rho_0^2w_{q,3}\right)\cdot\rho_A\sin\theta_A \\ &\cdot\left(1-u^2-u^4+u^6\right)+\left(w_{q,0}-\rho_0w_1+\rho_0^2w_{q,2}-\rho_0^3w_{q,3}\right)\cdot\left(1-3u^2+3u^4-u^6\right) \end{aligned}$$

umformen. Das Einführen von Koeffizienten

$$\begin{aligned} v_{q,3} &= w_{q,3}\rho_A^3\sin^3\theta_A, \\ v_{q,2} &= \left(w_{q,2}-3\rho_0w_{q,3}\right)\rho_A^2\sin^2\theta_A, \\ v_{q,1} &= \left(w_{q,1}-2\rho_0w_{q,2}+3\rho_0^2w_{q,3}\right)\cdot\rho_A\sin\theta_A, \\ v_{q,0} &= w_{q,0}-\rho_0w_{q,1}+\rho_0^2w_{q,2}-\rho_0^3w_{q,3} \end{aligned} \tag{2.39}$$

$$\begin{aligned} s_{q,0} &= v_{q,0} + v_{q,1} + v_{q,2} + v_{q,3}, \\ s_{q,1} &= -3v_{q,0} - v_{q,1} + v_{q,2} + 3v_{q,3}, \\ s_{q,2} &= 3v_{q,0} - v_{q,1} - v_{q,2} + 3v_{q,3}, \\ s_{q,3} &= -v_{q,0} + v_{q,1} - v_{q,2} + v_{3q}, \end{aligned} \tag{2.40}$$

und

$$\begin{aligned} e_{q,0} &= 1 - d_{q,1} \cdot \cos\theta_A, \\ e_{q,1} &= 2d_{q,1} \cdot \sin\theta_A \\ e_{q,2} &= 1 + d_{q,1} \cdot \cos\theta_A \end{aligned} \tag{2.41}$$

ermöglicht eine kompaktere Schreibweise des Integrals (2.38):

$$J\left(\overrightarrow{d}_q, \overrightarrow{w}_q, \theta_A, \rho_A, \mathrm{r_A}, \mathrm{r_B}\right) = 2\rho_A \sin\theta_A \int_{\tan\left(\frac{\pi-2\theta_A}{4}\right)}^{\tan\left(\frac{1}{2}\arctan\left(\frac{\rho_A \cos\theta_A + r_B - r_A}{\rho_A \sin\theta_A}\right)\right)} \frac{\sum_{i=0}^{2} e_{q,i} u^i \cdot \sum_{k=0}^{3} s_{q,k} u^{2k}}{\left(1-u^2\right)^5} du. \tag{2.42}$$

Eine weitere Koeffizientendefinition

$$p_i = \begin{cases} \sum\limits_{k=\max\{0,(i-2)/2\}}^{\min\{3,i/2\}} e_{q,i-2k} s_{q,k}, & \textit{falls i gerade} \\ \sum\limits_{k=\max\{0,(i-1)/2\}}^{\min\{3,(i-1)/2\}} e_{q,i-2k} s_{q,k}, & \textit{falls i ungerade} \end{cases} \quad \textit{für } i = 0, \ldots, 8 \tag{2.43}$$

ergibt die kanonische Form des Integrals einer gebrochen rationalen Funktion:

$$J\left(\overrightarrow{d}_q, \overrightarrow{w}_q, \theta_A, \rho_A, r_A, r_B\right) = -2\rho_A \sin\theta_A \int_{\tan\left(\frac{\pi-2\theta_A}{4}\right)}^{\tan\left(\frac{1}{2}\arctan\left(\frac{\rho_A \cos\theta_A + r_B - r_A}{\rho_A \sin\theta_A}\right)\right)} \frac{\sum_{i=0}^{8} p_i u^i}{(u-1)^5 (u+1)^5} du. \tag{2.44}$$

Der Bruch in diesem Integral kann mit einer Partialbruchzerlegung als eine Summe einfacher Brüche dargestellt werden:

$$\begin{aligned} &J\left(\vec{d}_q, \vec{w}_q, \theta_A, \rho_A, \mathrm{r_A}, \mathrm{r_B}\right) \\ &\quad = -2\rho_A \sin\theta_A \cdot \int_{\tan\left(\frac{\pi-2\theta_A}{4}\right)}^{\tan\left(\frac{1}{2}\arctan\left(\frac{\rho_A \cos\theta_A + r_B - r_A}{\rho_A \sin\theta_A}\right)\right)} \left(\sum_{k=1}^{5} \frac{A_k}{(u-1)^k} + \sum_{k=1}^{5} \frac{B_k}{(u+1)^k}\right) du. \end{aligned} \tag{2.45}$$

Die Koeffizienten A_k und B_k haben die folgende Werte:

$$B_1 = \frac{1}{256}(-35p_0 + 5p_2 - 3p_4 + 5p_6 - 35p_8),$$

$$A_1 = \frac{1}{128}(35p_0 - 5p_2 + 3p_4 - 5p_6 + 35p_8 + 128B_1),$$

$$B_2 = \frac{1}{8960}(-4480p_0 + 175p_1 + 640p_2 - 105p_3 - 384p_4 + 175p_5 + 640p_6 - 1225p_7 - 18449B_1 + 5359A_1),$$

$$A_2 = \frac{1}{35}(-35p_0 + 5p_2 - 3p_4 + 5p_6 - 93B_1 + 93A_1 - 35B_2),$$

$$B_3 = \frac{1}{560}(-525p_0 + 40p_1 + 70p_2 - 24p_3 - 35p_4 + 40p_5 - 1391B_1 + 639A_1 - 1129B_2 - 201A_2),$$

$$A_3 = \frac{1}{8}(15p_0 - 2p_2 + p_4 + 29B_1 - 29A_1 + 19B_2 + 19A_2 + 8B_3),$$

$$B_4 = \frac{1}{80}(-80p_0 + 10p_1 + 8p_2 - 5p_3 - 142B_1 + 82A_1 - 146B_2 - 46A_2 - 127B_3 + 17A_3),$$

$$A_4 = \frac{1}{5}(-10p_0 + p_2 - 14B_1 + 14A_1 - 12B_2 - 12A_2 - 9B_3 + 9A_3 - 5B_4),$$

$$B_5 = \frac{1}{10}(-5p_0 + p_1 - 6B_1 + 4A_1 - 7B_2 - 3A_2 - 8B_3 + 2A_3 - 9B_4 - A_4),$$

$$A_5 = p_0 + B_1 - A_1 + B_2 + A_2 + B_3 - A_3 + B_4 + A_4 + B_5.$$

Das Integral (2.45) ist gleich

$$\begin{aligned} J\left(\vec{d}_q, \vec{w}_q, \theta_A, \rho_A, \mathrm{r_A}, \mathrm{r_B}\right) &= 2\rho_A \sin\theta_A \\ &\cdot \left(\sum_{k=2}^{5} \frac{A_k}{k-1} \cdot \left(\frac{1}{(u_B-1)^{k-1}} - \frac{1}{(u_A-1)^{k-1}}\right)\right. \\ &\left.+ \sum_{k=2}^{5} \frac{B_k}{k-1} \cdot \left(\frac{1}{(u_B+1)^{k-1}} - \frac{1}{(u_A+1)^{k-1}}\right) + A_1 \ln\left|\frac{u_A-1}{u_B-1}\right| + B_1 \ln\left|\frac{u_A+1}{u_B+1}\right|\right) \end{aligned} \tag{2.46}$$

für

$$\begin{aligned} u_A &= \tan\left(\tfrac{\pi - 2\theta_A}{4}\right), \\ u_B &= \tan\left(\tfrac{1}{2}\arctan\left(\tfrac{\rho_A\cos\theta_A + r_B - r_A}{\rho_A \sin\theta_A}\right)\right). \end{aligned} \tag{2.47}$$

2.5.2.2 Zweiter Fall: Quadratische Abhängigkeit von der horizontalen Position

Ändern sich sowohl die Anzahldichte $n_\Sigma(r)$ als auch der Wirkungsquerschnitt $\overline{\sigma}_\mathrm{q}(\lambda, r)$ laut verwendeten Modellfunktionen nicht nur bei einer vertikalen, sondern auch bei einer horizontalen Verschiebung, so ist für die meisten Azimutrichtungen α_A

$$d_{q,2} \neq 0.$$

Das Integral (2.36) hat in diesem Fall die Form

$$\begin{aligned}
J(\vec{d}_q, \vec{w}_q, \theta_\mathrm{A}, \rho_\mathrm{A}, \mathrm{r_A}, \mathrm{r_B}) \\
&= \int\limits_{\tan\left(\frac{\pi - 2\theta_\mathrm{A}}{4}\right)}^{\tan\left(\frac{1}{2}\arctan\left(\frac{\rho_A\cos\theta_A + r_B - r_A}{\rho_A\sin\theta_A}\right)\right)} \frac{2\rho_A \sin\theta_A}{\left(1-u^2\right)^5 \cdot \left(1+u^2\right)} \\
&\cdot \left(\left(1+u^2\right)^2 + d_{q,1} \cdot \left(\sin\theta_A \cdot 2u - \cos\theta_A\left(1-u^2\right)\right) \cdot \left(1+u^2\right) + d_{q,2}\right. \\
&\left.\cdot\left(\sin\theta_A \cdot 2u - \cos\theta_A\left(1-u^2\right)\right)^2\right) \\
&\cdot \sum_{k=0}^{3} \left(w_{q,k} \cdot \left(1-u^2\right)^{3-k} \cdot \left(\rho_A \sin\theta_A\left(1+u^2\right) - \rho_A\left(1-u^2\right)\right)^k\right) du.
\end{aligned} \tag{2.48}$$

Das Umformen des Klammerinhalts

$$\begin{aligned}
\left(1+u^2\right)^2 &+ d_{q,1} \cdot \left(\sin\theta_A \cdot 2u - \cos\theta_A\left(1-u^2\right)\right) \cdot \left(1+u^2\right) + d_{q,2} \\
&\cdot \left(\sin\theta_A \cdot 2u - \cos\theta_A\left(1-u^2\right)\right)^2 \\
&= u^4 + 2u^2 + 1 + d_{q,1} \cdot \left(\cos\theta_A u^4 + \sin\theta_A \cdot 2u^3 + \sin\theta_A \cdot 2u - \cos\theta_A\right) + d_{q,2} \\
&\cdot \left(\sin^2\theta_A \cdot 4u^2 - 2\sin\theta_A\cos\theta_A \cdot \left(2u - 2u^3\right) + \cos^2\theta_A \cdot \left(u^4 - 2u^2 + 1\right)\right) \\
&= \left(1 + d_{q,1}\cos\theta_A + d_{q,2}\cos^2\theta_A\right) \cdot u^4 + \left(d_{q,1}\sin\theta_A + d_{q,2} \cdot 2\sin\theta_A\cos\theta_A\right) \cdot 2u^3 \\
&+ \left(1 + d_{q,2} \cdot \left(2\sin^2\theta_A - \cos^2\theta_A\right)\right) \cdot 2u^2 + \left(d_{q,1}\sin\theta_A - d_{q,2} \cdot 2\sin\theta_A\cos\theta_A\right) \cdot 2u \\
&+ \left(1 - d_{q,1}\cos\theta_A + d_{q,2}\cos^2\theta_A\right)
\end{aligned}$$

und das Verwenden von Koeffizienten

$$\begin{aligned}
e_{q,0} &= 1 - \cos\theta_A \cdot d_{q,1} + \cos^2\theta_A \cdot d_{q,2}, \\
e_{q,1} &= 2\sin\theta_A \cdot \left(d_{q,1} - 2\cos\theta_A \cdot d_{q,2}\right), \\
e_{q,2} &= 2 \cdot \left(1 + \left(3\sin^2\theta_A - 1\right) \cdot d_{q,2}\right), \\
e_{q,3} &= 2\sin\theta_A \cdot \left(d_{q,1} + 2\cos\theta_A \cdot d_{q,2}\right), \\
e_{q,4} &= 1 + \cos\theta_A \cdot d_{q,1} + \cos^2\theta_A \cdot d_{q,2}
\end{aligned} \tag{2.49}$$

erlauben eine kompaktere Schreibweise des Integrals (2.48)

$$J\left(\overrightarrow{d}_q, \overrightarrow{w}_q, \theta_A, \rho_A, r_A, r_B\right) = 2\rho_A \sin\theta_A \cdot \int_{\tan\left(\frac{\pi-2\theta_A}{4}\right)}^{\tan\left(\frac{1}{2}\arctan\left(\frac{\rho_A\cos\theta_A + r_B - r_A}{\rho_A \sin\theta_A}\right)\right)} \frac{\sum_{i=0}^{4} e_{q,i}u^i \cdot \sum_{k=0}^{3} s_{q,k}u^{2k}}{\left(1-u^2\right)^5 \cdot \left(1+u^2\right)} du. \tag{2.50}$$

Die Koeffizienten $s_{q,k}$ in diesem Integral werden nach den Formeln (2.39) und (2.40) berechnet.

Das Multiplizieren der beiden Summen im Zähler des Integranden ergibt ein äquivalentes Integral

$$J\left(\overrightarrow{d}_q, \overrightarrow{w}_q, \theta_A, \rho_A, r_A, r_B\right) = 2\rho_A \sin\theta_A \cdot \int_{\tan\left(\frac{\pi-2\theta_A}{4}\right)}^{\tan\left(\frac{1}{2}\arctan\left(\frac{\rho_A\cos\theta_A + r_B - r_A}{\rho_A \sin\theta_A}\right)\right)} \frac{\sum_{i=0}^{10} p_i u^i}{(1-u)^5 \cdot (1+u)^5 \cdot \left(1+u^2\right)} du. \tag{2.51}$$

mit Koeffizienten

$$p_i = \begin{cases} \sum\limits_{k=\max\{0,(i-4)/2\}}^{\min\{3,i/2\}} e_{q,i-2k}s_{q,k}, & \textit{falls i gerade} \\ \sum\limits_{k=\max\{0,(i-3)/2\}}^{\min\{3,(i-1)/2\}} e_{q,i-2k}s_{q,k}, & \textit{falls i ungerade} \end{cases} \quad \textit{für } i = 0, \ldots, 10. \tag{2.52}$$

Das Integral (2.51) kann durch eine Partialbruchzerlegung in die Form

$$\begin{aligned} &J\left(\overrightarrow{d}_q, \overrightarrow{w}_q, \theta_A, \rho_A, r_A, r_B\right) \\ &\quad = -2\rho_A \sin\theta_A \cdot \\ &\quad \int_{\tan\left(\frac{\pi-2\theta_A}{4}\right)}^{\tan\left(\frac{1}{2}\arctan\left(\frac{\rho_A\cos\theta_A + r_B - r_A}{\rho_A \sin\theta_A}\right)\right)} \left(\sum_{k=1}^{5} \frac{A_k}{(u-1)^k} + \sum_{k=1}^{5} \frac{B_k}{(u+1)^k} + \frac{Cu+D}{u^2+1}\right) du \end{aligned} \tag{2.53}$$

gebracht werden. Die Koeffizienten A_k, B_k, C und D betragen:

$$C = \frac{1}{32} \cdot (-p_1 + p_3 - p_5 + p_7 - p_9)$$

$$D = \frac{1}{32} \cdot (-p_0 + p_2 - p_4 + p_6 - p_8 + p_{10})$$

$$B_1 = \frac{1}{256} \cdot \begin{pmatrix} -83p_0 + 128p_1 + 48p_2 - 128p_3 - 43p_4 + 128p_5 + \\ 40p_6 - 128p_7 - 35p_8 + 128p_9 + 3968C - 1328D \end{pmatrix}$$

$$A_1 = \frac{1}{128} \cdot (83p_0 - 48p_2 + 43p_4 - 40p_6 + 35p_8 + 1328D + 128B_1)$$

$$B_2 = \frac{1}{8960} \cdot \begin{pmatrix} -6144p_0 + 1680p_1 + 1664p_2 - 1505p_3 - 1024p_4 + 1400p_5 \\ +640p_6 - 1225p_7 + 35455C - 31104D - 18449B_1 + 5359A_1 \end{pmatrix}$$

$$A_2 = \frac{1}{35} \cdot (-48p_0 + 13p_2 - 8p_4 + 5p_6 - 243D - 93B_1 + 93A_1 - 35B_2)$$

$$B_3 = \frac{1}{560} \cdot \begin{pmatrix} -630p_0 + 104p_1 + 105p_2 - 64p_3 - 35p_4 + 40p_5 \\ +824C - 1505D - 1391B_1 + 639A_1 - 1129B_2 - 201A_2 \end{pmatrix}$$

$$A_3 = \frac{1}{8} \cdot (18p_0 - 3p_2 + p_4 + 43D + 29B_1 - 29A_1 + 19B_2 + 19A_2 + 8B_3)$$

$$B_4 = \frac{1}{80} \cdot \begin{pmatrix} -88p_0 + 15p_1 + 8p_2 - 5p_3 + 40C - 128D - 142B_1 \\ +82A_1 - 146B_2 - 46A_2 - 127B_3 + 17A_3 \end{pmatrix}$$

$$A_4 = \frac{1}{5} \cdot (-11p_0 + p_2 - 16D - 14B_1 + 14A_1 - 12B_2 - 12A_2 - 9B_3 + 9A_3 - 5B_4)$$

$$B_5 = \frac{1}{10} \cdot (-5p_0 + p_1 + C - 5D - 6B_1 + 4A_1 - 7B_2 - 3A_2 - 8B_3 + 2A_3 - 9B_4 - A_4)$$

$$B_5 = \frac{1}{10} \cdot (5p_0 - p_1 + C - 5D - 6B_1 - 4A_1 - 7B_2 - 3A_2 - 8B_3 - 2A_3 - 9B_4 - A_4)$$

$$A_5 = p_0 + D + B_1 - A_1 + B_2 + A_2 + B_3 - A_3 + B_4 + A_4 + B_5$$

Das Integral (2.53) hat die folgende Lösung:

$$\begin{aligned} J\left(\vec{d}_q, \vec{w}_q, \theta_A, \rho_A, \mathrm{r_A}, \mathrm{r_B}\right) \\ &= 2\rho_A \sin\theta_A \\ &\cdot \left(\sum_{k=2}^{5} \frac{A_k}{k-1} \cdot \left(\frac{1}{(u_B-1)^{k-1}} - \frac{1}{(u_A-1)^{k-1}} \right) \right. \\ &+ \sum_{k=2}^{5} \frac{B_k}{k-1} \cdot \left(\frac{1}{(u_B+1)^{k-1}} - \frac{1}{(u_A+1)^{k-1}} \right) + A_1 \ln\left| \frac{u_A-1}{u_B-1} \right| + B_1 \ln\left| \frac{u_A+1}{u_B+1} \right| \\ &\left. + \frac{C}{2} \ln\left| \frac{u_A^2+1}{u_B^2+1} \right| + D \arctan u_A - D \arctan u_B \right) \end{aligned} \tag{2.54}$$

mit

$$
\begin{aligned}
u_A &= \tan\left(\tfrac{\pi-2\theta_A}{4}\right),\\
u_B &= \tan\left(\tfrac{1}{2}\arctan\left(\tfrac{\rho_A\cos\theta_A+r_B-r_A}{\rho_A\sin\theta_A}\right)\right).
\end{aligned}
\tag{2.55}
$$

Nähert sich der Zenitwinkel θ_A dem Wert Null (vertikal nach oben) oder dem Wert π (vertikal nach unten) an, so streben die Werte u_A und u_B in (2.55) gegen 1 beziehungsweise gegen -1. Die Nenner in den Integralen (2.44) und (2.51) nehmen bei $\theta_A \approx 0$ oder $\theta_A \approx \pi$ so kleine Werte an, dass Rundungsfehler ein großes Gewicht bekommen. Aus diesem Grund lässt sich die optische Tiefe für beinahe vertikal verlaufende Strecken mit diesen Integralen nicht zuverlässig berechnen. Für solche Strecken bietet es sich an, auf das Modell einer ebenen Atmosphäre zurückzugreifen.

2.6 Optische Tiefe in einer ebenen Atmosphäre

In der Fachliteratur, die sich mit der Berechnung des atmosphärischen Strahlungstransfers befasst, wird in vielen Fällen von einer ebenen Schichtung der Atmosphäre ausgegangen (s. (van de Hulst 1980)). Strahlung, die sich in einem steilen Winkel zu der Erdoberfläche oder weg von der Erdoberfläche ausbreitet, kann in diesem einfachen Modell gut abgebildet werden, weil Distanzen, die sie in der Erdatmosphäre horizontal zurücklegt, im Vergleich zur Entfernung zum Erdmittelpunkt sehr klein sind (Abb. 2.12).

Wir wollen das Modell der ebenen Atmosphäre zur Berechnung der optischen Tiefe für steil verlaufende Strecken verwenden. Um die Veränderung der Teilchendichte auf

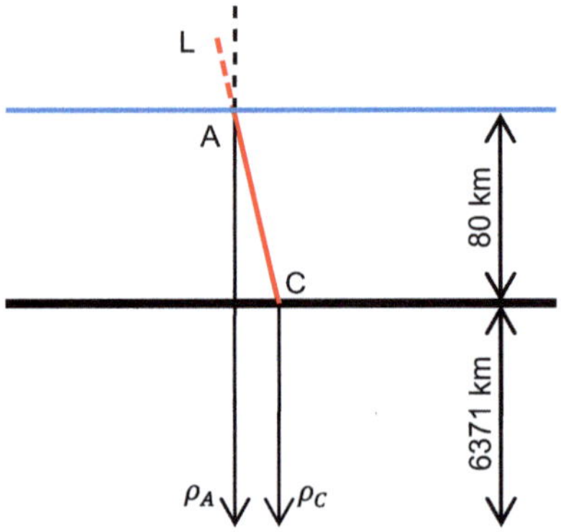

Abb. 2.12 Ein Lichtstrahl passiert die Erdatmosphäre in einem steilen Winkel. Die Projektion der Strecke $\overline{AC}$, die er in den unteren 80 km der Atmosphäre zurücklegt, auf die Erdoberfläche ist sehr klein im Vergleich zum Erdradius. Von den Punkten A und C zum Erdmittelpunkt gehende Strahlen erscheinen beinahe parallel, so als ob die Erde und die Erdatmosphäre eben wären

einer Strecke $\overline{AB}$ zu beschreiben, wird im Falle einer ebenen Atmosphäre ein Zylinderkoordinatensystem $(A, \widehat{\rho}, \widehat{\alpha}, \widehat{z})$ verwendet (Abb. 2.13). Der Ursprung dieses Koordinatensystems liegt im Punkt A. Die Achse $\widehat{z}$ geht vertikal nach oben. Die Winkelkoordinate $\widehat{\alpha}$ wird in der horizontalen Ebene von einer festgelegten Richtung aus gerechnet.

Ein Vergleich des Zylinderkoordinatensystems $(A, \widehat{\rho}, \widehat{\alpha}, \widehat{z})$ mit einem auf den Punkt A ausgerichteten, im Mittelpunkt der Erde entspringenden Kugelkoordinatensystem (E, ρ, α, β) aus Abschn. 2.4 zeigt, dass für diese Koordinatensysteme folgende Beziehung gilt:

$\hat{z}_E$ bezeichnet die vertikale Koordinate des Erdmittelpunkts im Koordinatensystem

$$\begin{cases} \rho = \widehat{z} - \widehat{z}_E, \\ \alpha = \widehat{\alpha}, \\ \beta \approx -\arcsin \frac{\widehat{\rho}}{\widehat{z}_E}. \end{cases} \tag{2.56}$$

$(A, \hat{\rho}, \hat{\alpha}, \hat{z})$. Das Ungefähre in dieser Beziehung entsteht durch die Raumverzerrung, weil die Erde nicht gleichzeitig rund und eben sein kann.

Die Modellfunktionen aus Abschn. 2.4 nehmen im Zylinderkoordinatensystem $(A, \hat{\rho}, \hat{\alpha}, \hat{z})$ die folgende Form an:

$$n_\Sigma(\widehat{\rho}, \widehat{\alpha}, \widehat{z}) = \left(1 - b_n \cdot \cos(\widehat{\alpha} - \widehat{\alpha}_n) \cdot \frac{\widehat{\rho}}{\widehat{z}_E}\right) \cdot f_n(\widehat{z} - \widehat{z}_E), \tag{2.57}$$

$$\sigma_{\text{sca}}(\lambda, \widehat{\rho}, \widehat{\alpha}, \widehat{z}) = \left(1 - b_{sca}(\lambda) \cdot \cos(\widehat{\alpha} - \widehat{\alpha}_{sca}(\lambda)) \cdot \frac{\widehat{\rho}}{\widehat{z}_E}\right) \cdot f_{sca}(\lambda, \widehat{z} - \widehat{z}_E), \tag{2.58}$$

$$\sigma_{\text{abs}}(\lambda, \widehat{\rho}, \widehat{\alpha}, \widehat{z}) = \left(1 - b_{abs}(\lambda) \cdot \cos(\widehat{\alpha} - \widehat{\alpha}_{abs}(\lambda)) \cdot \frac{\widehat{\rho}}{\hat{z}_E}\right) \cdot f_{abs}(\lambda, \widehat{z} - \widehat{z}_E). \tag{2.59}$$

Wir betrachten erneut die Strecke $\overline{AB}$ aus dem Abschn. 2.5. Um jedem Punkt dieser Strecke eine passende Anzahldichte n_Σ und passende Wirkungsquerschnitte σ_{sca} und σ_{abs} zuordnen zu können, muss der Streckenverlauf mit einer Parametergleichung beschrieben

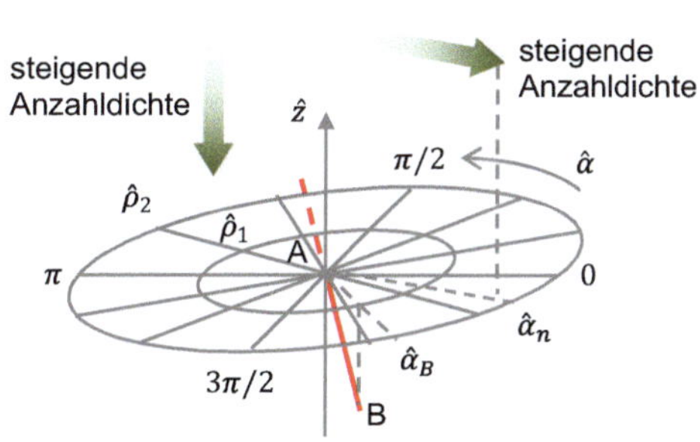

Abb. 2.13 Der Weg eines Lichtstrahls und das Dichtefeld der Teilchen werden im Falle einer ebenen Atmosphäre in einem Zylinderkoordinatensystem beschrieben

werden. Hierfür wird ein auf der Strecke $\overline{AB}$ in einer Entfernung Δr von dem Punkt A liegender Punkt C betrachtet (Abb. 2.14).

Die Koordinaten des Punktes C können aus dem Winkel θ_A zwischen der Strecke $\overline{AB}$ und der Achse $\hat{z}$ und aus der Distanz Δr berechnet werden:

$$\widehat{z}_C = \Delta r \cos\theta_A, \quad \widehat{\rho}_C = \Delta r \sin\theta_A. \tag{2.60}$$

Die Strecke $\overline{AB}$ kann demzufolge mit Parametergleichungen

$$\begin{cases} \widehat{\rho}(r) = (r - r_A)\sin\theta_A, \\ \widehat{\alpha}(r) = \widehat{\alpha}_A, \\ \widehat{z}(r) = (r - r_A)\cos\theta_A \end{cases} \tag{2.61}$$

beschrieben werden.

Das Kombinieren dieser Gleichungen mit den Modellfunktionen (2.57), (2.58) und (2.59) ergibt:

$$n_\Sigma(r) = \left(1 - b_n \cdot \cos\left(\widehat{\alpha}_A - \widehat{\alpha}_n\right) \cdot \frac{(r - r_A)\sin\theta_A}{\widehat{z}_E}\right) \cdot f_n\left((r - r_A)\cos\theta_A - \widehat{z}_E\right), \tag{2.62}$$

$$\sigma_{\text{sca}}(r) = \left(1 - b_{sca}(\lambda) \cdot \cos\left(\widehat{\alpha}_A - \widehat{\alpha}_{sca}(\lambda)\right) \cdot \frac{(r - r_A)\sin\theta_A}{\widehat{z}_E}\right) \cdot f_{sca}\left(\lambda, (r - r_A)\cos\theta_A - \widehat{z}_E\right), \tag{2.63}$$

$$\sigma_{\text{abs}}(r) = \left(1 - b_{abs}(\lambda) \cdot \cos\left(\widehat{\alpha}_A - \widehat{\alpha}_{abs}(\lambda)\right) \cdot \frac{(r - r_A)\sin\theta_A}{\widehat{z}_E}\right) \cdot f_{abs}\left(\lambda, (r - r_A)\cos\theta_A - \widehat{z}_E\right). \tag{2.64}$$

Hieraus ergibt sich das folgende Integral für die optische Tiefe der Strecke $\overline{AB}$:

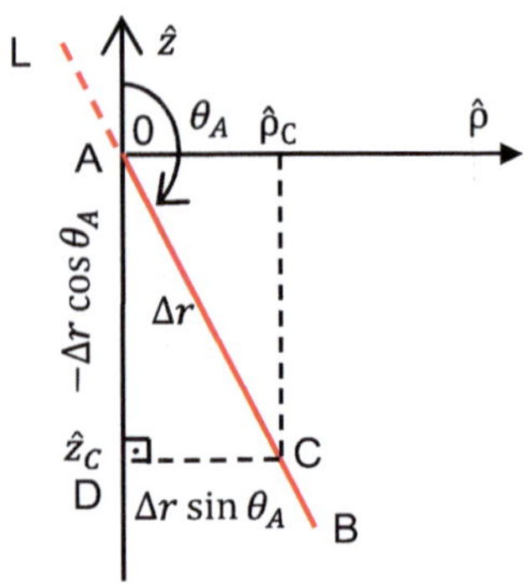

Abb. 2.14 Der Punkt C liegt auf der Strecke $\overline{AB}$ in einer Entfernung Δr vom Punkt A. Seine Koordinaten $\widehat{z}_C$ und $\widehat{\rho}_C$ können aus dem rechtwinkligen Dreieck ΔACD bestimmt werden

$$\int_{r_A}^{r_B} \overline{\sigma}_{\mathrm{ext}}(\lambda, r) n_\Sigma(r) dr$$
$$= \sum_{q \in \{sca,abs\}} \int_{\mathrm{r_A}}^{\mathrm{r_B}} \left(1 - d_{q,1} \cdot \frac{(r - r_A)\sin\theta_A}{\widehat{z}_E} + d_{q,2} \cdot \frac{(r - r_A)^2 \sin^2\theta_A}{\widehat{z}_E^2}\right)$$
$$\cdot f_q\big(\lambda, (r - r_A)\cos\theta_A - \widehat{z}_E\big) \cdot f_n\big((r - r_A)\cos\theta_A - \widehat{z}_E\big) dr. \tag{2.65}$$

Die Koeffizienten $d_{sca,i}$ und $d_{abs,i}$ sind hierbei wie in (2.25) definiert.

Das Ersetzen der Funktion

$$f(\rho) = f_q(\lambda, \rho) f_n(\lambda, \rho) \tag{2.66}$$

durch ein nach Behauptung 2–2 gewähltes Polynom

$$\xi_3(\rho) = w_{q,3} \cdot (\rho - \rho_0)^3 + w_{q,2} \cdot (\rho - \rho_0)^2 + w_{q,1} \cdot (\rho - \rho_0) + w_{q,0}. \tag{2.67}$$

mit

$$\rho = \widehat{z} - \widehat{z}_E \quad und \quad \rho_0 = \widehat{z}_0 - \widehat{z}_E$$

und das getrennte Betrachten der Streuung und Absorption verwandeln das Integral (2.65) in

$$\int_{\mathrm{r_A}}^{\mathrm{r_B}} \overline{\sigma}_{\mathrm{ext}}(\lambda, r) n_\Sigma(r) dr = \mathrm{J}^*\left(\overrightarrow{d}_{\mathrm{sca}}, \overrightarrow{w}_{\mathrm{sca}}, \theta_A, \widehat{z}_E, \mathrm{r_A}, \mathrm{r_B}\right) + \mathrm{J}^*\left(\overrightarrow{d}_{\mathrm{abs}}, \overrightarrow{w}_{\mathrm{abs}}, \theta_A, \widehat{z}_E, \mathrm{r_A}, \mathrm{r_B}\right) \tag{2.68}$$

mit

$$\mathrm{J}^*\left(\overrightarrow{d}_q, \overrightarrow{w}_q, \theta_A, \widehat{z}_E, \mathrm{r_A}, \mathrm{r_B}\right)$$
$$= \int_{\mathrm{r_A}}^{\mathrm{r_B}} \left(\left(1 - d_{q,1} \cdot \frac{(r - r_A)\sin\theta_A}{\widehat{z}_E} + d_{q,2} \cdot \frac{(r - r_A)^2 \sin^2\theta_A}{\widehat{z}_E^2}\right)\right.$$
$$\left. \cdot \sum_{k=0}^{3} \mathrm{w_{q,k}} \cdot \big((r - r_A)\cos\theta_A - \widehat{z}_0\big)^k dr.\right) \tag{2.69}$$

Das Definieren von Koeffizienten

$$v_{q,0} = w_{q,0} - \widehat{z}_0 w_{q,1} + \widehat{z}_0^2 w_{q,2} - \widehat{z}_0^3 w_{q,3},$$

$$v_{q,1} = \left(w_{q,1} - 2\widehat{z}_0 w_{q,2} + 3\widehat{z}_0^2 w_{q,3}\right) \cdot \cos\theta_A,$$

$$v_{q,2} = \left(w_{q,2} - 3\widehat{z}_0 w_{q,3}\right) \cdot \cos^2\theta_A,$$

$$v_{q,3} = w_{q,3}\cos^3\theta_A$$

vereinfacht das Integral (2.69) zu

$$\begin{aligned} &\mathrm{J}^*\left(\overrightarrow{\mathrm{d}}_{\mathrm{q}}, \overrightarrow{\mathrm{w}}_{\mathrm{q}}, \theta_A, \widehat{z}_E, \mathrm{r_A}, \mathrm{r_B}\right) \\ &\quad = \int_{\mathrm{r_A}}^{\mathrm{r_B}} \left(1 - d_{q,1} \cdot \frac{(r - r_A)\sin\theta_A}{\widehat{z}_E} + d_{q,2} \cdot \frac{(r - r_A)^2 \sin^2\theta_A}{\widehat{z}_E^2}\right) \\ &\quad \cdot \sum_{k=0}^{3} v_{q,k} \cdot (r - r_A)^k dr. \end{aligned} \tag{2.70}$$

Dieses Integral kann als

$$\mathrm{J}^*\left(\overrightarrow{\mathrm{d}}_{\mathrm{q}}, \overrightarrow{\mathrm{w}}_{\mathrm{q}}, \theta_A, \widehat{z}_E, \mathrm{r_A}, \mathrm{r_B}\right) = \int_{\mathrm{r_A}}^{\mathrm{r_B}} \sum_{k=0}^{5} \mathrm{t_{q,k}} \cdot (r - r_A)^k dr \tag{2.71}$$

dargestellt werden. Die Koeffizienten $\mathrm{t_{q,k}}$ berechnen sich als

$$t_{q,0} = v_{q,0},$$

$$t_{q,1} = v_{q,1} - v_{q,0}\frac{d_{q,1}}{\widehat{z}_E}\sin\theta_A,$$

$$t_{q,2} = v_{q,2} - v_{q,1}\frac{d_{q,1}}{\widehat{z}_E}\sin\theta_A + v_{q,0}\frac{d_{q,2}}{\widehat{z}_E^2}\sin^2\theta_A,$$

$$t_{q,3} = v_{q,3} - v_{q,2}\frac{d_{q,1}}{\widehat{z}_E}\sin\theta_A + v_{q,1}\frac{d_{q,2}}{\widehat{z}_E^2}\sin^2\theta_A,$$

$$t_{q,4} = -v_{q,3}\frac{d_{q,1}}{\widehat{z}_E}\sin\theta_A + v_{q,2}\frac{d_{q,2}}{\widehat{z}_E^2}\sin^2\theta_A,$$

$$t_{q,5} = v_{q,3}\frac{d_{q,2}}{\widehat{z}_E^2}\sin^2\theta_A.$$

Die Lösung des Integrals (2.70) ist

$$\mathrm{J}^*\left(\overrightarrow{\mathrm{d}}_{\mathrm{q}}, \overrightarrow{\mathrm{w}}_{\mathrm{q}}, \theta_A, \widehat{z}_E, \mathrm{r_A}, \mathrm{r_B}\right) = \sum_{k=0}^{5} \frac{\mathrm{t_{q,k}}}{\mathrm{k}+1} \cdot (r_B - r_A)^{k+1}. \tag{2.72}$$

2.7 Extinktion direkter Sonnenstrahlung

Um die Verwendung der oben beschriebenen Integrale zu demonstrieren, wird als nächstes die Berechnung der Extinktion betrachtet, die direkte Sonnenstrahlung mit einer Wellenlänge $\lambda = 0{,}3\,\mu\text{m}$ auf dem Weg durch die Erdatmosphäre durch Streuung an Luftmolekülen und Aerosolpartikeln erfährt.

Die Grundlage für diese Berechnung bilden die im Lehrbuch von Roedel (Roedel, Physik unserer Umwelt: Die Atmosphäre 2000) genannten Daten zur streubedingten Extinktion der direkten Sonnenstrahlung zwischen der Atmosphärenobergrenze und dem Erdboden bei einer *senkrechten* Einstrahlung. Die direkte Sonnenstrahlung mit der Wellenlänge $\lambda = 0,3\,\mu\text{m}$ wird hiernach bei einer senkrechten Einstrahlung allein durch Rayleigh-Streuung auf 29 % ihrer ursprünglichen Intensität reduziert. Rayleigh- und Mie-Streuung zusammen verringern die Intensität dieser Strahlung auf 21 % ihres Wertes an der Atmosphärenobergrenze.

Zunächst muss die Abhängigkeit der Anzahldichte n_Σ und des Streuwirkungsquerschnitts $\overline{\sigma}_{\text{sca}}$ von der Höhe ermittelt werden. Weil die Anzahldichte der Aerosolpartikel in Vergleich zu der Anzahldichte der Luftmoleküle verschwindend klein ist, kann die Gesamtanzahldichte n_Σ mit der Anzahldichte der Luftmoleküle gleichgesetzt werden. Die Anzahldichte der Luftmoleküle nimmt mit steigender Höhe näherungsweise exponentiell ab. Die Höhe, auf der sie sich jeweils halbiert, ist temperaturabhängig. In der Abb. 2.15 ist ein vertikales Profil der Anzahldichte für einen Wintertag dargestellt. Veränderungen der Luftdichte können durch das Auswerten von LiDAR-Messdaten erkannt werden. Deshalb wird im Folgenden davon ausgegangen, dass das vertikale Profil der Anzahldichte in dem fraglichen Zeitabschnitt anhand von LiDAR-Messungen und Wettermodellen vorausgesagt werden kann.

Die Streuwirkung der Luftmoleküle wird in Bodennähe von der Streuwirkung der Aerosolpartikel übertroffen. Die Anzahldichte, die Größenverteilung und die Zusammensetzung der Aerosolpartikel sind ortsspezifisch. Die meisten Aerosolteilchen eignen sich als Kondensationskerne für Wasserdampf und nehmen bei hoher Luftfeuchtigkeit Wasser

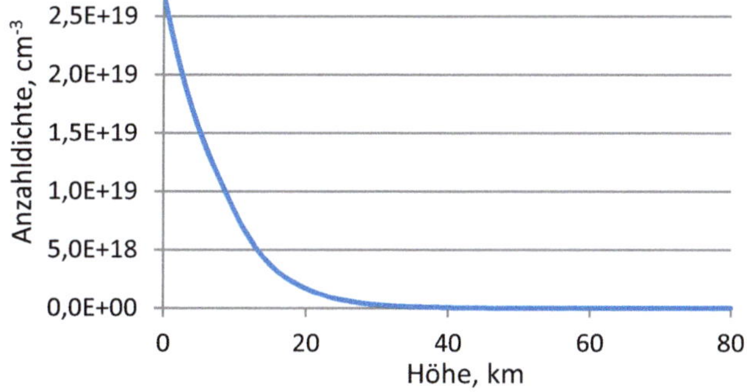

Abb. 2.15 Anzahldichte der Luftmoleküle in Abhängigkeit von der Höhe an einem Wintertag, berechnet nach dem Atmosphärenmodel NRLMSIS v2.0 (Community Coordinated Modeling Center 2023)

auf. Diese Wasseraufnahme vergrößert das Volumen und den Streuwirkungsquerschnitt der Aerosolteilchen (Roedel, Physik unserer Umwelt: Die Atmosphäre 2000). Sind die Anzahldichte und die Streuwirkungsquerschnitte der Aerosolteilchen bei der vorausgesagten Luftfeuchtigkeit bekannt, können sie genutzt werden, um für verschiedene Höhen den durchschnittlichen Streuwirkungsquerschnitt $\overline{\sigma}_{sca}$ zu berechnen (Abschn. 2.2).

Die Abb. 2.16 zeigt beispielhaft ein vertikales Profil für die Anzahldichte der Aerosolpartikel. In der Abb. 2.17 ist eine hieraus berechnete Höhenabhängigkeit des durchschnittlichen Streuwirkungsquerschnitts dargestellt. Die Anzahldichte der Luftmoleküle entsprach in dieser Berechnung dem vertikalen Profil aus der Abb. 2.15. Der Streuwirkungsquerschnitt eines Luftmoleküls bei einer Wellenlänge $\lambda = 0,3\,\mu\text{m}$ wurde nach einer Proberechnung auf $5,8 \cdot 10^{-18}\,\mu\text{m}^2$ eingeschätzt. Der durchschnittliche Streuwirkungsquerschnitt von Aerosolteilchen in trockener Luft wurde auf $0,01\,\mu\text{m}^2$ geschätzt. In Bodennähe sollte der Streuwirkungsquerschnitt wegen höherer Luftfeuchtigkeit $0,011\,\mu\text{m}^2$ betragen.

Weil sich der Streukoeffizient $\overline{\sigma}_{sca} n_\Sigma$ in der Erdatmosphäre zu stark verändert, um mit einem einzigen Polynom des 3. Grades abgebildet zu werden (Abschn. 2.5.1), wird die

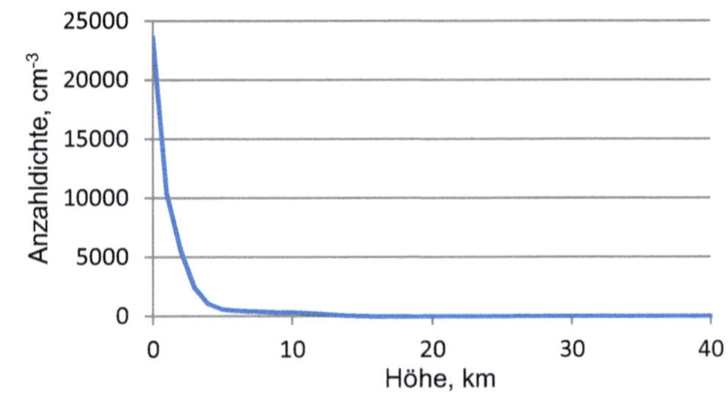

Abb. 2.16 Anzahldichte der Aerosolpartikel in Abhängigkeit von der Höhe (nach (Roedel, Physik unserer Umwelt: Die Atmosphäre 2000))

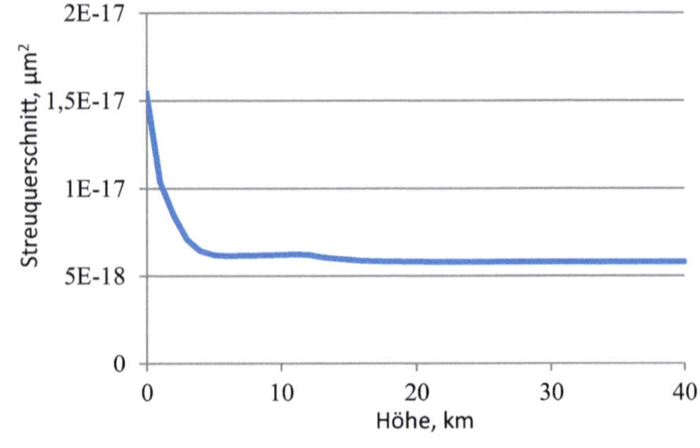

Abb. 2.17 Durchschnittlicher Streuwirkungsquerschnitt in Abhängigkeit von der Höhe

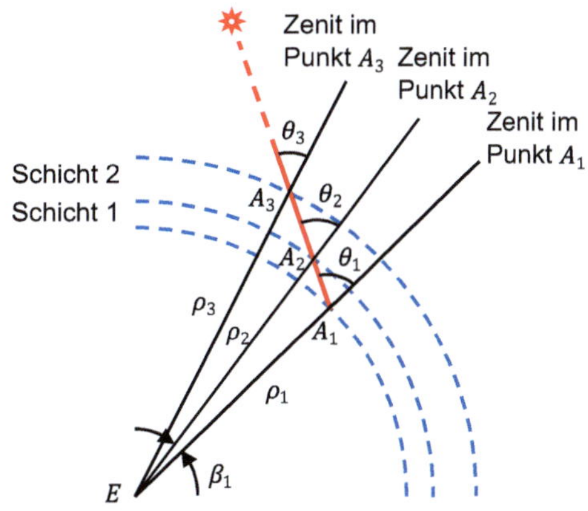

Abb. 2.18 Ein Lichtstrahl durchquert mehrere Atmosphärenschichten. Die Schicht i liegt in einer Höhe ρ_i über dem Mittelpunkt der Erde. Die Winkel θ_i, in denen der Lichtstrahl die Grenzen der einzelnen Schichten passiert, wird mit wachsender Entfernung von dem Erdmittelpunkt kleiner

Atmosphäre in mehrere Schichten aufgeteilt. Die Abb. 2.18 zeigt schematisch eine solche Schichtenaufteilung. Wir betrachten einen in der Abb. 2.18 dargestellten direkten Sonnenstrahl, der im Punkt A_1 an der unteren Grenze der Schicht 1 aus einer Richtung ankommt, die mit einem vom Punkt A_1 zum Zenit gehenden Strahl einen Winkel θ_1 bildet. Die anderen Schichtgrenzen werden von diesem Lichtstrahl in Punkten $A_2, A_3, \ldots$ durchquert.

Um ausgehend von der (monochromatischen) Intensität der direkten Sonnenstrahlung $I_{\odot}(\lambda)$ in der oberen Atmosphäre ihre Intensität im Punkt A_1 zu bestimmen, müssen optische Tiefen aller dazwischen liegenden Schichten berechnet werden:

$$I_{A_1}(\lambda, \theta_1) = I_{\odot}(\lambda) \exp\left(-\sum_{i=1}^{n} \int_{r_{A_{i+1}}}^{r_{A_i}} \overline{\sigma}_{\mathrm{ext}}(\mathrm{r})\mathrm{n}_{\Sigma}(\mathrm{r})\mathrm{dr}\right). \tag{2.73}$$

Weil die Extinktion nicht von der Ausbreitungsrichtung eines Lichtstrahls, sondern nur von der Anzahl und den Wirkungsquerschnitten der unterwegs getroffenen Teilchen abhängt, ist es für die Berechnung der optischen Tiefe unwichtig, ob die Integration in die Stahlrichtung oder gegen die Strahlrichtung erfolgt. Das Ergebnis ist in beiden Fällen gleich:

$$\int_{r_{A_{i+1}}}^{r_{A_i}} \overline{\sigma}_{\mathrm{ext}}(\mathrm{r})\mathrm{n}_{\Sigma}(\mathrm{r})\mathrm{dr} = \int_{-r_{A_i}}^{-r_{A_{i+1}}} \overline{\sigma}_{\mathrm{ext}}(\mathrm{r})\mathrm{n}_{\Sigma}(\mathrm{r})\mathrm{dr}. \tag{2.74}$$

Für die Berechnung der optischen Tiefe der Schicht 1 kann deshalb ein am Punkt A_1 ausgerichtetes Koordinatensystem (E, ρ, α, β) nach Abschn. 2.4 verwendet werden. In diesem Koordinatensystem werden Modellfunktionen für die Anzahldichte n_{Σ} und fürden Streuwirkungsquerschnitt $\overline{\sigma}_{\mathrm{sca}}$ definiert (Abschn. 2.4) und das Integral für die optische Tiefe der Strecke $\overline{A_1A_2}$ berechnet. Die Länge dieser Strecke ist nach (2.19) gleich

$$\left|\overline{A_1A_2}\right| = r_{A_1} - r_{A_2} = \sqrt{\rho_2^2 - \rho_1^2 \sin^2\theta_1} - \rho_1 \cos\theta_1. \tag{2.75}$$

Anschließend wird zum Punkt A_2 gewechselt, um die optische Tiefe der nächsten Schicht zu bestimmen. Von diesem Punkt aus gesehen, ist die Sonne um einen anderen Winkel θ_2 vom Zenit entfernt. Der Winkel θ_2 ergibt sich aus der Gleichung (2.21).

Das Anwenden dieses Verfahrens auf die Daten aus der Abb. 2.15 und Abb. 2.17 und das Addieren der optischen Tiefen einzelner Streckenabschnitte

$$\sum_{i=k}^{n} \int_{r_{A_{i+1}}}^{r_{A_i}} \overline{\sigma}_{\mathrm{ext}}(\mathrm{r}) \mathrm{n}_{\Sigma}(\mathrm{r}) \mathrm{dr}$$

ergibt in unserem Beispiel in der Abb. 2.19 dargestellte Abhängigkeiten. Das Streuen der Strahlung an Luftmolekülen und Aerosolpartikeln verleiht der Atmosphäre eine optische Tiefe, die je nach Einfallswinkel zwischen 1,61 und 76,2 variiert.

Nach der Berechnung der optischen Tiefe bleibt nur noch ein kleiner Schritt, um die Durchlässigkeit der Atmosphäre zu bestimmen. In der Abb. 2.20a sind die Veränderungen des Transmissionsgrades

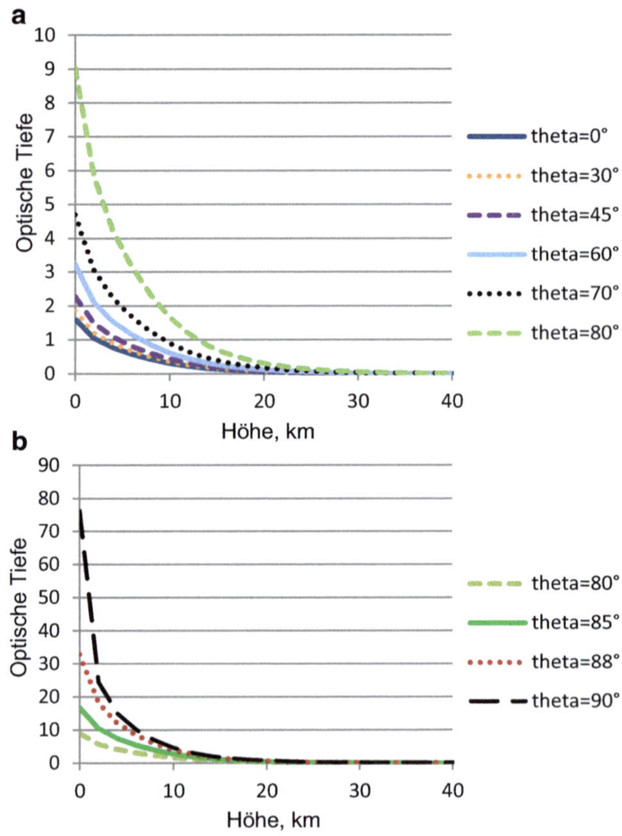

Abb. 2.19 Optische Tiefe der Strecke, die ein auf Meereshöhe in einem Einfallswinkel θ ankommender Strahl auf dem Weg von der oberen Atmosphäre bis zur angegebenen Höhe zurücklegt: a) für Einfallswinkel von 0° bis 80°; b) für Einfallswinkel von 80° bis 90°

$$\frac{I_{A_1}(\lambda,\theta_1)}{I_\odot(\lambda)} = \exp\left(-\sum_{i=1}^{n}\int_{r_{A_{i+1}}}^{r_{A_i}} \overline{\sigma}_{\mathrm{ext}}(\mathrm{r})\mathrm{n}_\Sigma(\mathrm{r})\mathrm{dr}\right)$$

dargestellt. Bei einem senkrechten Einfall hat direkte Sonnenstrahlung mit der betrachteten Wellenlänge bei Erreichen der Erdoberfläche nur 20 % ihrer ursprünglichen Intensität. Wird die Streuung an Aerosolen nicht mitgerechnet, so vergrößert sich die Durchlässigkeit auf 29 % (Abb. 2.20b). Diese Werte entsprechen in etwa den oben genannten für die Strahlung mit der Wellenlänge $\lambda = 0{,}3\,\mu$m typischen Werten aus dem Lehrbuch von Roedel.

In der Abb. 2.21 werden die Werte der optischen Tiefe verglichen, die eine sehr flach verlaufende Strecke in einer kreisrunden Atmosphäre und in einer ebenen Atmosphäre aufweist. Die Strecke verläuft in dieser Beispielrechnung in einer Höhe von 10–12 km

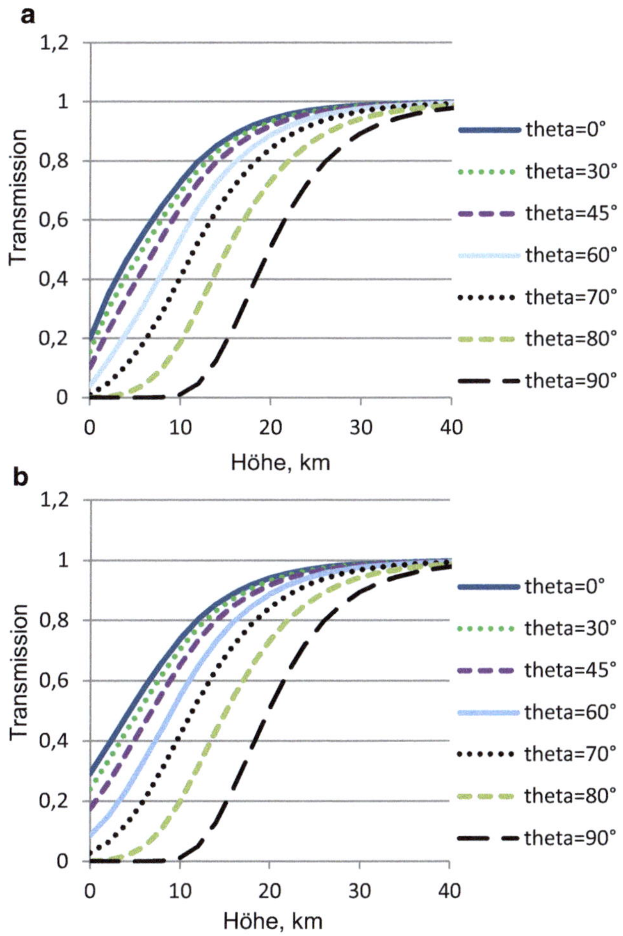

Abb. 2.20 Durchlässigkeit der Atmosphäre für Strahlung mit verschiedenen Einfallswinkeln: a) bei Voraussetzen der Streuwirkungsquerschnitte aus der Abb. 2.17; b) bei Voraussetzen eines konstanten Streuwirkungsquerschnitts 5,8e-18 μm^2

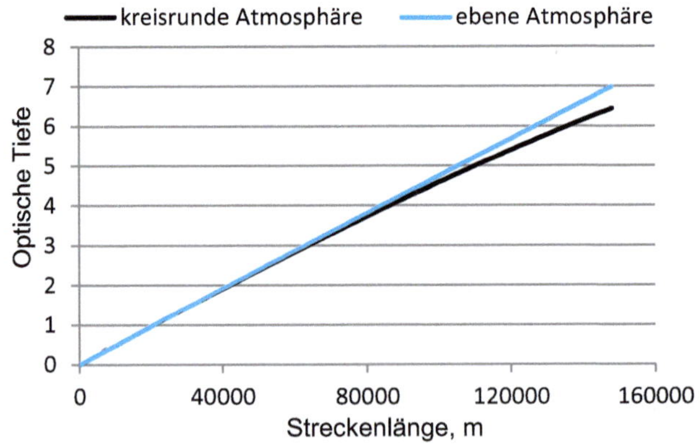

Abb. 2.21 Abhängigkeit der optischen Tiefe von der Länge einer Strecke. Die Strecke bildet an ihrem unteren Ende den Winkel $\theta = 89,9°$ zu einem zum Zenit gehenden Strahl. Der Abstand zwischen der Strecke und dem Mittelpunkt der Erde nimmt in einer kreisrunden Atmosphäre (und in der Realität) schneller zu als im Model der ebenen Atmosphäre. Die Integrale für die optische Tiefe in der kreisrunden und der ebenen Atmosphäre ergeben bei langen, flach verlaufenden Strecken unterschiedliche Werte

und bildet an ihrem unteren Ende einen Winkel von 89,9° zu einem vertikal nach oben gerichteten Strahl. Der Abstand zwischen der Strecke und dem Mittelpunkt der Erde vergrößert sich im Modell der ebenen Atmosphäre um 175 m auf 100 km Streckenlänge. In der kreisrunden Atmosphäre wird nach 150 km bereits eine um 2000 m größere Höhe erreicht. Weil die Anzahldichte der Teilchen mit steigender Höhe abnimmt, unterscheiden sich die optischen Tiefen nach 150 km deutlich von einander. Für eine Streckenlänge von weniger als 50 km ist die Differenz kleiner als 1 %.

Dieses Testergebnis zeigt, dass die Differenzen zwischen den beiden Modellen bei Distanzen von wenigen Kilometern vernachlässigbar klein sind. Aus diesem Grund kann das Modell der ebenen Atmosphäre auch für beinahe horizontal verlaufende Strecken geringer Länge verwendet werden. Wir werden im Folgenden sehen, dass das Modell der ebenen Atmosphäre ein sehr hilfreiches Werkzeug ist, das die Berechnung der optischen Tiefe und das Modellieren realitätsnaher Teilchenverteilungen vereinfacht.

2.8 Eigenschaften der Modellfunktionen

Dieser Abschnitt befasst sich mit den folgenden Fragen:

- Wie verändern sich die Modellfunktionen für die Anzahldichte der Teilchen und ihre Wirkungsquerschnitte, wenn das Koordinatensystem verschoben wird?
- Wie lassen sich mehrere Modellfunktionen kombinieren, um die Veränderung der Anzahldichte und der Wirkungsquerschnitte besser zu beschreiben?

- Wie lässt sich die Berechnung der optischen Tiefe vereinfachen, wenn in einem kleinen Volumen sehr viele Strecken betrachtet werden müssen.

Wir verwenden für diese Diskussion das Modell der ebenen Atmosphäre, weil Modellfunktionen in diesem Atmosphärenmodel den Vorteil der Linearität besitzen. Weil die Atmosphäre in der Realität nicht eben ist, gelten die hier diskutierten Eigenschaften nur in Atmosphärenvolumen, deren Krümmung klein genug ist, um vernachlässigt zu werden.

2.8.1 Ortsabhängigkeit einer Modellfunktion

Das Koordinatensystem, in dem die Anzahldichte der Teilchen und ihre Wirkungsquerschnitte beschrieben werden, ist gebunden an die Strecke, deren optische Tiefe berechnet wird: Die vertikale Achse muss die Strecke kreuzen. Berechnungen, in denen viele Strecken betrachtet werden, werden durch diese Festlegung komplizierter, weil für jede Strecke jeweils ein passendes Koordinatensystem und passende Modellfunktionen für die Anzahldichte und die Wirkungsquerschnitte gewählt werden müssen. Es stellt sich die Frage:

Wie verändert sich eine Modellfunktion, wenn das Koordinatensystem verschoben wird?

Behauptung 2–4 Verschieben eines Koordinatensystems
Sei V ein Volumen innerhalb der Erdatmosphäre und seien A und B zwei Punkte aus diesem Volumen. Bezeichne (A, ρ, α, z) *ein im Punkt A entspringendes Zylinderkoordinatensystem nach Abschn.* 2.6 *und* $\left(B, \widetilde{\rho}, \widetilde{\alpha}, \widetilde{z}\right)$ *ein ähnliches Zylinderkoordinatensystem mit dem Ursprung B.*

Bezeichne (ρ_B, α_B, z_B) *die Koordinaten des Punktes B im Koordinatensystem* (A, ρ, α, z) *und* $\left(\widetilde{\rho}_A, \widetilde{\alpha}_A, \widetilde{z}_A\right)$ *die Koordinaten des Punktes A im Koordinatensystem* $\left(B, \widetilde{\rho}, \widetilde{\alpha}, \widetilde{z}\right)$ *und gelte*

$$\widetilde{\alpha}_A = \alpha_B + \pi. \tag{2.76}$$

Seien $(0, 0, z_E)$ *die Koordinaten des Erdmittelpunktes im Koordinatensystem* (A, ρ, α, z) *und*

$$n_\Sigma(\rho, \alpha, z) = \left(1 - \frac{b_n}{z_E}\rho cos(\alpha - \alpha_n)\right) \cdot f_n(z - z_E) \tag{2.77}$$

eine in diesem Koordinatensystem formulierte Modellfunktion für die Anzahldichte der Teilchen im Volumen V. Ist der Durchmesser des Volumens V deutlich kleiner als der Radius der Erde, so kann die Anzahldichte der Teilchen in diesem Volumen im Koordinatensystem $\left(\mathrm{B}, \widetilde{\rho}, \widetilde{\alpha}, \widetilde{z}\right)$ *mit einer Modellfunktion*

$$\widetilde{n}_\Sigma\left(\widetilde{\rho}, \widetilde{\alpha}, \widetilde{z}\right) = \left(1 - \frac{\widetilde{b}_n}{\widetilde{z}_E}\widetilde{\rho}\cos\left(\widetilde{\alpha} - \widetilde{\alpha}_n\right)\right) \cdot \widetilde{\mathrm{f}}_n\left(\widetilde{z} - \widetilde{z}_E\right) \tag{2.78}$$

mit

$$\widetilde{b}_n = \frac{b_n \cdot (z_E - z_B)}{z_E - b_n \rho_B cos(\alpha_B - \alpha_n)}, \quad \widetilde{\alpha}_n = \alpha_n,$$

$$\widetilde{f}_n(z - z_E) = \left(1 - \frac{b_n}{z_E} \rho_B \cos(\alpha_B - \alpha_n)\right) \cdot f_n(z - z_E) \quad \textit{für alle } z \in \mathbb{R}$$

beschrieben werden. Der Wert $\widetilde{\mathrm{z}}_{\mathrm{E}}$ *in* (2.78) *bezeichnet die vertikale Koordinate des Erdmittelpunktes im Koordinatensystem* (B, ρ, α, z).

Beweis: Wir setzen voraus, dass der Durchmesser des Volumens so klein gegenüber dem Radius der Erde ist, dass die Krümmung der Erdatmosphäre vernachlässigt werden kann.

Um eine Umrechnungsregel für Koordinatensysteme (A, ρ, α, z) und $\left(B, \widetilde{\rho}, \widetilde{\alpha}, \widetilde{z}\right)$ zu finden, werden kartesische Koordinatensysteme (A, x, y, z) und $\left(B, \widetilde{x}, \widetilde{y}, \widetilde{z}\right)$ mit

$$\begin{cases} x = \rho\, cos(\alpha - \alpha_n), \\ y = \rho\, sin(\alpha - \alpha_n), \end{cases} \begin{cases} \widetilde{x} = \widetilde{\rho}\, cos\left(\widetilde{\alpha} - \widetilde{\alpha}_n\right), \\ \widetilde{y} = \widetilde{\rho}\, sin\left(\widetilde{\alpha} - \widetilde{\alpha}_n\right) \end{cases} \tag{2.79}$$

betrachtet. Der Vektor $\overrightarrow{AB}$ wird im Koordinatensystem (A, x, y, z) mit

$$\overrightarrow{AB} = \begin{pmatrix} \rho_B \cos(\alpha_B - \alpha_n) \\ \rho_B \sin(\alpha_B - \alpha_n) \\ z_B \end{pmatrix} \tag{2.80}$$

und im Koordinatensystem $\left(\mathrm{B}, \widetilde{\mathrm{x}}, \widetilde{\mathrm{y}}, \widetilde{\mathrm{z}}\right)$ mit

$$\overrightarrow{AB} = \begin{pmatrix} -\widetilde{\rho}_A \cos\left(\widetilde{\alpha}_A - \widetilde{\alpha}_n\right) \\ -\widetilde{\rho}_A \sin\left(\widetilde{\alpha}_A - \widetilde{\alpha}_n\right) \\ -\widetilde{z}_A \end{pmatrix} = \begin{pmatrix} \widetilde{\rho}_A \cos\left(\pi + \widetilde{\alpha}_A - \widetilde{\alpha}_n\right) \\ \widetilde{\rho}_A \sin\left(\pi + \widetilde{\alpha}_A - \widetilde{\alpha}_n\right) \\ -\widetilde{z}_A \end{pmatrix} \tag{2.81}$$

beschrieben. Aus diesen Gleichungen und der Voraussetzung (2.76) folgt:

$$\alpha_n = \widetilde{\alpha}_n.$$

Das heißt, dass die Achsen der Koordinatensysteme (A, x, y, z) und $\left(B, \widetilde{x}, \widetilde{y}, \widetilde{z}\right)$ in die gleichen Richtungen zeigen und sich das Koordinatensystem $\left(B, \widetilde{x}, \widetilde{y}, \widetilde{z}\right)$ durch eine Verschiebung des Koordinatensystems (A, x, y, z) um den Vektor $\overrightarrow{AB}$ ergibt.

Sei C ein beliebiger im Volumen V liegender Punkt, der im Koordinatensystem $\left(B, \widetilde{\rho}, \widetilde{\alpha}, \widetilde{z}\right)$ die Koordinaten $\left(\widetilde{\rho}, \widetilde{\alpha}, \widetilde{z}\right)$ besitzt. Seine Koordinaten im Koordinatensystem (A, x, y, z) sind:

$$\begin{cases} x = \rho_B \cos(\alpha_B - \alpha_n) + \widetilde{\rho}\, cos\left(\widetilde{\alpha} - \widetilde{\alpha}_{\mathrm{n}}\right), \\ y = \rho_B \sin(\alpha_B - \alpha_n) + \widetilde{\rho}\, sin\left(\widetilde{\alpha} - \widetilde{\alpha}_{\mathrm{n}}\right), \\ z = z_B + \widetilde{z}. \end{cases}$$

Der Wert der Modellfunktion (2.77) in dem Punkt C beträgt:

$$\begin{aligned} n_\Sigma(\rho,\alpha,z) &= \left(1 - \frac{b_n}{z_E}\rho cos(\alpha-\alpha_n)\right)\cdot \mathrm{f}_n(z-z_E) = \left(1 - b_n\cdot\frac{x}{z_E}\right)\cdot f_n(z-z_E) \\ &= \left(1 - \frac{b_n}{z_E}\cdot\rho_B\cos(\alpha_B-\alpha_n) - \frac{b_n}{z_E}\cdot\widetilde{\rho}\cos\left(\widetilde{\alpha}-\widetilde{\alpha}_n\right)\right)\cdot f_n\left(z_B+\widetilde{z}-z_E\right). \end{aligned}$$

Der Wert der Funktion (2.78) in dem gleichen Punkt C ist:

$$\begin{aligned} \widetilde{n}_\Sigma\left(\widetilde{\rho},\widetilde{\alpha},\widetilde{z}\right) &= \left(1 - \frac{\widetilde{b}_n}{\widetilde{z}_E}\widetilde{\rho}cos\left(\widetilde{\alpha}-\widetilde{\alpha}_n\right)\right)\cdot\widetilde{f}_n\left(\widetilde{z}-\widetilde{z}_E\right) \\ &= \left(1 - \frac{b_n}{z_E}\rho_B\cos(\alpha_B-\alpha_n) - \frac{b_n\cdot(z_E-z_B)}{z_E\widetilde{z}_E}\widetilde{\rho}cos\left(\widetilde{\alpha}-\widetilde{\alpha}_n\right)\right)\cdot f_n\left(\widetilde{z}-\widetilde{z}_E\right). \end{aligned}$$

Hieraus folgt wegen $\widetilde{z}_E = z_E - z_B$:

$$n_\Sigma(\rho,\alpha,z) = \widetilde{n}_\Sigma\left(\widetilde{\rho},\widetilde{\alpha},\widetilde{z}\right).$$

∎

2.8.2 Kombinieren mehrerer Modellfunktionen

Die in den Abschnitten 2.4 und 2.6 vorgestellten Modellfunktionen erlauben es, die horizontale und vertikale Veränderung der Anzahldichte und der Wirkungsquerschnitte in einer gut integrierbaren Form zu beschreiben. Eine Schwäche dieser Modellfunktionen ist die Annahme, dass eine horizontale Verschiebung auf der gesamten Höhe des betrachteten Bereichs die gleiche Veränderung der Anzahldichte bewirkt. Dies ist vermutlich nur für sehr kleine Volumen näherungsweise zutreffend.

Um Veränderungen der Anzahldichte und der Wirkungsquerschnitte in einem größeren Volumen abzubilden, können mehrere Modellfunktionen mit verschiedenen vertikalen Profilen kombiniert werden. Als Beispiel wird im Folgenden eine Kombination aus drei vertikalen Profilen betrachtet:

Behauptung 2–5 Kombinieren von drei vertikalen Dichteprofilen
Sei A ein Punkt der Erdatmosphäre. Bezeichne (A,ρ,α,z) *ein in diesem Punkt verankertes, nach Abschn.* 2.6 *definiertes Zylinderkoordinatensystem und sei* z_E *die z-Koordinate des Erdmittelpunkts E in diesem Koordinatensystem. Bezeichne* $g_n:\mathbb{R}^3\to\mathbb{R}$ *die Funktion*

$$g_n(\rho,\alpha,z) = \frac{1}{2}\cdot\sum_{i=0}^{2}\left(1-\frac{b_n}{z_E}\rho cos\left(\alpha-\alpha_n-\frac{2i}{3}\pi\right)\right)\cdot f_{n,i}(z-z_E) - \frac{1}{6}\sum_{i=0}^{2} f_{n,i}(z-z_E).$$

a) *Sei $z \in \mathbb{R}$. Die Funktion g_n nimmt im Punkt $(0, 0, z)$ den Wert*

$$g_n(0, 0, z) = \frac{1}{3} f_{n,0}(z - z_E) + \frac{1}{3} f_{n,1}(z - z_E) + \frac{1}{3} f_{n,2}(z - z_E)$$

an.

b) *Sei $z \in \mathbb{R}$. Die Funktion g_n nimmt im Punkt $\left(\frac{4}{3} \cdot \frac{|z_E|}{b_n}, \alpha_n, z\right)$ den Wert*

$$g_n\left(\frac{4}{3} \cdot \frac{|z_E|}{b_n}, \alpha_n, z\right) = f_{n,0}(z - z_E)$$

an.

c) *Sei $z \in \mathbb{R}$. Die Funktion g_n nimmt im Punkt $\left(\frac{4}{3} \cdot \frac{|z_E|}{b_n}, \alpha_n + \frac{2}{3}\pi, z\right)$ den Wert*

$$g_n\left(\frac{4}{3} \cdot \frac{|z_E|}{b_n}, \alpha_n + \frac{2}{3}\pi, z\right) = f_{n,1}(z - z_E)$$

an.

d) *Sei $z \in \mathbb{R}$. Die Funktion g_n nimmt im Punkt $\left(\frac{4}{3} \cdot \frac{|z_E|}{b_n}, \alpha_n + \frac{4}{3}\pi, z\right)$ den Wert*

$$g_n\left(\frac{4}{3} \cdot \frac{|z_E|}{b_n}, \alpha_n + \frac{4}{3}\pi, z\right) = f_{n,2}(z - z_E)$$

an.

e) *Sei (A, x, y, z) ein kartesisches Koordinatensystem mit*

$$\begin{cases} x = \rho\, cos(\alpha - \alpha_n) \\ y = \rho\, sin(\alpha - \alpha_n). \end{cases}$$

Für einen festen Wert $z = z_1$ hängt $g_n(\rho, \alpha, z_1)$ linear von x und y ab.

Beweis:

- Im Punkt $(0, 0, z)$ gilt:

$$\begin{aligned} g_n(0, 0, z) &= \frac{1}{2} \cdot (1 + 0) \cdot f_{n,0}(z - z_E) + \frac{1}{2} \cdot (1 + 0) \cdot f_{n,1}(z - z_E) + \frac{1}{2} \cdot (1 + 0) \cdot f_{n,2}(z - z_E) \\ &\quad - \frac{1}{6} f_{n,0}(z - z_E) - \frac{1}{6} f_{n,1}(z - z_E) - \frac{1}{6} f_{n,2}(z - z_E) \\ &= \frac{1}{3} f_{n,0}(z - z_E) + \frac{1}{3} f_{n,1}(z - z_E) + \frac{1}{3} f_{n,2}(z - z_E). \end{aligned}$$

b) Im Punkt $\left(\frac{4}{3} \cdot \frac{|z_E|}{b_n}, \alpha_n, z\right)$ gilt wegen $z_E < 0$:

$$
\begin{aligned}
& g_n\left(\frac{4}{3} \cdot \frac{|z_E|}{b_n}, \alpha_n, z\right) \\
& \quad = \frac{1}{2} \cdot \left(1 - \frac{b_n}{z_E} \cdot \frac{4}{3} \cdot \frac{|z_E|}{b_n} cos(\alpha_n - \alpha_n)\right) \cdot f_{n,0}(z - z_E) + \frac{1}{2} \\
& \quad \cdot \left(1 - \frac{b_n}{z_E} \cdot \frac{4}{3} \cdot \frac{|z_E|}{b_n} cos\left(\alpha_n - \alpha_n - \frac{2}{3}\pi\right)\right) \cdot f_{n,1}(z - z_E) + \frac{1}{2} \\
& \quad \cdot \left(1 - \frac{b_n}{z_E} \cdot \frac{4}{3} \cdot \frac{|z_E|}{b_n} cos\left(\alpha_n - \alpha_n - \frac{4}{3}\pi\right)\right) \cdot f_{n,2}(z - z_E) - \frac{1}{6} f_{n,0}(z - z_E) \\
& \quad - \frac{1}{6} f_{n,1}(z - z_E) - \frac{1}{6} f_{n,2}(z - z_E) \\
& \quad = \frac{1}{2} \cdot \left(1 + \frac{4}{3}\right) \cdot f_{n,0}(z - \mathrm{z_E}) + \frac{1}{2} \cdot \left(1 - \frac{4}{3} \cdot \frac{1}{2}\right) \cdot f_{n,1}(z - z_E) + \frac{1}{2} \cdot \left(1 - \frac{4}{3} \cdot \frac{1}{2}\right) \\
& \quad f_{n,2}(z - z_E) - \frac{1}{6} f_{n,0}(z - z_E) - \frac{1}{6} f_{n,1}(z - \mathrm{z_E}) - \frac{1}{6} f_{n,2}(z - z_E) = \mathrm{f_{n,0}}(z - z_E).
\end{aligned}
$$

c) Analog zu b.
d) Analog zu b.
e) Sei $\mathrm{z}_1 \in \mathbb{R}$. Die Funktion $\mathrm{g_n}$ nimmt im Punkt (ρ, α, z_1) den folgenden Wert an:

$$
\begin{aligned}
g_n(\rho, \alpha, z_1) = & \frac{1}{2} \cdot \left(1 - \frac{b_n}{z_E} \rho \cos(\alpha - \alpha_n)\right) \cdot f_{n,0}(z - z_E) + \frac{1}{2} \\
& \cdot \left(1 - \frac{b_n}{z_E} \rho \left(\cos(\alpha - \alpha_n) \cos\left(\frac{2}{3}\pi\right) + \sin(\alpha - \alpha_n) \sin\left(\frac{2}{3}\pi\right)\right)\right) \cdot f_{n,1}(z_1 - z_E) + \frac{1}{2} \\
& \cdot \left(1 - \frac{b_n}{z_E} \rho \left(\cos(\alpha - \alpha_n) \cos\left(\frac{4}{3}\pi\right) + \sin(\alpha - \alpha_n) \sin\left(\frac{4}{3}\pi\right)\right)\right) \cdot f_{n,2}(z_1 - z_E) \\
& - \frac{1}{6} f_{n,0}(z_1 - z_E) - \frac{1}{6} f_{n,1}(z_1 - z_E) - \frac{1}{6} f_{n,2}(z_1 - z_E) \\
= & \frac{1}{2} \cdot \left(1 - \frac{b_n}{z_E} x\right) \cdot f_{n,0}(z_1 - z_E) + \frac{1}{2} \cdot \left(1 - \frac{b_n}{z_E}\left(x \cos\left(\frac{2}{3}\pi\right) + y \sin\left(\frac{2}{3}\pi\right)\right)\right) \\
& \cdot f_{n,1}(z_1 - z_E) + \frac{1}{2} \cdot \left(1 - \frac{b_n}{z_E}\left(x \cos\left(\frac{4}{3}\pi\right) + y \sin\left(\frac{4}{3}\pi\right)\right)\right) \cdot f_{n,2}(z_1 - z_E) \\
& - \frac{1}{6} f_{n,0}(z_1 - z_E) - \frac{1}{6} f_{n,1}(z_1 - z_E) - \frac{1}{6} f_{n,2}(z_1 - z_E).
\end{aligned}
$$

Dies ist äquivalent zu

$$
\begin{aligned}
g_n(\rho, \alpha, z_1) = & - \frac{1}{2} \cdot \frac{b_n}{z_E} \cdot \left(f_{n,0}(z_1 - z_E) - \frac{1}{2} \cdot \left(f_{n,1}(z_1 - z_E) + f_{n,2}(z_1 - z_E)\right)\right) \cdot x - \frac{\sqrt{3}}{4} \cdot \frac{b_n}{z_E} \\
& \cdot \left(f_{n,1}(z_1 - z_E) - f_{n,2}(z_1 - z_E)\right) \cdot y + \frac{1}{3} f_{n,0}(z_1 - z_E) + \frac{1}{3} f_{n,1}(z_1 - z_E) \\
& + \frac{1}{3} f_{n,2}(z_1 - z_E)
\end{aligned}
$$

∎

Die Funktion $g_n(\rho, \alpha, z)$ verändert sich in jeder horizontalen Ebene $z = z_1$ linear und bildet auf drei vertikalen Geraden die Profile $f_{n,0}$, $f_{n,1}$ und $f_{n,2}$ ab (Abb. 2.22).

Die Funktion $g_n(\rho, \alpha, z)$ beschreibt die Veränderung eines Dichtefeldes in einem Koordinatensystem, dessen Ursprung genau in der Mitte zwischen den drei Geraden liegt, deren Dichteprofile die Funktionen $f_{n,0}$, $f_{n,1}$ und $f_{n,2}$ festlegen. Für alle anderen Koordinatensysteme gilt folgende Behauptung.

Behauptung 2–6 Horizontales Verschieben des Koordinatensystems unter Verwendung mehrerer Modellfunktionen

Sei V ein Volumen innerhalb der Erdatmosphäre und seien A und B zwei Punkte aus diesem Volumen. Bezeichne (A, ρ, α, z) *ein im Punkt A entspringendes Zylinderkoordinatensystem nach Abschn.* 2.6 *und* $\left(B, \widetilde{\rho}, \widetilde{\alpha}, \widetilde{z}\right)$ *ein ähnliches Zylinderkoordinatensystem mit dem Ursprung B.*

Bezeichne (ρ_B, α_B, z_B) *die Koordinaten des Punktes B im Koordinatensystem* (A, ρ, α, z) *und* $\left(\widetilde{\rho}_A, \widetilde{\alpha}_A, \widetilde{z}_A\right)$ *die Koordinaten des Punktes A im Koordinatensystem* $\left(B, \widetilde{\rho}, \widetilde{\alpha}, \widetilde{z}\right)$ *und gelte*

$$\widetilde{\alpha}_A = \alpha_B + \pi \quad \textit{und} \quad z_B = \widetilde{z}_A = 0.$$

Sei z_E *die vertikale Koordinate des Erdmittelpunkts im Koordinatensystem* (A, ρ, α, z).

Bezeichne $g_n : \mathbb{R}^3 \to \mathbb{R}$ *die Funktion*

$$g_n(\rho, \alpha, z) = \frac{1}{2} \cdot \sum_{i=0}^{2} \left(1 - \frac{b_n}{z_E} \rho \cos\left(\alpha - \alpha_n - \frac{2i}{3}\pi\right)\right) \cdot f_{n,i}(z - z_E) - \frac{1}{6} \sum_{i=0}^{2} f_{n,i}(z - z_E).$$

Seien $c_n : \mathbb{R} \to \mathbb{R}$ *die Funktion*

$$c_n(z) = \frac{1}{2} \sum_{i=0}^{2} \cos\left(\alpha_n + \frac{2i}{3}\pi\right) f_{n,i}(z - z_E)$$

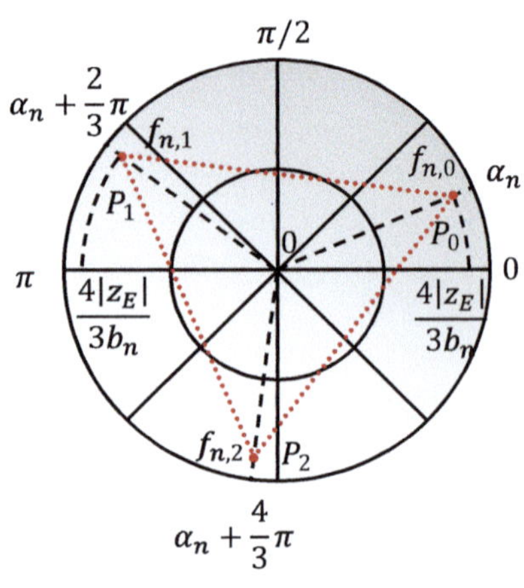

Abb. 2.22 Die Punkte $P_0\left(\frac{4|z_E|}{3b_n}, \alpha_n, z_1\right)$, $P_1\left(\frac{4|z_E|}{3b_n}, \alpha_n + \frac{2}{3}\pi, z_1\right)$ und $P_2\left(\frac{4|z_E|}{3b_n}, \alpha_n + \frac{4}{3}\pi, z_1\right)$ bilden ein gleichseitiges Dreieck, dessen Zentrum im Ursprung des Koordinatensystems (A, ρ, α, z) liegt. Die Funktion $g_n(\rho, \alpha, z)$ nimmt in den Punkten P_0, P_1 und P_2 die Werte $f_{n,0}(z_1 - z_E)$, $f_{n,1}(z_1 - z_E)$ bzw. $f_{n,2}(z_1 - z_E)$ an

und $\mathrm{s_n} : \mathbb{R} \to \mathbb{R}$ *die Funktion*

$$s_n(z) = \frac{1}{2}\sum_{i=0}^{2} \sin\left(\alpha_n + \frac{2i}{3}\pi\right) f_{n,i}(z - z_E)$$

Wenn sich die Anzahldichte der Teilchen im Volumen V im Koordinatensystem (A, ρ, α, z) *mit*

$$n(\rho, \alpha, z) = g_n(\rho, \alpha, z)$$

beschreiben lässt, kann ihr Wert im Koordinatensystem $\left(\mathrm{B}, \widetilde{\rho}, \widetilde{\alpha}, \widetilde{z}\right)$ *als*

$$n\left(\widetilde{\rho}, \widetilde{\alpha}, \widetilde{z}\right) = g_n\left(\widetilde{\rho}, \widetilde{\alpha}, \widetilde{z}\right) - \frac{b_n}{z_E} \cdot \rho_B \cos\alpha_B \cdot c_n\left(\widetilde{z}\right) - \frac{b_n}{z_E} \cdot \rho_B \sin\alpha_B \cdot s_n\left(\widetilde{z}\right) \quad (2.82)$$

berechnet werden.

Beweis:
Die beiden letzten Summanden auf der rechten Seite der Gleichung (2.82) ergeben zusammen:

$$\begin{aligned}
&-\frac{b_n}{z_E} \cdot \rho_B \cos\alpha_B \cdot c_n\left(\widetilde{z}\right) - \frac{b_n}{z_E} \cdot \rho_B \sin\alpha_B \cdot s_n\left(\widetilde{z}\right) \\
&\quad = -\frac{b_n}{z_E} \cdot \rho_B \cos\alpha_B \cdot \frac{1}{2}\sum_{i=0}^{2} \cos\left(\alpha_n + \frac{2i}{3}\pi\right) f_{n,i}\left(\widetilde{z} - z_E\right) - \frac{b_n}{z_E} \cdot \rho_B \sin\alpha_B \\
&\qquad \cdot \frac{1}{2}\sum_{i=0}^{2} \sin\left(\alpha_n + \frac{2i}{3}\pi\right) f_{n,i}\left(\widetilde{z} - z_E\right) \\
&\quad = -\frac{1}{2}\sum_{i=0}^{2} \frac{b_n}{z_E} \cdot \rho_B \cdot \left(\cos\alpha_B \cos\left(\alpha_n + \frac{2i}{3}\pi\right) + \sin\alpha_B \sin\left(\alpha_n + \frac{2i}{3}\pi\right)\right) f_{n,i}\left(\widetilde{z} - z_E\right) \\
&\quad = -\frac{1}{2}\sum_{i=0}^{2} \frac{b_n}{z_E} \cdot \rho_B \cos\left(\alpha_B - \alpha_n - \frac{2i}{3}\pi\right) f_{n,i}\left(\widetilde{z} - z_E\right).
\end{aligned}$$

Somit ist die rechte Seite der Gleichung (2.82) gleich

$$\begin{aligned}
&g_n\left(\widetilde{\rho}, \widetilde{\alpha}, \widetilde{z}\right) - \frac{b_n}{z_E} \cdot \rho_B \cos\alpha_B \cdot c_n\left(\widetilde{z}\right) - \frac{b_n}{z_E} \cdot \rho_B \sin\alpha_B \cdot s_n\left(\widetilde{z}\right) \\
&\quad = \frac{1}{2} \cdot \sum_{i=0}^{2} \left(1 - \frac{b_n}{z_E} \widetilde{\rho} \cos\left(\widetilde{\alpha} - \alpha_n - \frac{2i}{3}\pi\right)\right) \cdot f_{n,i}\left(\widetilde{z} - z_E\right) - \frac{1}{6}\sum_{i=0}^{2} f_{n,i}\left(\widetilde{z} - z_E\right) \\
&\qquad - \frac{1}{2}\sum_{i=0}^{2} \frac{b_n}{z_E} \cdot \rho_B \cos\left(\alpha_B - \alpha_n - \frac{2i}{3}\pi\right) f_{n,i}\left(\widetilde{z} - z_E\right) \\
&\quad = \frac{1}{2}\sum_{i=0}^{2} \left(\left(1 - \frac{b_n}{z_E} \cdot \rho_B \cos\left(\alpha_B - \alpha_n - \frac{2i}{3}\pi\right) - \frac{b_n}{z_E} \widetilde{\rho} \cos\left(\widetilde{\alpha} - \alpha_n - \frac{2i}{3}\pi\right)\right)\right. \\
&\qquad \left. \cdot f_{n,i}\left(\widetilde{z} - z_E\right)\right) - \frac{1}{6}\sum_{i=0}^{2} f_{n,i}\left(\widetilde{z} - z_E\right).
\end{aligned} \quad (2.83)$$

Die Funktion $n(\rho, \alpha, z) = g_n(\rho, \alpha, z)$, die im Koordinatensystem (A, ρ, α, z) die Veränderung der Anzahldichte beschreibt, bildet eine gewichtete Summe von sechs Modellfunktionen. Das Verschieben des Koordinatensystems von A nach B bewirkt nach Behauptung 2–4 folgende Veränderungen dieser Modellfunktionen:

a) Die Modellfunktionen

$$\left(1 - \frac{b_n}{z_E}\rho\cos\left(\alpha - \alpha_n - \frac{2i}{3}\pi\right)\right) \cdot f_{n,i}(z - z_E)$$

verwandeln sich in

$$\begin{aligned}
&\left(1 - \frac{\widetilde{b}_n}{\widetilde{z}_E}\widetilde{\rho}\cos\left(\widetilde{\alpha} - \widetilde{\alpha}_n - \frac{2i}{3}\pi\right)\right) \cdot \widetilde{f}_{n,i}\left(\widetilde{z} - \widetilde{z}_E\right) \\
&\quad = \left(1 - \frac{b_n}{z_E\left(1 - \frac{b_n}{z_E}\rho_B\cos\left(\alpha_B - \alpha_n - \frac{2i}{3}\pi\right)\right)}\widetilde{\rho}\cos\left(\widetilde{\alpha} - \alpha_n - \frac{2i}{3}\pi\right)\right) \\
&\quad\quad \cdot \left(1 - \frac{b_n}{z_E}\rho_B\cos\left(\alpha_B - \alpha_n - \frac{2i}{3}\pi\right)\right) \cdot f_{n,i}\left(\widetilde{z} - z_E\right) \\
&\quad = \left(1 - \frac{b_n}{z_E}\rho_B\cos\left(\alpha_B - \alpha_n - \frac{2i}{3}\pi\right) - \frac{b_n}{z_E}\widetilde{\rho}\cos\left(\widetilde{\alpha} - \alpha_n - \frac{2i}{3}\pi\right)\right) \cdot f_{n,i}\left(\widetilde{z} - z_E\right).
\end{aligned}$$

b) Die Modellfunktionen $f_{n,i}(z - z_E)$ werden zu $f_{n,i}\left(\widetilde{z} - \widetilde{z}_E\right) = f_{n,i}\left(\widetilde{z} - z_E\right)$.

Die Funktion $n(\rho, \alpha, z)$ verwandelt sich durch das Verschieben des Koordinatensystems in

$$\begin{aligned}
n\left(\widetilde{\rho}, \widetilde{\alpha}, \widetilde{z}\right) = \frac{1}{2} \cdot \sum_{i=0}^{2}\left(1 - \frac{b_n}{z_E}\rho_B\cos\left(\alpha_B - \alpha_n - \frac{2i}{3}\pi\right) - \frac{b_n}{z_E}\widetilde{\rho}\cos\left(\widetilde{\alpha} - \alpha_n - \frac{2i}{3}\pi\right)\right) \cdot f_{n,i}\left(\widetilde{z} - z_E\right) \\
- \frac{1}{6}\sum_{i=0}^{2} f_{n,i}\left(\widetilde{z} - z_E\right).
\end{aligned} \tag{2.84}$$

Ein Vergleich der Gleichungen (2.83) und (2.84) zeigt:

$$n\left(\widetilde{\rho}, \widetilde{\alpha}, \widetilde{z}\right) = g_n\left(\widetilde{\rho}, \widetilde{\alpha}, \widetilde{z}\right) - \frac{b_n}{z_E} \cdot \rho_B\cos\alpha_B \cdot c_n\left(\widetilde{z}\right) - \frac{b_n}{z_E} \cdot \rho_B\sin\alpha_B \cdot s_n\left(\widetilde{z}\right).$$

∎

2.8.3 Berechnen der optischen Tiefe mithilfe von Standardstrecken

In den Abschnitten 3.4 und 3.5 wird ein Simulationsverfahren zur Berechnung der mehrfachen Lichtstreuung beschrieben. Dieses Verfahren erfordert eine hunderttausendfache

Berechnung der optischen Tiefe für verschiedene Strecken eines vergleichsweise kleinen Volumens. Weil die Lösung des Integrals für die optische Tiefe recht aufwendig ist, ist es sinnvoll, diese Berechnung so zu gestalten, dass möglichst wenige Integrale gelöst werden müssen.

In dem Folgenden wird gezeigt, dass die Linearität der Modellfunktion genutzt werden kann, um die optischen Tiefe einer beliebigen Strecke aus optischen Tiefen einiger festgelegten Strecken zu bestimmen. Hierbei wird vereinfachend vorausgesetzt, dass die Wirkungsquerschnitte der Teilchen im betrachteten Volumen entweder konstant sind oder sich nur in der vertikalen Richtung verändern. Die Anzahldichte der Teilchen kann hingegen sowohl vertikal als auch horizontal variieren.

Bezeichne A einen Punkt des betrachteten Atmosphärenvolumens V und (A, ρ, α, z) ein in diesem Punkt entspringendes Zylinderkoordinatensystem mit einer vertikal nach oben zeigenden Achse z. Die vertikale Koordinate des Erdmittelpunkts in diesem Koordinatensystem wird als z_E bezeichnet. Die Anzahldichte der Teilchen im Volumen V wird analog zum Abschn. 2.8.2 durch eine Funktion

$$n(\rho,\alpha,z)=\frac{1}{2}\cdot\sum_{i=0}^{2}\left(1-\frac{b_n}{z_E}\rho\cos\left(\alpha-\alpha_n-\frac{2i}{3}\pi\right)\right)\cdot f_{n,i}(z-z_E)-\frac{1}{6}\sum_{i=0}^{2}f_{n,i}(z-z_E) \tag{2.85}$$

definiert.

Sei $\overline{B_1C_1}$ eine beliebige nicht horizontal verlaufende Strecke im Volumen V. Bezeichne θ^* den Winkel zwischen dem Vektor $\overrightarrow{B_1C_1}$ und der Achse z und α^* die Azimutrichtung dieses Vektors. Um die optische Tiefe der Strecke $\overline{B_1C_1}$ zu ermitteln, wird zunächst der Punkt A_1 bestimmt, in dem die Gerade B_1C_1 die Ebene $z=0$ durchquert. Seien $\left(\rho_{A_1}, \alpha_{A_1}, 0\right)$ die Koordinaten dieses Punktes im Koordinatensystem (A, ρ, α, z).

Wird für den Punkt A_1 ein eigenes Zylinderkoordinatensystem $\left(A_1, \widetilde{\rho}, \widetilde{\alpha}, \widetilde{z}\right)$ mit einer vertikal nach oben zeigenden Achse $\widetilde{z}$ und der gleichen Azimutzählung wie im Koordinatensystem (A, ρ, α, z) definiert, so kann die Anzahldichte der Teilchen im Koordinatensystem $\left(A_1, \widetilde{\rho}, \widetilde{\alpha}, \widetilde{z}\right)$ als eine Funktion

$$\begin{aligned} n(\widetilde{\rho},\widetilde{\alpha},\widetilde{z}) &= \frac{1}{2}\cdot\sum_{i=0}^{2}\left(1-\frac{b_n}{z_E}\widetilde{\rho}\cos\left(\widetilde{\alpha}-\alpha_n-\frac{2i}{3}\pi\right)\right)\cdot f_{n,i}(\widetilde{z}-z_E)-\frac{1}{6}\sum_{i=0}^{2}f_{n,i}(\widetilde{z}-z_E)-\frac{b_n}{z_E} \\ &\quad\cdot\rho_B\cos\alpha_B\cdot\frac{1}{2}\sum_{i=0}^{2}\cos\left(\alpha_n+\frac{2i}{3}\pi\right)f_{n,i}(\widetilde{z}-z_E)-\frac{b_n}{z_E}\cdot\rho_B\sin\alpha_B \\ &\quad\cdot\frac{1}{2}\sum_{i=0}^{2}\sin\left(\alpha_n+\frac{2i}{3}\pi\right)f_{n,i}(\widetilde{z}-z_E) \end{aligned} \tag{2.86}$$

dargestellt werden (s. Behauptung 2–6). Das Koordinatensystem $\left(A_1, \widetilde{\rho}, \widetilde{\alpha}, \widetilde{z}\right)$ kann genutzt werden, um die optische Tiefe einer im Punkt A_1 beginnenden Strecke mit dem

Zenitwinkel θ^* und dem Azimut $\tilde{\alpha}^*$ zu bestimmen. Das Ergebnis dieser Berechnung hat nach Abschn. 2.6 die Form

$$\int_{r_{A_1}}^{r_{B_1}} \sigma_{ext}\left(\tilde{z}(\theta^*, r)\right) n\left(\tilde{\rho}(\theta^*, r), \tilde{\alpha}^*, \tilde{z}(\theta^*, r)\right) dr = \sum_{k=0}^{5} \frac{t_k}{k+1} \cdot \left(r_{B_1} - r_{A_1}\right)^{k+1}.$$

Diese Gleichung beschreibt die optische Tiefe als eine Funktion der Streckenlänge. Die Richtung der Strecke und die räumliche Verteilung der Teilchen sind in den Koeffizienten t_k versteckt. Die Länge der Strecke $\left(r_{B_1} - r_{A_1}\right)$ bestimmt den Punkt, an dem die Funktion berechnet wird. Anders als die Richtung der Strecke ist ihre Länge auch nach der Berechnung der Koeffizienten t_k frei wählbar. Diese Freiheit kann genutzt werden, um optische Tiefen der Strecken $\overline{A_1 B_1}$ und $\overline{A_1 C_1}$ zu bestimmen. Die Differenz ihrer optischen Tiefen ergibt die optische Tiefe der Strecke $\overline{B_1 C_1}$:

$$\begin{aligned}
&\int_{r_{B_1}}^{r_{C_1}} \sigma_{ext}\left(\tilde{z}(\theta^*, r)\right) n\left(\tilde{\rho}(\theta^*, r), \tilde{\alpha}^*, \tilde{z}(\theta^*, r)\right) dr \\
&\qquad = \int_{r_{A_1}}^{r_{C_1}} \sigma_{ext}\left(\tilde{z}(\theta^*, r)\right) n\left(\tilde{\rho}(\theta^*, r), \tilde{\alpha}^*, \tilde{z}(\theta^*, r)\right) dr \\
&\qquad - \int_{r_{A_1}}^{r_{B_1}} \sigma_{ext}\left(\tilde{z}(\theta^*, r)\right) n\left(\tilde{\rho}(\theta^*, r), \tilde{\alpha}^*, \tilde{z}(\theta^*, r)\right) dr.
\end{aligned} \tag{2.87}$$

Statt die optische Tiefe im Koordinatensystem $\left(A_1, \tilde{\rho}, \tilde{\alpha}, \tilde{z}\right)$ zu berechnen, kann die Tatsache genutzt werden, dass es auch im Koordinatensystem (A, ρ, α, z) eine Gerade BC gibt, die ähnlich der Gerade $B_1 C_1$ durch den Koordinatenursprung A verläuft und in einem Winkel θ^* zu der vertikalen Achse in die Azimutrichtung α^* geht. Diese Gerade ist (im Modell der ebenen Atmosphäre) parallel zu der Geraden $B_1 C_1$ und unterscheidet sich von dieser Geraden nur durch eine Verschiebung um den Vektor $\overrightarrow{A_1 A}$ (Abb. 2.23).

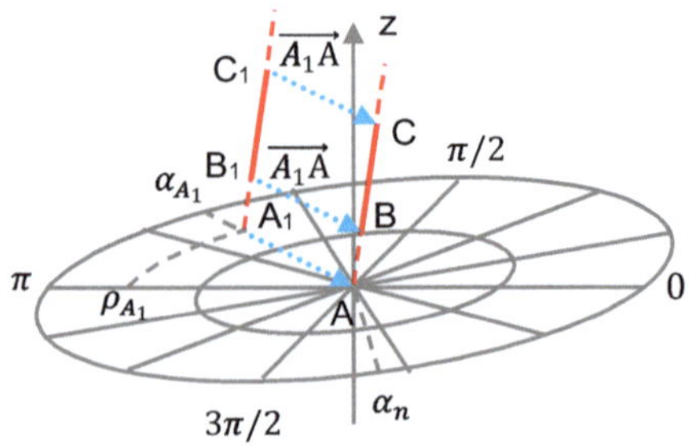

Abb. 2.23 Die Gerade $B_1 C_1$ passiert die Ebene $z = 0$ im Punkt A_1. Die Gerade BC geht in die gleiche Richtung, wie die Gerade $B_1 C_1$ und verläuft durch den Koordinatenursprung A. Die Strecke $\overline{BC}$ ergibt sich aus der Strecke $\overline{B_1 C_1}$ durch Verschiebung um einen Vektor $\overrightarrow{A_1 A}$

Bezeichnen B und C die Punkte, die sich durch Verschieben der Punkte B_1 und C_1 um einen Vektor $\overrightarrow{A_1A}$ ergeben. Weil sich die Anzahldichte der Teilchen durch Verschieben eines Punktes $(\widetilde{\rho}, \widetilde{\alpha}, \widetilde{z})$ um einen Vektor $\overrightarrow{A_1A}$ laut (2.85) und (2.86) um

$$\frac{b_n}{z_E} \cdot \rho_B \cos\alpha_B \cdot \frac{1}{2} \sum_{i=0}^{2} \cos\left(\alpha_n + \frac{2i}{3}\pi\right) f_{n,i}(\widetilde{z} - z_E) + \frac{b_n}{z_E} \cdot \rho_B \sin\alpha_B \cdot \frac{1}{2} \sum_{i=0}^{2} \sin\left(\alpha_n + \frac{2i}{3}\pi\right) f_{n,i}(\widetilde{z} - z_E)$$

vergrößert, können optische Tiefen der Strecken $\overline{A_1B_1}$ und $\overline{A_1C_1}$ aus optischen Tiefen der Strecken $\overline{AB}$ und $\overline{AC}$ bestimmt werden:

$$\begin{aligned}
&\int_{r_{A_1}}^{r_{B_1}} \sigma_{ext}\big(\widetilde{z}(\theta^*, r)\big) n\big(\widetilde{\rho}(\theta^*, r), \widetilde{\alpha}^*, \widetilde{z}(\theta^*, r)\big) dr \\
&\qquad = \int_{r_A}^{r_B} \sigma_{ext}\big(z(\theta^*, r)\big) n\big(\rho(\theta^*, r), \alpha^*, z(\theta^*, r)\big) dr - \frac{1}{2} \rho_B \cos\alpha_B \\
&\qquad \cdot \sum_{i=0}^{2} \frac{b_n}{z_E} \cos\left(\alpha_n + \frac{2i}{3}\pi\right) \int_{r_A}^{r_B} \sigma_{ext}(z(r)) f_{n,i}(z(r) - z_E) dr - \frac{1}{2} \rho_B \sin\alpha_B \\
&\qquad \cdot \sum_{i=0}^{2} \frac{b_n}{z_E} \sin\left(\alpha_n + \frac{2i}{3}\pi\right) \int_{r_A}^{r_B} \sigma_{ext}(z(r)) f_{n,i}(z(r) - z_E) dr.
\end{aligned} \tag{2.88}$$

Die Strecken $\overline{AB}$ und $\overline{AC}$ gehen in die gleiche Richtung, wie die Strecke $\overline{B_1C_1}$. Das heißt, dass das Azimut dieser Stecken α(r) jeden Wert zwischen 0° und 360° haben kann. Um nicht für jedes Azimut ein eigenes Integral rechnen zu müssen, kann eine weitere Eigenschaft der linearen Modellfunktion verwendet werden.

Behauptung 2–7 Drehen einer Strecke

Bezeichne $\Gamma : \mathbb{R}^3 \to \mathbb{R}$ *die Funktion*

$$\Gamma(\rho, \alpha, z) = \left(1 - \frac{b_n}{z_E} \rho \cos(\alpha - \alpha_n)\right) \cdot f_n(z - z_E).$$

Für alle $\alpha \in \mathbb{R}$ *gilt:*

$$\Gamma(\rho, \alpha, z) = \cos\alpha \cdot \Gamma(\rho, 0, z) + \sin\alpha \cdot \Gamma\left(\rho, \frac{\pi}{2}, z\right) + (1 - \cos\alpha - \sin\alpha) \cdot f_n(z - z_E).$$

Beweis:

Die Definition der Funktion Γ ist äquivalent zu

$$
\begin{aligned}
\Gamma(\rho,\alpha,z) &= \left(1-\frac{b_n}{z_E}\rho\cdot(\cos\alpha\cos\alpha_n+\sin\alpha\sin\alpha_n)\right)\cdot f_n(z-z_E)\\
&= \left(1-\cos\alpha-\sin\alpha+\cos\alpha+\sin\alpha-\frac{b_n}{z_E}\rho\cos\alpha\cos\alpha_n-\frac{b_n}{z_E}\rho\sin\alpha\sin\alpha_n\right)\\
&\quad\cdot f_n(z-z_E)\\
&= (1-\cos\alpha-\sin\alpha)\cdot f_n(z-z_E)+\cos\alpha\cdot\left(1-\frac{b_n}{z_E}\rho\cos\alpha_n\right)\cdot f_n(z-z_E)+\sin\alpha\\
&\quad\cdot\left(1-\frac{b_n}{z_E}\rho\sin\alpha_n\right)\cdot f_n(z-z_E)\\
&= \cos\alpha\cdot\left(1-\frac{b_n}{z_E}\rho\cos\alpha_n\right)\cdot f_n(z-z_E)+\sin\alpha\cdot\left(1-\frac{b_n}{z_E}\rho\cos\left(\frac{\pi}{2}-\alpha_n\right)\right)\\
&\quad\cdot f_n(z-z_E)+(1-\cos\alpha-\sin\alpha)\cdot f_n(z-z_E)\\
&= \cos\alpha\cdot\Gamma(\rho,0,z)+\sin\alpha\cdot\Gamma\left(\rho,\frac{\pi}{2},z\right)+(1-\cos\alpha-\sin\alpha)\cdot f_n(z-z_E).
\end{aligned}
$$

∎

Nach dieser Behauptung kann die optische Tiefe einer im Punkt A beginnenden Strecke mit dem Zenitwinkel θ^* und dem Azimut α^* aus optischen Tiefen ähnlicher Strecken mit festen Azimutwerten $\alpha = 0$ und $\alpha = \frac{\pi}{2}$ bei zwei verschiedenen Teilchenverteilungen bestimmt werden:

$$
\begin{aligned}
&\int_{r_A}^{r_B}\sigma_{ext}\big(z(\theta^*,r)\big)n\big(\rho(\theta^*,r),\alpha^*,z(\theta^*,r)\big)dr\\
&\quad= \frac{1}{2}\cos\alpha^*\\
&\quad\cdot\sum_{i=0}^{2}\int_{r_A}^{r_B}\sigma_{ext}\big(z(\theta^*,r)\big)\left(1-\frac{b_n}{z_E}\rho(\theta^*,r)\cos\left(\alpha_n+\frac{2i}{3}\pi\right)\right)\cdot f_{n,i}\big(z(\theta^*,r)-z_E\big)dr\\
&\quad+\frac{1}{2}\sin\alpha^*\\
&\quad\cdot\sum_{i=0}^{2}\int_{r_A}^{r_B}\sigma_{ext}\big(z(\theta^*,r)\big)\left(1-\frac{b_n}{z_E}\rho(\theta^*,r)\cos\left(\alpha_n+\frac{2i}{3}\pi-\frac{\pi}{2}\right)\right)\\
&\quad\cdot f_{n,i}\big(z(\theta^*,r)-z_E\big)dr+\left(\frac{1}{3}-\frac{1}{2}\cos\alpha^*-\frac{1}{2}\sin\alpha^*\right)\\
&\quad\cdot\sum_{i=0}^{2}\int_{r_A}^{r_B}\sigma_{ext}\big(z(\theta^*,r)\big)f_{n,i}\big(z(\theta^*,r)-z_E\big)dr.
\end{aligned}
\tag{2.89}
$$

Die Gleichungen (2.87), (2.88) und (2.89) führen die optische Tiefe einer beliebigen Strecke auf optische Tiefen einiger Standardstrecken mit dem gleichen Zenitwinkel zurück. Werden für die Zenitwinkel

$$\theta_j = (j+0,5)\cdot\frac{\pi}{180} \quad mit \quad j = 0,\ldots,179,$$

die neun Integrale aus der Gleichung (2.89) gelöst, lassen sich mit diesen Formeln sehr viele andere Integralberechnungen sparen. Im Abschn. 3.5 wird diese Methode zur Berechnung der optischen Tiefe nochmals aus praktischer Sicht diskutiert.

Literatur

Community Coordinated Modeling Center. *NRLMSIS v2.0.* 16. 1 2023. https://ccmc.gsfc.nasa.gov/models/NRLMSIS~v2.0.

Liou, Kuo-Nan. *An Introduction to Atmospheric Radiation.* Amsterdam, Boston: Academic Press, 2002.

Roedel, Walter. *Physik unserer Umwelt: Die Atmosphäre.* Berlin Heidelberg New York: Springer-Verlag, 2000.

van de Hulst, Hendric C. *Multiple light scattering: tables, formulas and applications.* New York: Academic Press, 1980.

Mehrfachstreuung

3

Inhaltsverzeichnis

Ergänzende Information Die elektronische Version dieses Kapitels enthält Zusatzmaterial, auf das über folgenden Link zugegriffen werden kann https://doi.org/10.1007/978-3-658-43176-1_3.

L. Hille, *Methodenvorschlag zur Berechnung der Sonneneinstrahlung für Prognosen*,
https://doi.org/10.1007/978-3-658-43176-1_3

Dieses Kapitel befasst sich mit der Berechnung der Strahlenverteilung bei einer mehrfachen Streuung. Im ersten Abschnitt werden einige aus der Literatur bekannte Tatsachen zur einfachen Lichtstreuung an atmosphärischen Partikeln zusammengefasst. Im zweiten Abschnitt wird dargelegt, warum es bei der Betrachtung der atmosphärischen Strahlung genügt, nur die Leistung der Strahlung zu kennen. Der dritte Abschnitt befasst sich mit Daten, die für die Berechnung der mehrfachen Streuung benötigt werden. Er beschreibt eine Methode, mit welcher aus der bekannten Strahlungsflussdichte der einfach gestreuten Strahlung Leistungsanteile berechnet werden, die in bestimmte Raumsektoren fließen. Im vierten Abschnitt wird ein Monte-Carlo-Simulationsverfahren zur Berechnung der mehrfachen Streuung in einem gleichmäßigen Nebel beschrieben. Die Ergebnisse der Simulation werden so aufbereitet, dass die Streustrahlung von vielen Teilchen durch eine Integration aufsummiert werden kann. Im fünften Abschnitt wird eine Modifikation dieses Monte-Carlo-Verfahrens beschrieben, die basierend auf Ergebnissen des Kap. 2 die mehrfache Lichtstreuung in einer nicht homogenen Umgebung simuliert.

3.1 Einfache Streuung

Die Sonnenstrahlen treffen auf ihrem Weg durch die Atmosphäre auf zahlreiche Teilchen, die die Strahlungsenergie aufnehmen und wieder ausstrahlen. Die Teilchengrößen variieren von Molekülen ($\sim 10^{-4}$ µm) über Aerosole ($\sim$ 0,1 µm), Wassertröpfchen ($\sim$ 10 µm), Eiskristalle ($\sim$ 100 µm) bis hin zu großen Regentropfen und Hagelkörnen ($\sim$ 1 cm). Die Art und Weise, in der ein Teilchen das Licht streut, hängt von dem Verhältnis dessen Größe zu der Wellenlänge des Lichts ab. Teilchen, die deutlich kleiner als die Wellenlänge sind, streuen gleich stark nach vorne und zurück. Größere Teilchen streuen das Licht überwiegend nach vorne und zeigen eine komplexe Abhängigkeit zwischen dem Streuwinkel und der Intensität der gestreuten Strahlung (Liou 2002).

Abhängig von der Größe der streuenden Teilchen werden zwei Arten der atmosphärischen Streuung unterschieden: Rayleigh-Streuung an Molekülen und kleinen Aerosolpartikeln und Mie-Streuung an Wassertröpfchen, Eiskristallen und größeren Aerosolpartikeln.

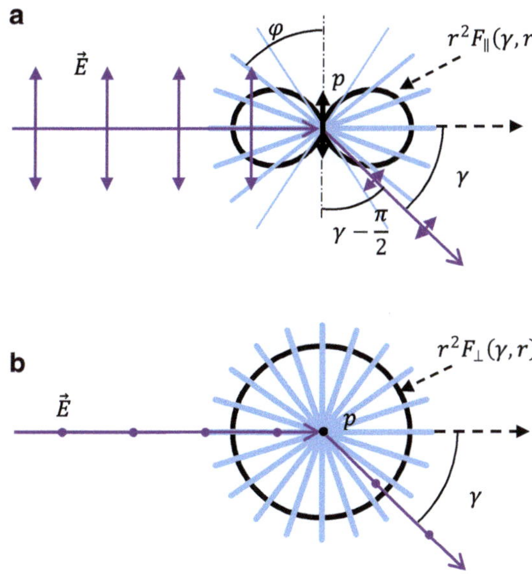

Abb. 3.1 Rayleigh-Streuung eines polarisierten Lichtstrahls: a) Das einfallende Licht ist parallel zur Streuebene polarisiert; b) Das einfallende Licht ist senkrecht zur Streuebene polarisiert

3.1.1 Rayleigh-Streuung

Die Rayleigh-Streuung ist die Lichtstreuung an regellos verteilten Teilchen, deren Durchmesser kleiner als ein Zehntel der Wellenlänge ist und deren durchschnittlicher Abstand im Vergleich zur Wellenlänge groß ist. Seinen Namen verdankt diese Streuung J. W. Rayleigh, der diese Art der Streuung laut Brockhaus-Enzyklopädie (1992) im Jahr 1871 mit Hilfe der Maxwellschen Gleichungen berechnet und eine Erklärung für das blaue Licht des Himmels gefunden hat.

Eine Streuung kommt zustande, weil Materie unter dem Einfluss eines elektromagnetischen Wechselfeldes periodisch polarisiert wird. Das elektrische Feld der einfallenden Strahlung bringt Elektronen eines angestrahlten Moleküls dazu, im Takt der Welle zu schwingen. Die schwingenden Elektronen entfernen sich so weit von ihren Atomkernen, dass das elektrische Feld der einfallenden Welle mit dem Gegenfeld eines aus Elektronen und Atomkernen bestehenden Dipols beinah ausgeglichen wird. Das hierbei entstehende maximale Dipolmoment p ist proportional zu der Amplitude der elektrischen Feldstärke und abhängig von der Polarisierbarkeit χ des Moleküls[1]:

$$p = \chi E. \tag{3.1}$$

Der Dipol aus Elektronen und Atomkernen schwingt mit der Kreisfrequenz der einfallenden Welle in der gleichen Richtung wie das E-Feld (Abb. 3.1 a). Der oszillierende

[1] Die Beschreibung der Rayleigh-Streuung in diesem Kapitel basiert auf (Gerthsen, Kneser und Vogel 1986) und (Lehner 1996). Die Darstellung der Lichtpolarisierung in den Graphiken wurde von (Tipler 1995) übernommen.

Dipol erzeugt ein elektromagnetisches Feld, das sich ausgehend von dem Dipol im Raum ausbreitet und von einem Beobachter als Strahlung wahrgenommen wird.

Die Strahlungsflussdichte F_s, die ein mit der Kreisfrequenz ω schwingender Dipol mit dem maximalen Dipolmoment p in einer von der Dipolrichtung um einen Winkel φ abweichenden Richtung und einer Entfernung r erzeugt, ist nach dem Hertzschen Gesetz proportional zu $\sin^2 \varphi$ und zu der vierten Potenz der Kreisfrequenz und umgekehrt proportional zu dem Quadrat der Entfernung:

$$F_s = \frac{p^2 \omega^4}{(4\pi)^2 \varepsilon_0 c^3 r^2} \sin^2 \varphi. \tag{3.2}$$

Hier ist c die Lichtgeschwindigkeit im Medium (Luft) und ε_0 die Influenzkonstante.

Der Dipol strahlt am stärksten in der Ebene, die durch die Mitte des Dipols senkrecht zur Dipolrichtung verläuft ($\varphi = \pi/2$). In die Richtung des Dipols strahlt er nicht (Abb. 3.1 a). Die Energie zum Erzeugen der Strahlung wird der einfallenden Welle entzogen, deren Strahlungsflussdichte F_i im Falle einer polarisierten Welle gleich

$$F_i = c\varepsilon_0 E^2 \tag{3.3}$$

ist.

Die Abb. 3.1 zeigt die Rayleigh-Streuung des polarisierten Lichts. In dem Bild a ist das einfallende Licht so polarisiert, dass das elektrische Feld $\overrightarrow{E}$ parallel zu der Bildebene schwingt. In dem Bild b ist die Polarisationsebene um 90° gedreht, das E-Feld schwingt senkrecht zu der Bildebene.

Die in der Abb. 3.1 a gezeigte Lichtstreuung in einer zur Polarisationsrichtung (Richtung des E-Feldes und des Dipols) parallelen Ebene, weist eine starke Abhängigkeit zwischen dem Streuwinkel γ und der Strahlungsflussdichte auf:

$$F_{s\parallel}(\gamma, r) = E^2 \frac{\chi^2 \omega^4}{(4\pi)^2 \varepsilon_0 c^3 r^2} \sin^2\left(\gamma - \frac{\pi}{2}\right) = F_i \frac{\chi^2 \omega^4}{(4\pi)^2 \varepsilon_0^2 c^4 r^2} \cos^2 \gamma = F_i \frac{\chi^2 \pi^2}{\varepsilon_0^2 \lambda^4 r^2} \cos^2 \gamma. \tag{3.4}$$

Hier ist $\lambda = \frac{2\pi c}{\omega}$ die Wellenlänge des einfallenden Lichts.

Bei einer zu der Streuebene (Ebene des einfallenden und gestreuten Strahls) senkrechten Polarisation (Abb. 3.1 b) ist die Strahlungsflussdichte bei jedem Streuwinkel γ gleich:

$$F_{s\perp}(\gamma, r) = E^2 \frac{\chi^2 \omega^4}{(4\pi)^2 \varepsilon_0 c^3 r^2} \sin^2 \frac{\pi}{2} = F_i \frac{\chi^2 \omega^4}{(4\pi)^2 \varepsilon_0^2 c^4 r^2} = F_i \frac{\chi^2 \pi^2}{\varepsilon_0^2 \lambda^4 r^2}. \tag{3.5}$$

Eine elektromagnetische Welle, deren elektrische Feldstärke $\overrightarrow{E}$ weder parallel noch senkrecht zu der Streuebene ist, kann stets als eine Summe aus einer Welle mit einem zu der Streuebene parallelen Feldstärkenvektor $\overrightarrow{E}_\parallel$ und einer Welle mit einer zu dieser Ebene senkrechten Feldstärke $\overrightarrow{E}_\perp$ dargestellt werden:

$$\overrightarrow{E} = \overrightarrow{E}_\parallel + \overrightarrow{E}_\perp. \tag{3.6}$$

Weil sich Wellen in ihrer Ausbreitung nicht stören, verhalten sich parallel und senkrecht polarisierte Wellen bei ihrem gemeinsamen genauso wie bei einem einzelnen Auftreten. Ihre Auslenkungen können aufgrund der ungestörten Superposition einfach addiert werden (sofern die Amplituden nicht so groß sind, dass sich die Eigenschaften des Mediums verändern).

Die Sonnenstrahlung ist unpolarisiert. Sie enthält das Licht von vielen Atomen. Die Wellen der einzelnen Atome haben jeweils eigene Polarisation und überlagern sich zu einer völlig ungeordneten Welle, in der jede Polarisationsrichtung mit gleicher Wahrscheinlichkeit vorkommt. Diese unpolarisierte Welle kann als Summe von zwei senkrecht zu einander polarisierten Wellen dargestellt werden. Ihre Leistung verteilt sich jeweils zur Hälfte auf beide Wellen.

Die Streuung des direkten Sonnenlichts kann deshalb aus der Streuung der Wellen mit paralleler und senkrechter Polarisation berechnet werden. Strahlung mit der Wellenlänge λ, die ein vom direkten Sonnenlicht angestrahltes Gasmolekül in einem Winkel γ streut, erzeugt in einer Entfernung r eine Strahlungsflussdichte

$$F_s(\gamma, r) = F_i \frac{\chi^2 \pi^2}{\varepsilon_0^2 \lambda^4 r^2} \frac{1 + \cos^2 \gamma}{2}. \tag{3.7}$$

Die Abb. 3.2 zeigt Rayleigh-Streuung des unpolarisierten Lichts. Das Streulicht verteilt sich rotationssymmetrisch um den einfallenden Strahl. Die Strahlungsflussdichte ist maximal in der Richtung des einfallenden Strahls ($\gamma = 0°$) und in der Gegenrichtung ($\gamma = 180°$). Senkrecht zur Einfallsrichtung wird am wenigsten gestreut. Das gesamte senkrecht zur Einfallsrichtung gestreute Licht ist polarisiert. In Vorwärts- und Rückwärtsrichtung ist das Streulicht im Falle unpolarisierten einfallenden Lichts ebenfalls unpolarisiert.

Weil die Strahlungsleistung des Hertzschen Dipols umgekehrt proportional zu λ^4 ist, wird das blaue Licht mit der Wellenlänge 0,44 µm achteinhalb Mal stärker gestreut als das rote Licht mit der Wellenlänge 0,75. Deshalb wird das blaue Licht fast vollständig in der Atmosphäre gestreut, während das rote Licht größtenteils als direktes Sonnenlicht an der Erdoberfläche ankommt.

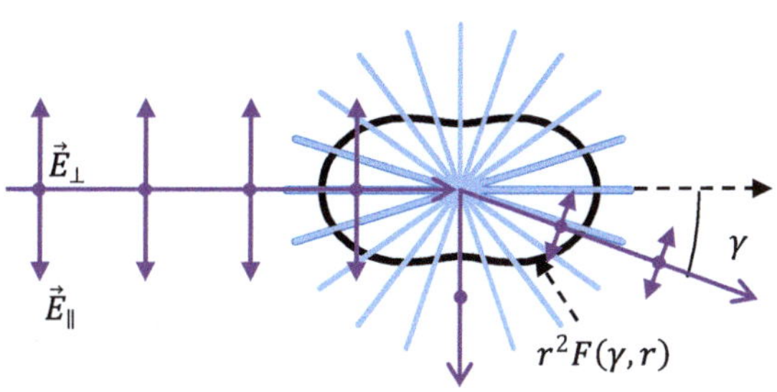

Abb. 3.2 Rayleigh-Streuung des unpolarisierten Lichts

3.1.2 Mie-Streuung

Die Streuung des Lichts an Teilchen, deren Größe im Vergleich zu der Wellenlänge nicht mehr klein ist, wird als Mie-Streuung bezeichnet. Die Streuung an einem solchen Teilchen kann als Strahlung von mehreren oszillierenden Dipolen verstanden werden, die jeweils in einem kleinen Abstand voneinander angeordnet sind und von der aufkommenden Welle zeitlich versetzt angeregt werden. Die Strahlung dieser Dipole überlagert sich und ergibt ein ähnliches Bild, wie die Lichtbrechung an einem kreisförmigen Loch: Interferenzbedingte Maxima und Minima wechseln sich bei zunehmendem Streuwinkel ab, in Vorwärtsrichtung gibt es ein ausgeprägtes Maximum (Roedel, Physik unserer Umwelt: Die Atmosphäre 2000).

Abb. 3.3 zeigt die Abhängigkeit der Energieflussdichte der gestreuten Strahlung von dem Streuwinkel. Die dargestellte Abhängigkeit wurde von der Software MiePlot (Laven 2021) mit Hilfe der Lorenz-Mie-Theorie berechnet. Der Begründer dieser Theorie Gustav Mie hat 1908 ein auf Maxwellschen Gleichungen basierendes Verfahren zur Berechnung der Lichtstreuung an kleinen Kugeln beschrieben (Mie 1908). In seiner Arbeit erwähnte er, dass Ludvig Lorenz in (Lorenz 1898) mit einem anderen Ansatz zu dem gleichen Ergebnis gekommen ist.

Das streuende Teilchen wird in der Lorenz-Mie-Theorie in der Regel als eine Kugel mit einem Radius a, einem Brechungsindex n und einem Absorptionsindex κ aufgefasst. Diese Kugel befindet sich in einem Medium mit einem Brechungsindex n_M und wird einer harmonischen elektromagnetischen Welle mit der Kreisfrequenz ω ausgesetzt. Die einfallende Welle wird in der klassischen Lorenz-Mie-Theorie als eine ebene Welle und in einer in (Gouesbet und Gréhan 2011) vorgestellten allgemeineren Fassung als ein Gauß-Strahl modelliert.

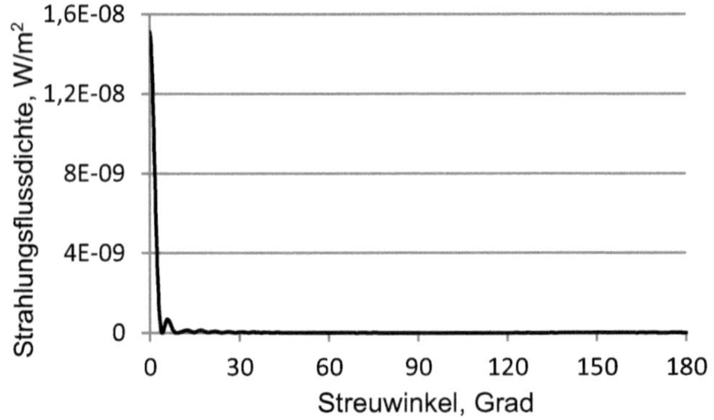

Abb. 3.3 Abhängigkeit der Strahlungsflussdichte von dem Streuwinkel. Der Streuwinkel $\gamma = 0°$ entspricht der Vorwärtsrichtung, $\gamma = 180°$ ist die Rückrichtung. Das streuende Partikel ist ein Wassertröpfchen mit dem Radius 5 µm. Das einfallende Licht hat die Wellenlänge 0,65 µm und die Strahlungsflussdichte 1 W/m^2. Die Strahlungsflussdichte des Streulichts wird in 1 m Entfernung von dem streuenden Partikel angegeben

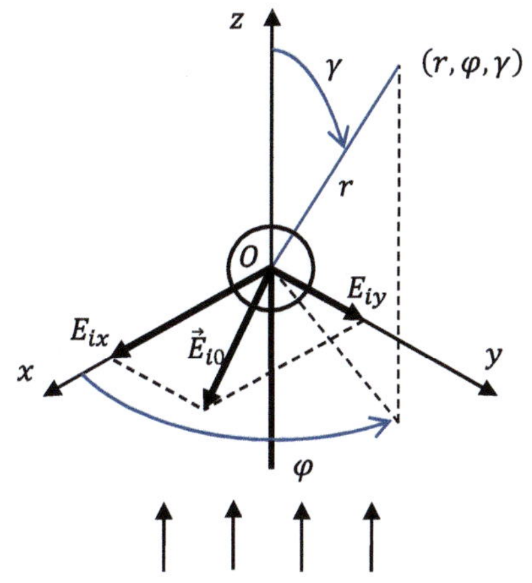

Abb. 3.4 Koordinatensysteme (O, x, y, z) und (O, r, φ, γ) werden an der Ausbreitungsrichtung der einfallenden Welle ausgerichtet. Ihr Ursprungspunkt O liegt in der Mitte des streuenden Teilchens. Die Vektoren $\overrightarrow{E}_{i0}$, $\overrightarrow{E}_{ix}$ und $\overrightarrow{E}_{iy}$ stellen die Amplitude der einfallenden Welle und ihre Projektionen auf Koordinatenebenen dar

Zum Beschreiben der einfallenden Welle wird ein rechtshändiges kartesisches Koordinatensystem (O, x, y, z) genutzt, dessen Ursprung in der Mitte des streuenden Teilchens liegt[2]. Zusätzlich wird ein Kugelkoordinatensystem (O, r, φ, γ) mit dem gleichen Ursprung verwendet (Abb. 3.4). Die Koordinate γ entspricht dem Winkel zwischen dem positiven Teil der Achse Oz und dem Strahl, der vom Koordinatenursprung zum Punkt (r, φ, γ) geht. Die Koordinate φ ist der Winkel, um den der positive Teil der Achse Ox in Richtung des y-Pfeils gedreht werden muss, um die Projektion des Punktes (r, φ, γ) auf die xy-Ebene zu erreichen. Die Koordinate r ist der Abstand des Punktes (r, φ, γ) von dem Koordinatenursprung.

Die einfallende Welle wird als eine ebene, linear polarisierte Welle modelliert. Sie breitet sich in die z-Richtung aus und wird mit der Wellengleichung

$$\overrightarrow{E}_i(t, z) = \overrightarrow{E}_{i0} e^{ikz - i\omega t} \tag{3.8}$$

beschrieben. Hierbei ist k die Wellenzahl, die sich aus dem Brechungsindex des Mediums $\mathrm{n_M}$, der Kreisfrequenz der Welle ω und der Lichtgeschwindigkeit c beziehungsweise aus der Wellenlänge λ berechnen lässt:

$$k = \mathrm{n_M} \frac{\omega}{c} = \mathrm{n_M} \frac{2\pi}{\lambda}. \tag{3.9}$$

[2] Die nachfolgende Beschreibung der Lorenz-Mie-Streuung basiert auf (Bohren und Huffman 1983).

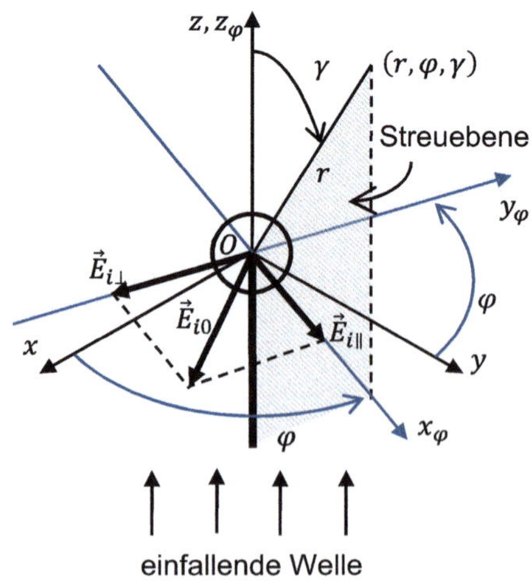

Abb. 3.5 Das Koordinatensystem $(O, x_\varphi, y_\varphi, z_\varphi)$ wird an der Streuebene ausgerichtet und ist im Vergleich zum Koordinatensystem (O, x, y, z) um einen Winkel φ gedreht. Die Vektoren $\overrightarrow{E}_{i\|}$ und $\overrightarrow{E}_{i\perp}$ stellen jeweils Amplituden einer parallel zur Streuebene und einer senkrecht zur Streuebene polarisierten Welle dar, die zusammen die einfallende Welle ergeben

Der Vektor $\overrightarrow{E}_{i0}$ mit

$$\overrightarrow{E}_{i0} = \begin{pmatrix} E_{ix} \\ E_{iy} \\ 0 \end{pmatrix} \tag{3.10}$$

beschreibt die Amplitude der elektrischen Feldstärke und ihre Schwingungsrichtung (Abb. 3.5 a).

Um die Feldstärke der gestreuten Strahlung in einem Punkt (r, φ, γ) zu berechnen, muss die Wellenausbreitung entlang der Streuebene betrachtet werden, die durch den Punkt (r, φ, γ), die Mitte der Kugel und die Achse z verläuft (Abb. 3.5). Hierfür wird ein neues Koordinatensystem $(O, x_\varphi, y_\varphi, z_\varphi)$ definiert, dessen $Ox_\varphi z_\varphi$-Ebene mit der Streuebene übereinstimmt. Die Achsen Ox_φ und Oy_φ sind gegenüber den Achsen Ox und Oy um einen Winkel φ gedreht, die Achse Oz_φ stimmt mit der Achse Oz überein (Abb. 3.5).

Die Amplitude der einfallenden Welle $\overrightarrow{E}_{i0}$ wird im Koordinatensystem $(O, x_\varphi, y_\varphi, z_\varphi)$ mit dem Vektor $(E_{i\|}, E_{i\perp}, 0)$ beschrieben, der sich aus dem Vektor $\vec{E}_{i0}$ mit Hilfe einer Rotationsmatrix berechnen lässt:

$$\begin{pmatrix} E_{i\|} \\ E_{i\perp} \\ 0 \end{pmatrix} = \begin{pmatrix} \cos\varphi & \sin\varphi & 0 \\ -\sin\varphi & \cos\varphi & 0 \\ 0 & 0 & 1 \end{pmatrix} \cdot \begin{pmatrix} E_{ix} \\ E_{iy} \\ 0 \end{pmatrix}. \tag{3.11}$$

Die einfallende Welle kann im Koordinatensystem $(O, x_\varphi, y_\varphi, z_\varphi)$ als eine Summe aus zwei Wellen dargestellt werden:

$$\overrightarrow{E}_i(t, z_\varphi) = \begin{pmatrix} E_{i\|} \\ 0 \\ 0 \end{pmatrix} e^{ikz_\varphi - i\omega t} + \begin{pmatrix} 0 \\ E_{i\perp} \\ 0 \end{pmatrix} e^{ikz_\varphi - i\omega t}. \tag{3.12}$$

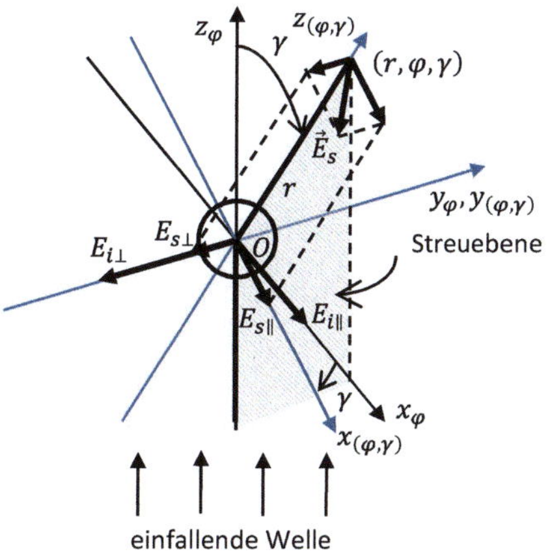

Abb. 3.6 Das Koordinatensystem $(O, x_{(\varphi,\gamma)}, y_{(\varphi,\gamma)}, z_{(\varphi,\gamma)})$ wird an der Ausbreitungsrichtung der gestreuten Welle ausgerichtet und ist im Vergleich zum Koordinatensystem $(O, x_\varphi, y_\varphi, z_\varphi)$ um einen Winkel γ gedreht

Die erste ist parallel zur Streuebene $x_\varphi z_\varphi$ polarisiert, die zweite ist senkrecht polarisiert.

Die Streuwelle, die sich vom Zentrum der Kugel über den Punkt (r, γ, φ) ausbreitet, wird in einem eigenen Koordinatensystem $(O, x_{(\varphi,\gamma)}, y_{(\varphi,\gamma)}, z_{(\varphi,\gamma)})$ beschrieben (Abb. 3.6). Die Achse $Oz_{(\varphi,\gamma)}$ zeigt die Ausbreitungsrichtung dieser Welle und bildet zusammen mit der Achse $Ox_{(\varphi,\gamma)}$ die Streuebene. Die Achse $Oy_{(\varphi,\gamma)}$ stimmt mit der Achse Oy_φ überein, die Achsen $Oz_{(\varphi,\gamma)}$ und $Ox_{(\varphi,\gamma)}$ sind gegenüber den Achsen Oz_φ und Ox_φ um den Streuwinkel γ gedreht. Die gestreute Welle breitet sich in die Richtung $z_{(\varphi,\gamma)}$ aus.

Die beiden parallel und senkrecht polarisierten Wellen behalten nach einer Streuung an einer Kugel ihre Polarisation. Die elektrische Feldstärke der parallel polarisierten Welle verändert ihre Schwingungsrichtung um einen Winkel γ und schwingt in einer hinreichend großen Entfernung von dem Streuzentrum in die Richtung $x_{(\varphi,\gamma)}$. Die elektrische Feldstärke der senkrecht polarisierten Welle behält ihre Schwingungsrichtung. In einer hinreichend großen Entfernung von dem Streuzentrum lässt sich die gestreute Strahlung als eine Kombination aus einer parallel zu der Streuebene polarisierten und einer senkrecht polarisierten Welle beschreiben:

$$\vec{E}_s\left(t, z_{(\varphi,\gamma)}\right) = \begin{pmatrix} E_{s\parallel} \\ 0 \\ 0 \end{pmatrix} e^{-i\alpha_\parallel} e^{ikz_{(\varphi,\gamma)} - i\omega t} + \begin{pmatrix} 0 \\ E_{s\perp} \\ 0 \end{pmatrix} e^{-i\alpha_\perp} e^{ikz_{(\varphi,\gamma)} - i\omega t}. \tag{3.13}$$

In der Abb. 3.6 sind elektrische Feldstärken der parallel und senkrecht polarisierten Streuwellen als Vektoren $\left(E_{s\parallel}, 0, 0\right)$ und $(0, E_{s\perp}, 0)$ dargestellt.

Die Amplituden und Phasen der Streuwellen werden aus Amplituden der einfallenden Wellen mit Hilfe von Amplitudenstreufunktionen $S_j(\gamma, \varphi)$ mit $j = 1, .., 4$ berechnet:

$$\begin{pmatrix} E_{s\perp} e^{-i\alpha_\perp} \\ E_{s\parallel} e^{-i\alpha_\parallel} \end{pmatrix} = -\frac{1}{ikr} \begin{pmatrix} S_1(\gamma, \varphi) & S_4(\gamma, \varphi) \\ S_3(\gamma, \varphi) & S_2(\gamma, \varphi) \end{pmatrix} \begin{pmatrix} E_{i\perp} \\ E_{i\parallel} \end{pmatrix}. \tag{3.14}$$

Für kugelförmige Partikel gilt aufgrund der Symmetrie

$$S_3(\gamma,\varphi) = S_4(\gamma,\varphi) = 0$$

und

$$S_1(\gamma,\varphi) = S_1(\gamma,0), \quad S_2(\gamma,\varphi) = S_2(\gamma,0) \quad \textit{für alle } \varphi \in [0,2\pi].$$

Um Amplitudenstreufunktionen $S_j(\gamma,\varphi)$ zu berechnen, wird in der Lorenz-Mie-Theorie ein System von Differentialgleichungen gelöst. Diese Gleichungen besagen, das elektrische und magnetische Felder in dem streuenden Teilchen und außerhalb dieses Teilchens keine Quellen und Senken besitzen und an der Oberfläche des Teilchens die Feldstärken der inneren und äußeren Felder gleich sind.

Die Berechnung der Amplitudenstreufunktionen $S_j(\gamma,\varphi)$ wird in dem Buch von van de Hulst (1981) ausführlich behandelt. Bohren und Huffman (1983) befassen sich ebenfalls mit Amplitudenstreufunktionen und ihre Arbeit enthält ein Fortran-Programm zu deren Berechnung. An dieser Stelle soll nicht näher auf die Berechnung dieser Funktionen eingegangen werden, sondern nur ihre Anwendung zur Berechnung der mehrfachen Streuung diskutiert werden.

Die Werte der Amplitudenstreufunktionen $S_j(\gamma,\varphi)$ hängen von folgenden Faktoren ab:

- Verhältnis zwischen dem Durchmesser des streuenden Teilchens und der Wellenlänge des Lichts;
- Form des streuenden Teilchens;
- Verhältnis zwischen dem Brechungsindex des streuenden Teilchens und dem Brechungsindex des Mediums;
- Absorptionsindex des streuenden Teilchens.

Die Strahlungsflussdichte einer transversalen elektromagnetischen Welle ist nach (3.3) proportional zum Quadrat der Amplitude seiner elektrischen Feldstärke. Die Strahlungsflussdichte des gestreuten Lichts in einer Entfernung r kann deshalb mit Hilfe der Amplitudenstreufunktionen $S_j(\gamma,\varphi)$ aus der Flussdichte der einfallenden Strahlung berechnet werden. Für eine Kugel ist:

$$F_{s\perp}(r,\gamma) = \frac{|S_1(\gamma,\varphi)|^2}{k^2r^2} F_{i\perp}, \quad F_{s\parallel}(r,\gamma) = \frac{|S_2(\gamma,\varphi)|^2}{k^2r^2} F_{i\parallel}. \tag{3.15}$$

Hierbei sind $F_{i\perp}$ und $F_{i\parallel}$ Strahlungsflussdichten der senkrecht bzw. parallel polarisierten einfallenden Wellen und $F_{s\perp}$ und $F_{s\parallel}$ Strahlungsflussdichten der senkrecht bzw. parallel polarisierten Streuwellen.

Die Gesamtmenge der Energie, die das streuende Teilchen der einfallenden Welle entzieht, übersteigt die Menge der gestreuten Energie. Ein Teil der aufgenommenen Energie wird in eine andere Form (hauptsächlich in Wärme) umgewandelt. Diese Energieumwandlung wird als Absorption bezeichnet.

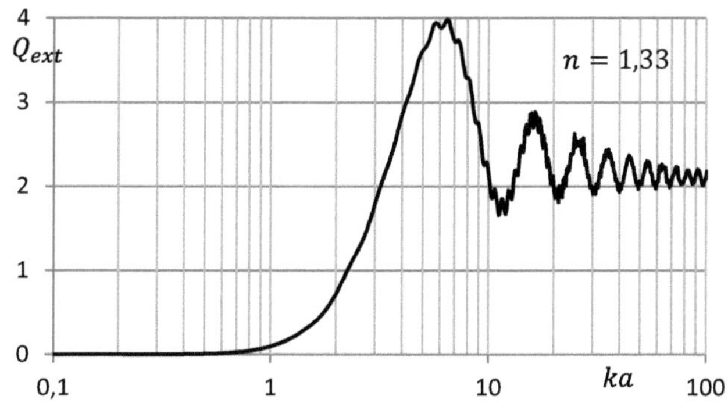

Abb. 3.7 Extinktionseffizienz eines Wassertröpfchens in Abhängigkeit von seiner Größe (berechnet von der Software MiePlot (Laven 2021) für die Wellenlänge 0,65 µm). Die Werte auf der horizontalen Achse zeigen das Verhältnis zwischen dem Radius a des streuenden Teilchen und der Wellenlänge des Lichts $ka = n_M \frac{2\pi a}{\lambda}$

Die Leistung, die ein streuendes Teilchen der einfallenden Welle entzieht, ist in der Regel größer als der Strahlungsfluss, der geometrisch gesehen auf die Querschnittsfläche dieses Teilchens fällt. Der Quotient des Extinktionswirkungsquerschnitts (Abschn. 2.2) zu der geometrischen Querschnittsfläche

$$Q_{ext} = \frac{\sigma_{ext}}{\pi a^2} \tag{3.16}$$

wird als *Extinktionseffizienz* bezeichnet. Die Extinktionseffizienz hängt von dem Verhältnis zwischen der Teilchengröße und der Wellenlänge des Lichts ab und zeigt starke interferenzbedingte Schwankungen (Abb. 3.7). Für große Teilchen konvergiert sie gegen zwei (H. C. van de Hulst 1981).

Neben der Extinktionseffizienz werden auch Streueffizienz und Absorptionseffizienz unterschieden. Die *Streueffizienz* ist der Quotient des Streuwirkungsquerschnitts zu der geometrischen Querschnittsfläche

$$Q_{sca} = \frac{\sigma_{sca}}{\pi a^2}. \tag{3.17}$$

Die *Absorptionseffizienz* ist der Quotient des Absorptionswirkungsquerschnitts zu dieser Fläche:

$$Q_{abs} = \frac{\sigma_{abs}}{\pi a^2}. \tag{3.18}$$

Ebenso wie die Amplitudenstreufunktionen $S_j(\gamma, \varphi)$ lassen sich die Extinktions-, Streu- und Absorptionseffizienz nicht mit einer analytischen Funktion ausdrücken, sondern nur für einzelne Punkte numerisch berechnen.

3.1.3 Lichtstreuung an Eiskristallen und Aerosolpartikeln

Die Grundgleichungen der Mie-Theorie gelten für alle von einer elektromagnetischen Welle erfassten Teilchen. Allerdings sind die Lösungen dieser Gleichungen nur für einige einfachen Teilchenformen bekannt. Viele in der Atmosphäre vorkommenden Teilchen haben komplexere Formen.

Wolken in einer großen Höhe bestehen aus winzigen Eiskristallen. Die Form und die Größe dieser Kristalle hängt von der Temperatur und der relativen Feuchtigkeit ab, aber auch davon, ob diese Kristalle mit einander kollidieren und sich verbinden. Eiskristalle sind etwa hundert Mal größer als die Wellenlänge des sichtbaren Lichts. Sie haben ebene Flächen und streuen das Licht anders als kugelförmige Teilchen. In (Liou 2002) wird deshalb eine auf geometrischer Optik und Monte-Carlo-Simulation basierende Methode zur Berechnung der Lichtstreuung präsentiert, die für Eiskristalle genauere Ergebnisse als die Lorenz-Mie-Theorie erzielt.

Auch Aerosole ähneln selten einer Kugel. Sie bestehen aus verschiedenen Materialien (wasserlösliche Stoffe, Staub, Russ, Mineralien) und haben unterschiedliche Formen und Größen. Das Material und die Größe der Teilchen haben einen starken Einfluss auf die Lichtstreuung. Bei größeren Teilchen spielt laut (Liou 2002) auch die Form eine Rolle.

3.2 Elliptisch polarisierte Wellen und natürliches Licht

Senkrecht und parallel polarisierte Wellen werden auf unterschiedliche Weise gestreut. Aus diesem Grund haben sie nach einer Streuung in der Regel unterschiedliche Phasen und Amplituden, auch dann, wenn Amplituden und Phasen der einfallenden Wellen gleich sind. Für die Berechnung einer mehrfachen Streuung ist es aus diesem Grund wichtig zu klären, welchen Einfluss eine Phasendifferenz auf das Ergebnis einer Streuung hat.

Um diese Frage zu beantworten, wird eine elliptisch polarisierte Welle betrachtet. Eine *elliptisch polarisierte Welle* kann laut (Gerthsen et al. 1986) als eine Summe von zwei senkrecht zu einander schwingenden linear polarisierten Wellen mit einer Phasendifferenz α beschrieben werden.

Wir betrachten die Lichtstreuung aus Abschn. 3.1.2 und nehmen an, dass sich die Phasen der einfallenden Wellen mit der Polarisationsrichtung x und y um einen Winkel α unterscheiden. Sei F_{ix} die Strahlungsflussdichte der in Richtung x polarisierten Welle und F_{iy} die Strahlungsflussdichte der Welle mit der Polarisationsrichtung y. Die Amplituden der elektrischen Feldstärke lassen sich wegen (3.3) als

$$E_{ix} = \sqrt{\frac{F_{ix}}{c\varepsilon_0}}, \quad E_{iy} = e^{i\alpha}\sqrt{\frac{F_{iy}}{c\varepsilon_0}} = \sqrt{\frac{F_{iy}}{c\varepsilon_0}}(\cos\alpha + i\sin\alpha)$$

ausdrücken. Um die Strahlungsflussdichte des gestreuten Lichts in einem Punkt (r, φ, γ) bestimmen zu können, muss die Feldstärke der einfallenden Welle nach der Formel

(3.11) in einem an die Streuebene gebundenen Koordinatensystem $\left(x_\varphi, y_\varphi, z_\varphi\right)$ ausgedrückt werden:

$$E_{i\|}(\varphi) = E_{ix}\cos\varphi + E_{iy}\sin\varphi = \sqrt{\frac{F_{ix}}{c\varepsilon_0}}\cos\varphi + \sqrt{\frac{F_{iy}}{c\varepsilon_0}}\cos\alpha\sin\varphi + i\sqrt{\frac{F_{iy}}{c\varepsilon_0}}\sin\alpha\sin\varphi,$$

$$E_{i\perp}(\varphi) = -E_{ix}\sin\varphi + E_{iy}\cos\varphi = -\sqrt{\frac{F_{ix}}{c\varepsilon_0}}\sin\varphi + \sqrt{\frac{F_{iy}}{c\varepsilon_0}}\cos\alpha\cos\varphi + i\sqrt{\frac{F_{iy}}{c\varepsilon_0}}\sin\alpha\cos\varphi.$$

Demzufolge sind Strahlungsflussdichten der parallel und senkrecht polarisierten Wellen im Falle einer elliptisch polarisierten einfallenden Welle abhängig von der Phasendifferenz α:

$$\begin{aligned} F_{i\|}(\varphi) &= c\varepsilon_0\left|E_{i\|}(\varphi)\right|^2 = \left(\sqrt{F_{ix}}\cos\varphi + \sqrt{F_{iy}}\cos\alpha\sin\varphi\right)^2 + \left(\sqrt{F_{iy}}\sin\alpha\sin\varphi\right)^2 \\ &= F_{ix}\cos^2\varphi + 2\sqrt{F_{ix}F_{iy}}\cos\alpha\sin\varphi\cos\varphi + F_{iy}\sin^2\varphi, \end{aligned}$$

$$\begin{aligned} F_{i\perp}(\varphi) &= c\varepsilon_0|E_{i\perp}(\varphi)|^2 = \left(-\sqrt{F_{ix}}\sin\varphi + \sqrt{F_{iy}}\cos\alpha\cos\varphi\right)^2 + \left(\sqrt{F_{iy}}\sin\alpha\cos\varphi\right)^2 \\ &= F_{ix}\sin^2\varphi - 2\sqrt{F_{ix}F_{iy}}\cos\alpha\sin\varphi\cos\varphi + F_{iy}\cos^2\varphi. \end{aligned}$$

Das natürliche Licht ist unpolarisiert. Es kann als eine Summe von zwei senkrecht zu einander schwingenden Wellen mit gleicher Leistung und einer zufällig wechselnden Phasendifferenz verstanden werden. Jeder Wert α zwischen 0 und 2π kommt im natürlichen Licht mit gleicher Häufigkeit vor. Der durchschnittliche Wert $\cos\alpha$ ist:

$$\overline{\cos\alpha} = \frac{1}{\alpha}\int_0^{2\pi}\cos\alpha d\alpha = \frac{1}{\alpha}(\sin 2\pi - \sin 0) = 0.$$

Deshalb sind die durchschnittlichen Strahlungsflussdichten der parallel und senkrecht polarisierten einfallenden Wellen bei einer natürlichen Strahlung gleich

$$F_{i\|}(\varphi) = F_{ix}\cos^2\varphi + F_{iy}\sin^2\varphi, \quad F_{i\perp}(\varphi) = F_{ix}\sin^2\varphi + F_{iy}\cos^2\varphi. \tag{3.19}$$

Das heißt, die Phasendifferenz hat bei einem natürlichen Licht keinen Einfluss auf die Verteilung der gestreuten Strahlung.

3.3 Verteilen der Leistung bei einer einfachen Streuung

Die Flussdichte der Strahlung, die nach einer Streuung im Punkt $(0, 0, 0)$ in Abwesenheit weiterer Streuzentren in einem Punkt (r, φ, γ) ankommt, kann für ein bekanntes streuendes Teilchen mit Hilfe der Lorenz-Mie-Theorie oder mit der Rayleigh-Formel aus der Energieflussdichte der im Punkt $(0, 0, 0)$ einfallenden Strahlung berechnet werden.

Im Abschn. 3.4 wird ein Simulationsverfahren zur Berechnung der mehrfachen Streuung vorgestellt. Dieses Verfahren simuliert eine Streuung, indem es den Raum in Sektoren aufteilt und eine kleine Energiemenge umso öfter in einen Sektor schickt, je mehr Leistung bei einer einfachen Streuung in diesen Sektor fließt. Um Lichtstreuung auf diese Weise zu simulieren, muss bekannt sein, welche Leistung Strahlen tragen, die sich nach einer Streuung im Punkt $(0, 0, 0)$ in dem Azimutsektor $[\varphi_1, \varphi_2]$ ausbreiten und einen Winkel aus $\left[\gamma_1, \gamma_2\right]$ zu dem einfallenden Licht bilden. Für ein bestimmtes streuendes Teilchen kann die Leistung dieser Strahlen für senkrechte und parallele Polarisierung jeweils mit einem Doppelintegral ausgedrückt werden:

$$\begin{aligned}
\Phi_{\perp}(\varphi_1, \varphi_2, \gamma_1, \gamma_2) &= \int_{\varphi_1}^{\varphi_2} \int_{\gamma_1}^{\gamma_2} F_{s\perp}(r, \varphi, \gamma) r^2 \sin\gamma \, d\gamma \, d\varphi, \\
\Phi_{\parallel}(\varphi_1, \varphi_2, \gamma_1, \gamma_2) &= \int_{\varphi_1}^{\varphi_2} \int_{\gamma_1}^{\gamma_2} F_{s\parallel}(r, \varphi, \gamma) r^2 \sin\gamma \, d\gamma \, d\varphi.
\end{aligned} \tag{3.20}$$

Hierbei bezeichnen $F_{s\perp}(r, \varphi, \gamma)$ und $F_{s\parallel}(r, \varphi, \gamma)$ die Strahlungsflussdichten des gestreuten Lichts mit einer zu der Streuebene senkrechten beziehungsweise zu dieser Ebene parallelen Polarisation.

3.3.1 Leistungsverteilung bei Mie-Streuung

Durch Anwenden der Lorenz-Mie-Theorie werden für einige diskrete Streuwinkel

$$\widehat{\gamma}_i = i\Delta\gamma, \quad i \in \mathbb{N}_0 \tag{3.21}$$

Amplitudenstreufunktionen für die senkrechte und parallele Polarisation $S_1\left(\widehat{\gamma}_i, 0\right)$ und $S_2\left(\widehat{\gamma}_i, 0\right)$ bestimmt. Das Kombinieren dieser Amplitudenstreufunktionen mit den entsprechenden Flussdichten der einfallenden Strahlung $F_{i\perp}(\varphi)$ bzw. $F_{i\parallel}(\varphi)$, der Wellenzahl k und der Entfernung r ergibt die Flussdichten der gestreuten Strahlung mit der senkrechten und parallelen Polarisation für diskrete Streuwinkel $\widehat{\gamma}_i$:

$$F_{s\perp}\left(r, \varphi, \widehat{\gamma}_i\right) = \frac{\left|S_1\left(\widehat{\gamma}_i, 0\right)\right|^2}{k^2 r^2} F_{i\perp}(\varphi), \quad F_{s\parallel}\left(r, \varphi, \widehat{\gamma}_i\right) = \frac{\left|S_2\left(\widehat{\gamma}_i, 0\right)\right|^2}{k^2 r^2} F_{i\parallel}(\varphi).$$

Die Veränderung der Strahlungsflussdichten $F_{s\perp}(r, \varphi, \gamma)$ und $F_{s\parallel}(r, \varphi, \gamma)$ in Sektoren zwischen den Streuwinkeln $\widehat{\gamma}_i$ und $\widehat{\gamma}_{i+1}$ kann mit Hilfe der linearen Interpolation abgeschätzt werden:

$$\begin{aligned}
F_{s\perp}(r, \varphi, \gamma) &\approx \left(\left|S_1\left(\widehat{\gamma}_i, 0\right)\right|^2 + \left(\gamma - \widehat{\gamma}_i\right) \frac{\left|S_1\left(\widehat{\gamma}_{i+1}, 0\right)\right|^2 - \left|S_1\left(\widehat{\gamma}_i, 0\right)\right|^2}{\widehat{\gamma}_{i+1} - \widehat{\gamma}_i} \right) \cdot \frac{F_{i\perp}(\varphi)}{k^2 r^2}, \\
F_{s\parallel}(r, \varphi, \gamma) &\approx \left(\left|S_2\left(\widehat{\gamma}_i, 0\right)\right|^2 + \left(\gamma - \widehat{\gamma}_i\right) \frac{\left|S_2\left(\widehat{\gamma}_{i+1}, 0\right)\right|^2 - \left|S_2\left(\widehat{\gamma}_i, 0\right)\right|^2}{\widehat{\gamma}_{i+1} - \widehat{\gamma}_i} \right) \cdot \frac{F_{i\parallel}(\varphi)}{k^2 r^2} \\
&\mathit{für\ alle}\ \gamma \in \left[\widehat{\gamma}_i, \widehat{\gamma}_{i+1}\right].
\end{aligned} \tag{3.22}$$

Das Integral über das Streuwinkelintervall $[\gamma_1, \gamma_2]$ lässt sich mit dieser Interpolation als eine Summe der Integrale über Streuwinkelintervalle $[\widehat{\gamma}_i, \widehat{\gamma}_{i+1}]$ darstellen. Für die senkrechte Polarisation ist:

$$\begin{aligned}
&\int_{\gamma_1}^{\gamma_2} F_{s\perp}(r,\varphi,\gamma) r^2 \sin\gamma d\gamma \\
&\approx \sum_{i=\lfloor \frac{\gamma_1}{\Delta\gamma} \rfloor}^{\lceil \frac{\gamma_2}{\Delta\gamma} \rceil - 1} \int_{\max\{\gamma_1,\widehat{\gamma}_i\}}^{\min\{\gamma_2,\widehat{\gamma}_{i+1}\}} \left(|S_1(\widehat{\gamma}_i,0)|^2 + (\gamma - \widehat{\gamma}_i) \frac{|S_1(\widehat{\gamma}_{i+1},0)|^2 - |S_1(\widehat{\gamma}_i,0)|^2}{\widehat{\gamma}_{i+1} - \widehat{\gamma}_i} \right) \\
&\cdot \frac{F_{i\perp}(\varphi)}{k^2} \cdot \sin\gamma d\gamma .
\end{aligned} \tag{3.23}$$

Das Integral in dieser Summe kann mit Hilfe der partiellen Integration gelöst werden:

$$\begin{aligned}
&\int_{\max\{\gamma_1,\widehat{\gamma}_i\}}^{\min\{\gamma_2,\widehat{\gamma}_{i+1}\}} \left(A_{1,i}^2 + (\gamma - \widehat{\gamma}_i) \frac{A_{1,i+1}^2 - A_{1,i}^2}{\widehat{\gamma}_{i+1} - \widehat{\gamma}_i} \right) \cdot \frac{F_{i\perp}(\varphi)}{k^2} \sin\gamma d\gamma \\
&= \left[-\left(A_{1,i}^2 + (\gamma - \widehat{\gamma}_i) \frac{A_{1,i+1}^2 - A_{1,i}^2}{\widehat{\gamma}_{i+1} - \widehat{\gamma}_i} \right) \cdot \frac{F_{i\perp}(\varphi)}{k^2} \cos\gamma \right]_{\max\{\gamma_1,\widehat{\gamma}_i\}}^{\min\{\gamma_2,\widehat{\gamma}_{i+1}\}} \\
&\quad + \int_{\max\{\gamma_1,\widehat{\gamma}_i\}}^{\min\{\gamma_2,\widehat{\gamma}_{i+1}\}} \frac{A_{1,i+1}^2 - A_{1,i}^2}{\widehat{\gamma}_{i+1} - \widehat{\gamma}_i} \cdot \frac{F_{i\perp}(\varphi)}{k^2} \cos\gamma d\gamma \\
&= \frac{F_{i\perp}(\varphi)}{k^2} \left[-\left(A_{1,i}^2 + (\gamma - \widehat{\gamma}_i) \frac{A_{1,i+1}^2 - A_{1,i}^2}{\widehat{\gamma}_{i+1} - \widehat{\gamma}_i} \right) \cos\gamma \right]_{\max\{\gamma_1,\widehat{\gamma}_i\}}^{\min\{\gamma_2,\widehat{\gamma}_{i+1}\}} \\
&\quad + \frac{F_{i\perp}(\varphi)}{k^2} \left[\frac{A_{1,i+1}^2 - A_{1,i}^2}{\widehat{\gamma}_{i+1} - \widehat{\gamma}_i} \sin\gamma \right]_{\max\{\gamma_1,\widehat{\gamma}_i\}}^{\min\{\gamma_2,\widehat{\gamma}_{i+1}\}} \\
&= \frac{F_{i\perp}(\varphi)}{k^2} \left(f(S_1, i, \max\{\gamma_1, \widehat{\gamma}_i\}) - f(S_1, i, \min\{\gamma_2, \widehat{\gamma}_{i+1}\}) \right) \\
&\text{mit} \qquad A_{1,i} = |S_1(\widehat{\gamma}_i, 0)| .
\end{aligned}$$

Hierbei bezeichnet f die Funktion

$$f(S_q, i, \gamma) = |S_q(\widehat{\gamma}_i,0)|^2 \cos\gamma + \frac{|S_q(\widehat{\gamma}_{i+1},0)|^2 - |S_q(\widehat{\gamma}_i,0)|^2}{\widehat{\gamma}_{i+1} - \widehat{\gamma}_i} \left((\gamma - \widehat{\gamma}_i) \cos\gamma - \sin\gamma \right). \tag{3.24}$$

Die Doppelintegrale aus (3.20) können mit dieser Funktion als

$$\Phi_\perp(\varphi_1,\varphi_2,\gamma_1,\gamma_2) \approx \frac{1}{k^2} \sum_{i=\lfloor \frac{\gamma_1}{\Delta\gamma} \rfloor}^{\lceil \frac{\gamma_2}{\Delta\gamma} \rceil - 1} \left(f\left(S_1, i, \max\left\{\gamma_1, \widehat{\gamma}_i\right\}\right) - f\left(S_1, i, \min\left\{\gamma_2, \widehat{\gamma}_{i+1}\right\}\right)\right) \cdot \int_{\varphi_1}^{\varphi_2} F_{i\perp}(\varphi) d\varphi,$$

$$\Phi_\parallel(\varphi_1,\varphi_2,\gamma_1,\gamma_2) \approx \frac{1}{k^2} \sum_{i=\lfloor \frac{\gamma_1}{\Delta\gamma} \rfloor}^{\lceil \frac{\gamma_2}{\Delta\gamma} \rceil - 1} \left(f\left(S_2, i, \max\left\{\gamma_1, \widehat{\gamma}_i\right\}\right) - f\left(S_2, i, \min\left\{\gamma_2, \widehat{\gamma}_{i+1}\right\}\right)\right) \cdot \int_{\varphi_1}^{\varphi_2} F_{i\parallel}(\varphi) d\varphi \tag{3.25}$$

ausgedrückt werden.

Die Funktionen $F_{i\perp}(\varphi)$ und $F_{i\parallel}(\varphi)$ in verbliebenen Integralen beschreiben die Strahlungsflussdichten der einfallenden Wellen mit einer zu der Streuebene $y = x \tan\varphi$ senkrechten bzw. parallelen Polarisation. Wie im Abschn. 3.2 gezeigt, lassen sich diese Strahlungsflussdichten als

$$F_{i\perp}(\varphi) = F_{ix}\sin^2\varphi + F_{iy}\cos^2\varphi, \quad F_{i\parallel}(\varphi) = F_{ix}\cos^2\varphi + F_{iy}\sin^2\varphi$$

aus Strahlungsflussdichten der einfallenden Wellen mit der x- und y-Polarisation berechnen. Das Integral

$$\int_{\varphi_1}^{\varphi_2} F_{i\perp}(\varphi)\mathrm{d}\varphi = \int_{\varphi_1}^{\varphi_2} \left(F_{ix}\sin^2\varphi + F_{iy}\cos^2\varphi\right)\mathrm{d}\varphi$$

kann mit Hilfe der trigonometrischen Umformungen

$$\sin^2\varphi = \frac{1}{2} - \frac{1}{2}\cos^2\varphi + \frac{1}{2}\sin^2\varphi = \frac{1}{2} - \frac{1}{2}\cos 2\varphi,$$

$$\cos^2\varphi = \frac{1}{2} - \frac{1}{2}\sin^2\varphi + \frac{1}{2}\cos^2\varphi = \frac{1}{2} + \frac{1}{2}\cos 2\varphi$$

gelöst werden:

$$\begin{aligned}
\int_{\varphi_1}^{\varphi_2} F_{i\perp}(\varphi)d\varphi &= \int_{\varphi_1}^{\varphi_2} \left(F_{ix}\sin^2\varphi + F_{iy}\cos^2\varphi\right)\mathrm{d}\varphi \\
&= \int_{\varphi_1}^{\varphi_2} \left(F_{ix}\left(\frac{1}{2} - \frac{1}{2}\cos 2\varphi\right) + F_{iy}\left(\frac{1}{2} + \frac{1}{2}\cos 2\varphi\right)\right)\mathrm{d}\varphi \\
&= \left[F_{ix}\left(\frac{\varphi}{2} - \frac{1}{4}\sin 2\varphi\right) + F_{iy}\left(\frac{\varphi}{2} + \frac{1}{4}\sin 2\varphi\right)\right]_{\varphi_1}^{\varphi_2} = g\left(F_{ix}, F_{iy}, \varphi_1, \varphi_2\right).
\end{aligned} \tag{3.26}$$

Hierbei bezeichnet $g : \mathbb{R}^4 \to \mathbb{R}$ die Funktion

$$g(a,b,\varphi_1,\varphi_2) = \frac{a+b}{2} \cdot (\varphi_2 - \varphi_1) + \frac{b-a}{4} \cdot (\sin 2\varphi_2 - \sin 2\varphi_1) \tag{3.27}$$

Die Leistung der Strahlung, die sich nach der Streuung in dem Punkt $(0,0,0)$ in dem Raumsektor mit dem Azimut $[\varphi_1, \varphi_2]$ und dem Streuwinkel $\left[\gamma_1, \gamma_2\right]$ ausbreitet, beträgt für senkrecht polarisierte Wellen

$$\Phi_\perp\left(\varphi_1,\varphi_2,\gamma_1,\gamma_2,F_{ix},F_{iy}\right) \approx \frac{1}{k^2} g\left(F_{ix},F_{iy},\varphi_1,\varphi_2\right) \cdot \sum_{i=\lfloor \frac{\gamma_1}{\Delta\gamma} \rfloor}^{\lceil \frac{\gamma_2}{\Delta\gamma} \rceil - 1} \left(f\left(S_1,i,\max\left\{\gamma_1,\widehat{\gamma}_i\right\}\right) - f\left(S_1,i,\min\left\{\gamma_2,\widehat{\gamma}_{i+1}\right\}\right)\right) \tag{3.28}$$

und für parallel polarisierte Wellen:

$$\Phi_\parallel\left(\varphi_1,\varphi_2,\gamma_1,\gamma_2,F_{ix},F_{iy}\right) \approx \frac{1}{k^2} g\left(F_{iy},F_{ix},\varphi_1,\varphi_2\right) \cdot \sum_{i=\lfloor \frac{\gamma_1}{\Delta\gamma} \rfloor}^{\lceil \frac{\gamma_2}{\Delta\gamma} \rceil - 1} \left(f\left(S_2,i,\max\left\{\gamma_1,\widehat{\gamma}_i\right\}\right) - f\left(S_2,i,\min\left\{\gamma_2,\widehat{\gamma}_{i+1}\right\}\right)\right). \tag{3.29}$$

Alle Winkel in diesen Formeln müssen in Radiant angegeben werden.

Die Abb. 3.8 zeigt eine mit diesen Formeln berechnete Verteilung der gestreuten Leistung. Für diese Beispielrechnung wurden Amplitudenstreufunktionen verwendet, die von der Software MiePlot (Laven 2021) für die Streuung des Lichts mit der Wellenlänge 0,65 µm an einem Wassertröpfchen mit dem Radius 5 µm berechnet wurden. Der Azimutsektor erstreckt sich von 0 bis 2π. Die Strahlungsflussdichten der einfallenden Strahlung sind $F_{ix} = 0{,}8\frac{W}{m^2}$ und $F_{iy} = 0{,}6\frac{W}{m^2}$. Die Graphik zeigt für alle $j = 1,\ldots,180$ die Leistung der gestreuten Wellen beider Polarisationsrichtungen, die sich in einem Winkel von $j-1$ bis j Grad zu der Einfallsrichtung ausbreiten.

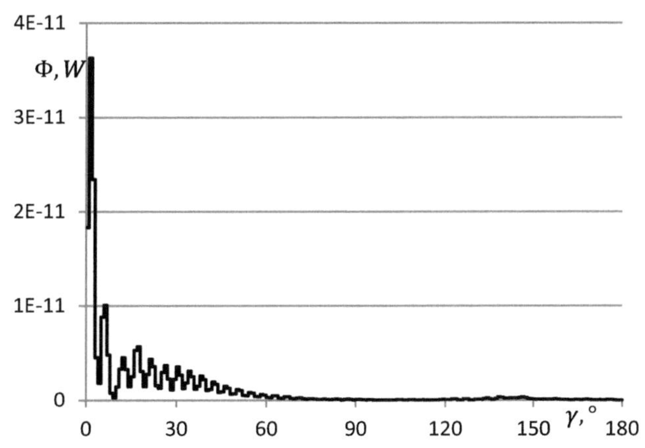

Abb. 3.8 Histogramm der gestreuten Leistung. Die Fläche zwischen der Kurve und der horizontalen Achse gibt für alle i = 1,…,180 den Strahlungsfluss an, der sich nach einer Streuung des Lichts mit der Wellenlänge 0,65 µm an einem Wassertröpfchen mit dem Radius 5 µm in Richtungen mit Streuwinkeln von i–1 bis i Grad ausbreitet

Die Wellenlänge und die Tröpfchengröße in diesem Beispiel sind identisch mit denjenigen in Abb. 3.3. Bei einem Vergleich der beiden Abbildungen fällt auf, dass in einem Winkel von 0–1° weniger Leistung gestreut wird als in einem Winkel von 1–2°, obwohl die maximale Strahlungsflussdichte bei einem Streuwinkel von 0° erreicht wird. Das erklärt sich damit, dass die Fläche, auf der diese hohe Strahlungsflussdichte in einer Entfernung r erzeugt wird, deutlich kleiner ist als die Fläche, auf der die Strahlung mit Streuwinkeln von 1–2° ankommt. Die kleinen Maxima der Strahlungsflussdichte bei Streuwinkeln von 20–60°, die in der Abb. 3.3 kaum zu sehen sind, addieren sich wegen der großen Streufläche zu höheren Leistungsmengen.

Wegen

$$g(a,b,0,2\pi) = (a+b)\cdot\pi$$

lässt sich die Gesamtleistung der gestreuten Strahlung im Falle eines kugelförmigen Teilchens als

$$\begin{aligned}&\Phi_\perp\left(0,2\pi,0,\pi,F_{ix},F_{iy}\right)+\Phi_\parallel\left(0,2\pi,0,\pi,F_{ix},F_{iy}\right)\\&\approx\frac{\pi}{k^2}\left(F_{ix}+F_{iy}\right)\cdot\sum_{q=1}^{2}\sum_{i=\lfloor\frac{\gamma_1}{\Delta\gamma}\rfloor}^{\lceil\frac{\gamma_2}{\Delta\gamma}\rceil-1}\left(f\left(S_q,i,\max\{\gamma_1,\widehat{\gamma}_i\}\right)-f\left(S_q,i,\min\{\gamma_2,\widehat{\gamma}_{i+1}\}\right)\right)\end{aligned}$$

ausdrücken. Hieraus folgt nach der Definition des Streuwirkungsquerschnitts (Abschn. 2.2):

$$\sigma_{\text{sca}}(\lambda)\approx\frac{\pi}{k^2}\sum_{q=1}^{2}\sum_{i=\lfloor\frac{\gamma_1}{\Delta\gamma}\rfloor}^{\lceil\frac{\gamma_2}{\Delta\gamma}\rceil-1}\left(f\left(S_q,i,\max\left\{\gamma_1,\widehat{\gamma}_i\right\}\right)-f\left(S_q,i,\min\left\{\gamma_2,\widehat{\gamma}_{i+1}\right\}\right)\right).\quad(3.30)$$

3.3.1.1 Verteilen der Leistung bei Rayleigh-Streuung

Im Falle der Rayleigh-Streuung können die Strahlungsflussdichten des gestreuten Lichts mit analytischen Funktionen beschrieben werden:

$$F_{s\perp}(\gamma,\varphi,r)=F_{i\perp}(\varphi)\frac{\chi^2\pi^2}{\varepsilon_0^2\lambda^4r^2}=\left(F_{ix}\sin^2\varphi+F_{iy}\cos^2\varphi\right)\frac{\chi^2\pi^2}{\varepsilon_0^2\lambda^4r^2},$$

$$F_{s\parallel}(\gamma,\varphi,r)=F_{i\parallel}(\varphi)\frac{\chi^2\pi^2}{\varepsilon_0^2\lambda^4r^2}\cos^2\gamma=\left(F_{ix}\cos^2\varphi+F_{iy}\sin^2\varphi\right)\frac{\chi^2\pi^2}{\varepsilon_0^2\lambda^4r^2}\cos^2\gamma.$$

Die Leistung der Strahlung, die sich nach der Streuung in dem Punkt $(0,0,0)$ in dem Raumsektor mit dem Azimut $[\varphi_1,\varphi_2]$ und dem Streuwinkel $\left[\gamma_1,\gamma_2\right]$ ausbreitet, beträgt im Falle der Rayleigh-Streuung

$$\begin{aligned}
\Phi_R(\varphi_1,\varphi_2,\gamma_1,\gamma_2) &= \int\limits_{\varphi_1}^{\varphi_2}\int\limits_{\gamma_1}^{\gamma_2} \left(F_{s\perp}(r,\varphi,\gamma) + F_{s\|}(r,\varphi,\gamma)\right) r^2 \sin\gamma d\gamma d\varphi \\
&= \frac{\chi^2\pi^2}{\varepsilon_0^2\lambda^4} \int\limits_{\varphi_1}^{\varphi_2}\int\limits_{\gamma_1}^{\gamma_2} \left(\left(F_{ix}\sin^2\varphi + F_{iy}\cos^2\varphi\right)\right. \\
&\quad \left. + \left(F_{ix}\cos^2\varphi + F_{iy}\sin^2\varphi\right)\cos^2\gamma\right) \sin\gamma d\gamma d\varphi \\
&= \frac{\chi^2\pi^2}{\varepsilon_0^2\lambda^4} \int\limits_{\varphi_1}^{\varphi_2} \left(\left(F_{ix}\sin^2\varphi + F_{iy}\cos^2\varphi\right)\left[-\cos\gamma\right]_{\gamma_1}^{\gamma_2}\right. \\
&\quad \left. + \left(F_{ix}\cos^2\varphi + F_{iy}\sin^2\varphi\right)\left[-\frac{1}{3}\cos^3\gamma\right]_{\gamma_1}^{\gamma_2}\right) d\varphi \\
&= \frac{\chi^2\pi^2}{\varepsilon_0^2\lambda^4} g\left(F_{ix},F_{iy},\varphi_1,\varphi_2\right)(\cos\gamma_1 - \cos\gamma_2) + \frac{1}{3} \\
&\quad \cdot \frac{\chi^2\pi^2}{\varepsilon_0^2\lambda^4} g\left(F_{iy},F_{ix},\varphi_1,\varphi_2\right)\left(\cos^3\gamma_1 - \cos^3\gamma_2\right).
\end{aligned}$$

Die Gesamtmenge der gestreuten Leistung beträgt

$$\begin{aligned}
\Phi_\mathrm{R}(0,2\pi,0,\pi) &= \frac{\chi^2\pi^2}{\varepsilon_0^2\lambda^4} \cdot g\left(F_{ix},F_{iy},0,2\pi\right) \cdot (\cos 0 - \cos\pi) + \frac{1}{3} \cdot \frac{\chi^2\pi^2}{\varepsilon_0^2\lambda^4} \cdot g\left(F_{iy},F_{ix},0,2\pi\right) \\
&\quad \cdot \left(\cos^3 0 - \cos^3\pi\right) = \frac{\chi^2\pi^2}{\varepsilon_0^2\lambda^4}\left(F_{ix}+F_{iy}\right) \cdot 2\pi + \frac{1}{3} \cdot \frac{\chi^2\pi^2}{\varepsilon_0^2\lambda^4}\left(F_{iy}+F_{ix}\right) \cdot 2\pi \\
&= \frac{8}{3} \cdot \frac{\chi^2\pi^3}{\varepsilon_0^2\lambda^4} \cdot \left(F_{iy}+F_{ix}\right). \qquad (3.31)
\end{aligned}$$

Hieraus lässt sich das Verhältnis zwischen der Polarisierbarkeit eines Moleküls χ und seinem Streuwirkungsquerschnitt für Strahlung mit der Wellenlänge λ ablesen:

$$\sigma_{sca}(\lambda) = \frac{8}{3} \cdot \frac{\chi^2\pi^3}{\varepsilon_0^2\lambda^4}. \qquad (3.32)$$

3.4 Lichtstreuung in einem gleichmäßigen Nebel

Als nächstes soll ein Verfahren zum Berechnen der Strahlungsverteilung bei einer mehrfachen Streuung in einem gleichmäßigen Nebel beschrieben werden. Das Verfahren löst die folgende Aufgabe:

Fragestellung:
Betrachtet wird ein mit Nebel gefülltes, kugelförmiges Volumen mit einem Radius R. *Die durchschnittliche Anzahldichte der Wassertröpfchen in diesem Volumen beträgt n*

(Anzahl pro Volumen). Die Radien der Wassertröpfchen werden durch eine Häufigkeitsverteilung vorgegeben. Das Volumen wird von einer natürlichen Lichtquelle angestrahlt. Ein von der Lichtquelle kommendes Strahlenbündel mit der Wellenlänge λ *und der Energie W wird an einem Wassertröpfchen im Mittelpunkt des Volumens gestreut. Von diesem Punkt aus betrachtet ist die Lichtquelle um einen Winkel* θ_{L} *vom Zenit entfernt.*

Welche Energie haben Strahlen, die sich nach ihrer erstmaligen Streuung im Punkt O *und eventuellen weiteren Streuungen beim Verlassen der Kugel* (O, R) *in einem Winkel aus* $\left[\frac{i\pi}{180}, \frac{(i+1)\pi}{180}\right[$ *zu dem einfallenden Strahl ausbreiten? In welchen Teilen der Kugel liegen Punkte, in denen eine* einfache Streuung *mit diesem Winkel* γ *Strahlen erzeugt, die die Kugeloberfläche an der gleichen Stelle und in der gleichen Richtung durchqueren? Wie verteilt sich die Energie auf Strahlen mit senkrechter und paralleler Polarisierung? Beantworte diese Fragen für verschiedene Streuwinkelintervalle* $\left[\frac{i\pi}{180}, \frac{(i+1)\pi}{180}\right[$, $i \in \mathbb{N}_0$ *und verschiedene Radien* R.

Um diese Aufgabe zu lösen, wird eine Monte-Carlo-Simulation eingesetzt. Die Monte-Carlo-Simulation ist ein stochastisches Verfahren, bei dem ein Zufallsexperiment sehr oft wiederholt wird, mit dem Ziel eine sehr große Zufallsstichprobe zu bekommen, aus der sich die Verteilungsfunktion einer bestimmten Zufallsvariable ermitteln lässt. Monte-Carlo-Simulationen werden häufig angewandt, um komplexe physikalische Vorgänge zu untersuchen[3]. Im Falle der Lichtstreuung besteht das Zufallsexperiment darin, den Weg eines gestreuten Sonnenstrahls zu verfolgen.

3.4.1 Koordinatensysteme

Um den Weg eines Strahls durch eine mit Nebel gefüllte Kugel zu beschreiben, wird ein kartesisches Koordinatensystem $(O, \overline{x}, \overline{y}, \overline{z})$ verwendet. Der Ursprung dieses Koordinatensystems liegt in dem Mittelpunkt der Kugel O. Die Achse $O\overline{z}$ zeigt vertikal nach oben. Die Achse $O\overline{x}$ ist zu der Projektion der Lichtquelle auf die horizontale Ebene $O\overline{xy}$ gerichtet.[4]

Um die Verteilung der Strahlen beim Verlassen der Kugel zu beschreiben, wird ein weiteres kartesisches Koordinatensystem $(O, \hat{x}, \hat{y}, \hat{z})$ genutzt. Die Achse $O\hat{z}$ folgt dem einfallenden Lichtstrahl und geht von der Lichtquelle zum Punkt O, in welchem der Lichtstrahl zum ersten Mal gestreut wird. Die Achse $O\hat{y}$ verläuft horizontal und stimmt mit der Achse $O\overline{y}$ überein.

[3] In der Fachliteratur werden auch andere Monte-Carlo-Verfahren zur Berechnung der mehrfachen Streuung beschrieben. Das hier beschriebene Verfahren wurde ohne Kenntnis dieser Quellen entwickelt. Der Auslöser für seine Entwicklung war das von Liou (Liou 2002) beschriebene Monte-Carlo-Verfahren zur Berechnung der Lichtstreuung an Eiskristallen.

[4] Die Position eines Punktes in einem horizontal ausgerichteten Koordinatensystem hat bei einem gleichmäßigen Nebel keine Bedeutung. Das Koordinatensystem $(O, \overline{x}, \overline{y}, \overline{z})$ wird wichtig, wenn die Ortsabhängigkeit der Anzahldichte berücksichtigt wird (Abschn. 4.5).

Zusätzlich zu diesen feststehenden Koordinatensystemen werden weitere im Abschn. 3.1.2 definierte Koordinatensysteme verwendet, die sich jeweils an ein Streuzentrum und an die Ausbreitungsrichtung eines Strahls binden. Um Umrechnungen zwischen Koordinatensystemen zu vereinfachen, werden diese Koordinatensysteme um eine weitere fiktive Koordinate ergänzt:

$$(\overline{x},\overline{y},\overline{z}) \rightarrow (\overline{x},\overline{y},\overline{z},\overline{w}), \quad (\widehat{x},\widehat{y},\widehat{z}) \rightarrow (\widehat{x},\widehat{y},\widehat{z},\widehat{w}), \quad (x,y,z) \rightarrow (x,y,z,w).$$

Die fiktive Koordinate $\widehat{w}$ bzw. w hat *immer den Wert eins*. Koordinatensysteme mit einer fiktiven Koordinate werden in der Computergraphik häufig zum Beschreiben von Objekten und Beobachtungspunkten verwendet (Foley, et al. 1990). Sie werden als *homogene Koordinatensysteme* bezeichnet.

Der Vorteil eines homogenen Koordinatensystems ist die Möglichkeit, das Verschieben eines Punktes mit einer Matrixmultiplikation abzubilden. Das Verschieben eines Punktes um (dx,dy,dz) erfolgt durch die Multiplikation seiner homogenen Koordinaten mit einer Translationsmatrix:

$$\begin{pmatrix} x' \\ y' \\ z' \\ w' \end{pmatrix} = \begin{pmatrix} 1 & 0 & 0 & dx \\ 0 & 1 & 0 & dy \\ 0 & 0 & 1 & dz \\ 0 & 0 & 0 & 1 \end{pmatrix} \cdot \begin{pmatrix} x \\ y \\ z \\ 1 \end{pmatrix} \Leftrightarrow \begin{matrix} x' = x + dx \\ y' = y + dy \\ z' = z + dz \\ w' = 1 \end{matrix}$$

Eine Rotation um den Punkt $(0,0,0)$ wird in homogenen Koordinaten durch Multiplikation mit einer Rotationsmatrix

$$\begin{pmatrix} x' \\ y' \\ z' \\ w' \end{pmatrix} = \begin{pmatrix} & & & 0 \\ & (R) & & 0 \\ & & & 0 \\ 0 & 0 & 0 & 1 \end{pmatrix} \cdot \begin{pmatrix} x \\ y \\ z \\ w \end{pmatrix}$$

ausgeführt. Hierbei ist (R) eine Rotationsmatrix im dreidimensionalen Raum.

Das Koordinatensystem $(O,\hat{x},\hat{y},\hat{z})$ ist im Vergleich zum Koordinatensystem $(O,\overline{x},\overline{y},\overline{z})$ um einen Winkel $\theta_L + \pi$ gedreht (Abb. 3.9). Der Übergang zwischen diesen Koordinatensystemen erfolgt durch die Multiplikation mit einer Rotationsmatrix:

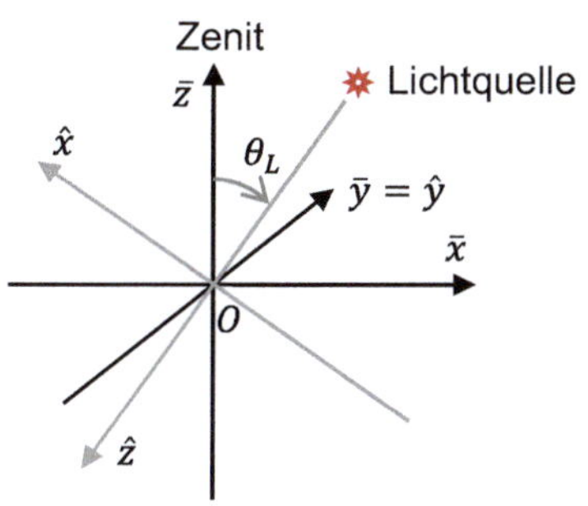

Abb. 3.9 Koordinatensysteme $(O,\overline{x},\overline{y},\overline{z})$ und $(O,\widehat{x},\widehat{y},\widehat{z})$

$$\begin{pmatrix} \widehat{x} \\ \widehat{y} \\ \widehat{z} \\ \widehat{w} \end{pmatrix} = \begin{pmatrix} -\cos\theta_L & 0 & \sin\theta_L & 0 \\ 0 & 1 & 0 & 0 \\ -\sin\theta_L & 0 & -\cos\theta_L & 0 \\ 0\,0\,0 & & & 1 \end{pmatrix} \cdot \begin{pmatrix} \overline{x} \\ \overline{y} \\ \overline{z} \\ \overline{w} \end{pmatrix}. \tag{3.33}$$

3.4.2 Verteilungsfunktionen für die Wahl einer Streurichtung

Bei einer Lichtstreuung teilt sich ein Strahlenbündel in viele Strahlen auf, die in verschiedene Richtungen gehen. Das Monte-Carlo-Verfahren wählt bei jeder Streuung eine Richtung aus und verfolgt den Strahl in diese Richtung. Um die Verteilung des gestreuten Lichts korrekt abzubilden, muss bei dieser Verfahrensweise die Wahrscheinlichkeit für die Wahl einer Richtung so gestaltet sein, dass eine Richtung umso häufiger gewählt wird, je mehr Strahlungsenergie bei einer Einfachstreuung im betrachteten Volumen in diese Richtung fließt.

Die Wahrscheinlichkeit für die Wahl einer Streuebene mit dem Azimut aus einem Sektor $[0, \varphi_2]$ muss dem Leistungsanteil entsprechen, der in diesen Azimutsektor fließt:

$$P[0 \le \varphi \le \varphi_2] = \frac{\Phi_\perp\left(0, \varphi_2, 0, \pi, F_{ix}, F_{iy}\right) + \Phi_\parallel\left(0, \varphi_2, 0, \pi, F_{ix}, F_{iy}\right)}{\Phi_\perp\left(0, 2\pi, 0, \pi, F_{ix}, F_{iy}\right) + \Phi_\parallel\left(0, 2\pi, 0, \pi, F_{ix}, F_{iy}\right)}$$

Dieser Leistungsanteil ist bei einem in der Luft schwebenden, zufällig orientierten streuenden Teilchen unabhängig von der Ausrichtung des Sektors und hängt nur von der Größe des Sektors ab:

$$\frac{\Phi_\perp\left(0, \varphi_2, 0, \pi, F_{ix}, F_{iy}\right) + \Phi_\parallel\left(0, \varphi_2, 0, \pi, F_{ix}, F_{iy}\right)}{\Phi_\perp\left(0, 2\pi, 0, \pi, F_{ix}, F_{iy}\right) + \Phi_\parallel\left(0, 2\pi, 0, \pi, F_{ix}, F_{iy}\right)} = \frac{\varphi_2}{2\pi}.$$

Deshalb muss der Azimut der Streuebene bei einer Simulation gleichverteilt aus dem Intervall $[0, 2\pi]$ gewählt werden.

Die Wahrscheinlichkeit, mit der bei einer Streuung in einer Ebene mit dem Azimut φ ein Streuwinkel aus dem Sektor $\left[0, \gamma_2\right]$ gewählt wird, muss dem Anteil der Leistung gleichen, der bei einer Streuung in dieser Ebene in den Sektor $\left[0, \gamma_2\right]$ fließt:

$$P\left[0 \le \gamma \le \gamma_2 | Azimut\ \varphi\right] = \frac{\Phi_\perp\left(\varphi - \mathrm{d}\varphi, \varphi, 0, \gamma_2, F_{ix}, F_{iy}\right) + \Phi_\parallel\left(\varphi - \mathrm{d}\varphi, \varphi, 0, \gamma_2, F_{ix}, F_{iy}\right)}{\Phi_\perp\left(\varphi - \mathrm{d}\varphi, \varphi, 0, \pi, F_{ix}, F_{iy}\right) + \Phi_\parallel\left(\varphi - d\varphi, \varphi, 0, \pi, F_{ix}, F_{iy}\right)}. \tag{3.34}$$

Im Falle von kugelförmigen Teilchen ist der Leistungsanteil der Strahlung, die nach der Streuung in einen Raumsektor mit dem Azimut $[\varphi - \mathrm{d}\varphi, \varphi]$ und dem Streuwinkel $\left[0, \gamma_2\right]$ fließt, gleich

$$\frac{\Phi_\perp\left(\varphi - \mathrm{d}\varphi, \varphi, 0, \gamma_2, F_{ix}, F_{iy}\right) + \Phi_\parallel\left(\varphi - \mathrm{d}\varphi, \varphi, 0, \gamma_2, F_{ix}, F_{iy}\right)}{\Phi_\perp\left(\varphi - \mathrm{d}\varphi, \varphi, 0, \pi, F_{ix}, F_{iy}\right) + \Phi_\parallel\left(\varphi - \mathrm{d}\varphi, \varphi, 0, \pi, F_{ix}, F_{iy}\right)}$$
$$= \frac{\mathrm{F}_\perp(\varphi) \int_0^{\gamma_2} |S_1(\gamma,0)|^2 \sin\gamma d\gamma + \mathrm{F}_\parallel(\varphi) \int_0^{\gamma_2} |S_2(\gamma,0)|^2 \sin\gamma d\gamma}{\mathrm{F}_\perp(\varphi) \int_0^{\pi} |S_1(\gamma,0)|^2 \sin\gamma d\gamma + \mathrm{F}_\parallel(\varphi) \int_0^{\pi} |S_2(\gamma,0)|^2 \sin\gamma d\gamma}.$$

Hierbei bezeichnet $|S_1(\gamma,0)|^2$ und $|S_2(\gamma,0)|^2$ die durchschnittlichen quadrierten Beträge der Amplitudenstreufunktionen für ein zufällig gewähltes Teilchen. Das Dividieren des Zählers und des Nenners durch $\mathrm{F}_\perp(\varphi) + \mathrm{F}_\parallel(\varphi)$ ergibt:

$$\frac{\Phi_\perp\left(\varphi - \mathrm{d}\varphi, \varphi, 0, \gamma_2, F_{ix}, F_{iy}\right) + \Phi_\parallel\left(\varphi - \mathrm{d}\varphi, \varphi, 0, \gamma_2, F_{ix}, F_{iy}\right)}{\Phi_\perp\left(\varphi - \mathrm{d}\varphi, \varphi, 0, \pi, F_{ix}, F_{iy}\right) + \Phi_\parallel\left(\varphi - \mathrm{d}\varphi, \varphi, 0, \pi, F_{ix}, F_{iy}\right)}$$
$$= \left(\frac{\mathrm{F}_\perp(\varphi)}{\mathrm{F}_\perp(\varphi) + \mathrm{F}_\parallel(\varphi)} \int_0^{\gamma_2} |S_1(\gamma,0)|^2 \sin\gamma d\gamma + \frac{\mathrm{F}_\parallel(\varphi)}{\mathrm{F}_\perp(\varphi) + \mathrm{F}_\parallel(\varphi)} \int_0^{\gamma_2} |S_2(\gamma,0)|^2 \sin\gamma d\gamma\right)$$
$$/\left(\frac{\mathrm{F}_\perp(\varphi)}{\mathrm{F}_\perp(\varphi) + \mathrm{F}_\parallel(\varphi)} \int_0^{\pi} |S_1(\gamma,0)|^2 \sin\gamma d\gamma + \frac{\mathrm{F}_\parallel(\varphi)}{\mathrm{F}_\perp(\varphi) + \mathrm{F}_\parallel(\varphi)} \int_0^{\pi} |S_2(\gamma,0)|^2 \sin\gamma d\gamma\right).$$

Um diese Leistungsverteilung im Rahmen einer Monte-Carlo-Simulation abzubilden, werden für die Wahl des Streuwinkels γ Verteilungsfunktionen

$$\mathrm{G}_\kappa(\gamma) = \frac{\kappa \int_0^{\gamma} \left|S_1\left(\widehat{\gamma},0\right)\right|^2 \sin\widehat{\gamma} d\widehat{\gamma} + (1-\kappa) \int_0^{\gamma} \left|S_2\left(\widehat{\gamma},0\right)\right|^2 \sin\widehat{\gamma} d\widehat{\gamma}}{\kappa \int_0^{\pi} \left|S_1\left(\widehat{\gamma},0\right)\right|^2 \sin\widehat{\gamma} d\widehat{\gamma} + (1-\kappa) \int_0^{\pi} \left|S_2\left(\widehat{\gamma},0\right)\right|^2 \sin\widehat{\gamma} d\widehat{\gamma}} \tag{3.35}$$

mit unterschiedlichen Werten $\kappa \in [0,1]$ verwendet[5]. Die Zahl κ wird bei jeder Streuung abhängig von der Polarisation des einfallenden Lichts gewählt:

$$\kappa \approx \frac{\mathrm{F}_\perp(\varphi)}{\mathrm{F}_\perp(\varphi) + F_\parallel(\varphi)}. \tag{3.36}$$

Sie gibt den Leistungsanteil der senkrecht polarisierten Strahlung an.

3.4.2.1 Berechnen von Verteilungsfunktionen

Seien $p_1, p_2 \ldots, p_n$ die Wahrscheinlichkeiten, mit denen der Radius eines zufällig gewählten Tröpfchens der betrachteten Wolkenart in Intervallen $]a_0, a_1], \ldots, \left]a_{n-1}, a_n\right]$ liegt. Um die Lichtstreuung an einem zufällig gewählten Tröpfchen berechnen zu können, wird in jedem Intervall $\left]a_{l-1}, a_l\right]$ ein Radius $\widehat{a}_l$ gewählt. Für die ausgewählten Radien $\hat{a}_l$ und eine festgelegte Wellenlänge λ werden mit Hilfe der Lorenz-Mie-Theorie die Werte der Amplitudenstreufunktionen

[5] In der Wahrscheinlichkeitsrechnung werden Verteilungsfunktionen in der Regel mit dem Buchstaben F bezeichnet. Um eine Verwechslung mit der Strahlungsflussdichte zu vermeiden, wird hier eine andere Bezeichnung gewählt.

$$S_1(\widehat{\gamma}_i, 0; \widehat{a}_l) \quad und \quad S_2(\widehat{\gamma}_i, 0; \widehat{a}_l) \quad für\ \widehat{\gamma}_i = i\Delta\gamma\ mit\ i = 0, \ldots, \frac{\pi}{\Delta\gamma}$$

bestimmt. Aus diesen Werten und den Wahrscheinlichkeiten $p_1, p_2 \ldots, p_n$ werden für alle Streuwinkel $\hat{\gamma}_i$ Durchschnittswerte für $\left|S_1(\widehat{\gamma}_i, 0)\right|^2$ und $\left|S_2(\widehat{\gamma}_i, 0)\right|^2$ ermittelt:

$$\left|S_q(\widehat{\gamma}_i, 0)\right|^2 = \sum_{l=1}^{n} \left|S_q(\widehat{\gamma}_i, 0; \widehat{a}_l)\right|^2 p_l \quad für\ q = 1, 2, i = 0, \ldots, \frac{\pi}{\Delta\gamma}.$$

Die ermittelten Werte $\left|S_1(\widehat{\gamma}_i, 0)\right|^2$ und $\left|S_2(\hat{\gamma}_i, 0)\right|^2$ werden genutzt, um mit Hilfe der im Abschn. 3.3 definierten Funktion f die Werte der Verteilungsfunktionen $G_\kappa : \mathbb{R} \to [0, 1]$ für alle $i = i \cdot \gamma$ mit $i = 0, \ldots, \frac{\pi}{\Delta\gamma}$ und alle $\kappa = j \cdot \kappa$ mit $j = 0, \ldots, \frac{1}{\Delta\alpha}$ zu berechnen:

$$G_\kappa(\gamma) = \frac{I(\kappa, \gamma)}{I(\kappa, \pi)} \qquad \text{mit}$$

$$\begin{aligned} I(\kappa, \gamma) = &\kappa \sum_{i=0}^{\lceil \frac{\gamma}{\Delta\gamma} \rceil - 1} \left(f(S_1, i, \widehat{\gamma}_i) - f(S_1, i, \min\{\gamma, \widehat{\gamma}_{i+1}\})\right) \\ &+ (1-\kappa) \sum_{i=0}^{\lceil \frac{\gamma}{\Delta\gamma} \rceil - 1} \left(f(S_2, i, \widehat{\gamma}_i) - f(S_2, i, \min\{\gamma, \widehat{\gamma}_{i+1}\})\right) \end{aligned} \tag{3.37}$$

Die Abb. 3.10 zeigt Amplitudenstreufunktionen einer für Cumuluswolken typischen Tröpfchensammlung bei einer Bestrahlung mit dem roten Licht der Wellenlänge 0,65µm. In der Abb. 3.11 sind daraus resultierende Verteilungsfunktionen $G_\kappa(\gamma)$ für drei verschiedene Werte $\kappa \in [0, 1]$ dargestellt.

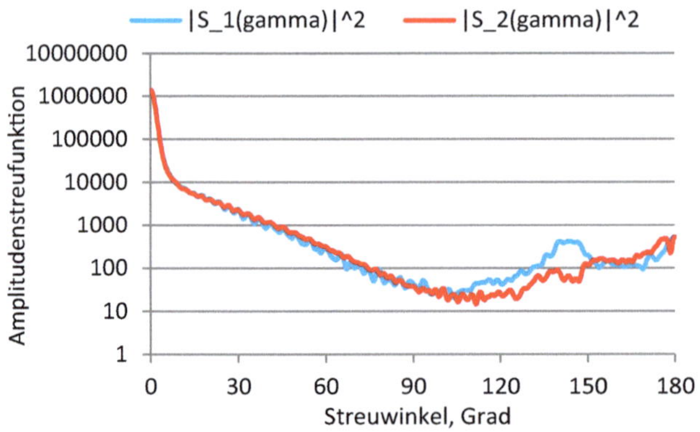

Abb. 3.10 Amplitudenstreufunktionen einer für Cumuluswolken typischen Tröpfchensammlung bei Bestrahlung mit dem Licht der Wellenlänge 0,65 µm (berechnet von der Software MiePlot (Laven 2021))

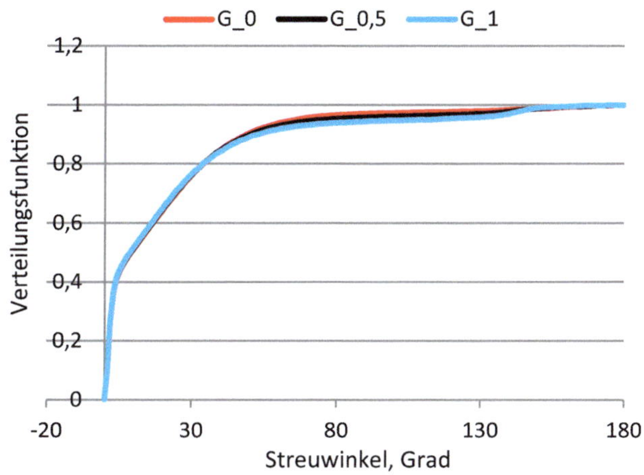

Abb. 3.11 Anteile der Strahlung, die in einem Winkel aus $[0, \gamma]$ gestreut wird, an der Gesamtleistung der gestreuten Strahlung. Die drei Kurven wurden für unterschiedliche Polarisationen des einfallenden Lichts berechnet (G_0: parallele Polarisation; G_1: senkrechte Polarisation; $G_{0,5}$: unpolarisiert). Das Licht hat die Wellenlänge 0,65 µm. Tröpfchenradien folgen einer für Cumuluswolken typischen Verteilung

3.4.3 Monte-Carlo-Simulation der Lichtstreuung

Um die Lichtstreuung in einem kugelförmigen Volumen zu berechnen, werden sehr viele Versuche durchgeführt. In jedem Versuch wird der Weg eines zufällig gewählten Lichtstrahls von einer ersten Streuung bis zum Durchqueren der Kugeloberfläche mit dem Radius R_{max} verfolgt.

3.4.3.1 Startbedingungen

Der Versuch beginnt mit einer Lichtstreuung im Mittelpunkt der Kugel. Dieser Punkt hat im Koordinatensystemen $(O, \overline{x}, \overline{y}, \overline{z}, \overline{w})$ und $\left(O, \widehat{x}, \widehat{y}, \widehat{z}, \widehat{w}\right)$ die Koordinaten $(0, 0, 0, 1)$. Das Koordinatensystem des Lichtstrahls beim Treffen des ersten Streuzentrums (O_0, x, y, z, w) stimmt mit dem Koordinatensystem $\left(O, \widehat{x}, \widehat{y}, \widehat{z}, \widehat{w}\right)$ überein. Die Umrechnung zwischen den Koordinatensystemen (O_0, x, y, z, w) und $(O, \overline{x}, \overline{y}, \overline{z}, \overline{w})$ lautet:

$$\begin{pmatrix} \overline{x} \\ \overline{y} \\ \overline{z} \\ \overline{w} \end{pmatrix} = T_0 \cdot \begin{pmatrix} x \\ y \\ z \\ w \end{pmatrix} \quad mit \quad T_0 = \begin{pmatrix} -\cos\theta_L & 0 & -\sin\theta_L & 0 \\ 0 & 1 & 0 & 0 \\ \sin\theta_L & 0 & -\cos\theta_L & 0 \\ 0 & 0 & 0 & 1 \end{pmatrix}.$$

Der einfallende Strahl ist unpolarisiert. Seine Energie verteilt sich zu gleichen Teilen auf Komponenten mit Polarisationsrichtungen x und y:

$$W_{ix} = W_{iy} = 1.$$

Als erstes Zwischenziel wird das Erreichen der Sphäre mit dem kleinsten Radius R_1 gesetzt. Der Iterationszähler wird mit eins initialisiert:

$$j = 1.$$

3.4.3.2 Wahl einer Streuebene

Um eine Streuebene festzulegen, wird im Intervall $[0, 2\pi]$ gleichverteilt ein Winkel φ gewählt. Das Koordinatensystem (O_{j-1}, x, y, z, w) dreht sich um diesen Winkel φ um die z-Achse. Die Streuebene wird nach dieser Rotation des Koordinatensystems mit der Ebenengleichung $y = 0$ beschrieben. Der einfallende Lichtstrahl wird mit einer parallel polarisierten Komponente mit der Strahlungsenergie

$$W_{i\parallel} = W_{ix}\cos^2\varphi + W_{iy}\sin^2\varphi \quad (x - \mathit{Polarisation})$$

und einer senkrecht polarisierten Komponente mit der Energie

$$W_{i\perp} = W_{ix}\sin^2\varphi + W_{iy}\cos^2\varphi \quad (y - \mathit{Polarisation})$$

dargestellt.

3.4.3.3 Wahl eines Streuwinkels

Die Werte $W_{i\parallel}$ und $W_{i\perp}$ werden verwendet, um eine polarisationsabhängige Verteilungsfunktion $G_\kappa(\gamma)$ zu wählen. Der Wert κ wird hierfür auf

$$\kappa = \left\lfloor \frac{W_{i\perp}}{\left(W_{i\perp} + W_{i\parallel}\right)\Delta\kappa} + 0,5 \right\rfloor \Delta\kappa$$

gesetzt. In dem Intervall $[0, 1]$ wird gleichverteilt eine Zufallszahl ξ gewählt. Anschließend werden die zuvor ermittelten Werte der Verteilungsfunktion $G_\kappa(\gamma)$ dazu genutzt, ein Streuwinkelintervall $\left[\widehat{\gamma}_i, \widehat{\gamma}_{i+1}\right]$ mit $G_\kappa\left(\widehat{\gamma}_i\right) \le \xi$ und $G_\kappa\left(\widehat{\gamma}_{i+1}\right) \ge \xi$ zu finden. Aus diesem Intervall wird ein Winkel γ mit

$$\gamma = \widehat{\gamma}_i + \left(\widehat{\gamma}_{i+1} - \widehat{\gamma}_i\right) \cdot \frac{\xi - G_\kappa\left(\widehat{\gamma}_i\right)}{G_\kappa\left(\widehat{\gamma}_{i+1}\right) - G_\kappa\left(\widehat{\gamma}_i\right)}$$

gewählt. Das Koordinatensystem (O_{j-1}, x, y, z, w) rotiert um den Winkel γ um die y-Achse.

3.4.3.4 Polarisieren des Streulichts

Weil senkrecht und parallel polarisierte Komponenten unterschiedlich gestreut werden, hat das gestreute Licht fast immer eine andere Polarisation als das einfallende Licht. Das Verhältnis der senkrecht und parallel polarisierten Komponenten des gestreuten Lichts wird durch die Werte der Amplitudenstreufunktionen bestimmt:

$$W_{s\perp} = \beta |S_1(\gamma, 0)|^2 W_{i\perp}, \quad (y - \mathit{Polarisation}) \tag{3.38}$$

$$W_{s\parallel} = \beta |S_2(\gamma, 0)|^2 W_{i\parallel}. \quad (x - \mathit{Polarisation}) \tag{3.39}$$

Die Werte der Amplitudenstreufunktionen an der Stelle γ werden mit Hilfe der linearen Interpolation aus ihren Werten an den Enden des Intervalls $\left[\widehat{\gamma}_i, \widehat{\gamma}_{i+1}\right]$ berechnet:

$$S_q(\gamma,0) = S_q\left(\widehat{\gamma}_i,0\right) + \left(S_q\left(\widehat{\gamma}_{i+1},0\right) - S_q\left(\widehat{\gamma}_i,0\right)\right) \cdot \frac{\left(\gamma - \widehat{\gamma}_i\right)}{\left(\widehat{\gamma}_{i+1} - \widehat{\gamma}_i\right)} \quad \textit{für } q = 1,2.$$

Der Koeffizient β wird so gewählt, dass sich die Gesamtenergie des Lichtstrahls um einen von der Absorption abhängigen Faktor verringert:

$$\beta = \frac{\sigma_{sca}(\lambda)}{\sigma_{ext}(\lambda)} \cdot \frac{W_{i\perp} + W_{i\|}}{|S_1(\gamma,0)|^2 W_{i\perp} + |S_2(\gamma,0)|^2 W_{i\|}} \tag{3.40}$$

Das Einsetzen dieses Wertes in die Gleichungen (3.38) und (3.39) zeigt, dass das Verhältnis der aufgenommenen und gestreuten Energie auf diese Weise passend abgebildet wird:

$$W_{s\perp} = \frac{\sigma_{sca}(\lambda)}{\sigma_{ext}(\lambda)} \cdot \frac{|S_1(\gamma,0)|^2 W_{i\perp} \cdot \left(W_{i\perp} + W_{i\|}\right)}{|S_1(\gamma,0)|^2 W_{i\perp} + |S_2(\gamma,0)|^2 W_{i\|}},$$

$$W_{s\|} = \frac{\sigma_{sca}(\lambda)}{\sigma_{ext}(\lambda)} \cdot \frac{|S_2(\gamma,0)|^2 W_{i\|} \cdot \left(W_{i\perp} + W_{i\|}\right)}{|S_1(\gamma,0)|^2 W_{i\perp} + |S_2(\gamma,0)|^2 W_{i\|}},$$

$$W_{s\perp} + W_{s\|} = \frac{\sigma_{sca}(\lambda)}{\sigma_{ext}(\lambda)} \cdot \left(W_{i\perp} + W_{i\|}\right).$$

3.4.3.5 Aktualisieren der Umrechnungsmatrix

Weil das Koordinatensystem $\left(O_{j-1}, x, y, z, w\right)$ bei einer Lichtstreuung zwei Mal gedreht wurde, wird die Umrechnungsmatrix aktualisiert. Sie wird zunächst mit einer Rotationsmatrix zum Drehen um die z-Achse und anschließend mit einer Rotationsmatrix zum Drehen um die y-Achse multipliziert.

$$T_j^* := T_{j-1} \cdot \begin{pmatrix} \cos\varphi & -\sin\varphi & 0 & 0 \\ \sin\varphi & \cos\varphi & 0 & 0 \\ 0 & 0 & 1 & 0 \\ 0 & 0 & 0 & 1 \end{pmatrix} \cdot \begin{pmatrix} \cos\gamma & 0 & \sin\gamma & 0 \\ 0 & 1 & 0 & 0 \\ -\sin\gamma & 0 & \cos\gamma & 0 \\ 0 & 0 & 0 & 1 \end{pmatrix}.$$

Das Multiplizieren der beiden Rotationsmatrizen vereinfacht diesen Ausdruck zu:

$$T_j^* := T_{j-1} \cdot \begin{pmatrix} \cos\varphi\cos\gamma & -\sin\varphi & \cos\varphi\sin\gamma & 0 \\ \sin\varphi\cos\gamma & \cos\varphi & \sin\varphi\sin\gamma & 0 \\ -\sin\gamma & 0 & \cos\gamma & 0 \\ 0 & 0 & 0 & 1 \end{pmatrix}.$$

3.4.3.6 Wahl des nächsten Streuzentrums

Der Strahlungsfluss, der sich nach einer Streuung in die gewählte Richtung ausbreitet, wird mit zunehmender Entfernung r von dem Streuzentrum kleiner, weil seine Energie von streuenden und absorbierenden Teilchen aufgenommen wird. Nach Abschn. 2.3 verringert sich der Strahlungsfluss exponentiell mit der wachsenden optischen Tiefe:

$$\Phi(\mathrm{r}) = \Phi_0 exp\left(-\int_0^r \sigma_{\mathrm{ext}}(\lambda, \mathrm{r}) n(r) dr\right).$$

Auch die Leistung, die dieser Strahlungsfluss an streuende und absorbierende Teilchen abgibt, wird mit wachsender Entfernung geringer:

$$\frac{d\Phi}{dr} = -\Phi_0 \sigma_{\mathrm{ext}}(\lambda, \mathrm{r}) n(r) exp\left(-\int_0^{\mathrm{r}} \sigma_{\mathrm{ext}}(\lambda, \mathrm{r}) n(r) dr\right)$$

Um dieses Verhalten abzubilden, wird im Intervall [0, 1] gleichverteilt eine Zufallszahl ξ gewählt. Die Entfernung bis zum nächsten Streuzentrum wird so festgelegt, dass sich der Strahlungsfluss bei Erreichen dieses Streuzentrums die Größe

$$\Phi(\mathrm{r}) = \xi \Phi_0$$

hat und die optische Tiefe gleich

$$\int_0^{\mathrm{r}} \sigma_{\mathrm{ext}}(\lambda, \mathrm{r}) n(r) dr = -\ln \xi$$

ist. Unter der Voraussetzung einer konstanten Anzahldichte der Teilchen und eines konstanten Extinktionswirkungsquerschnitts wird diese optische Tiefe in einer Entfernung

$$r = -\frac{\ln \xi}{\sigma_{\mathrm{ext}}(\lambda) n}$$

erreicht.

3.4.3.7 Wechsel zum nächsten Streuzentrum

Das Koordinatensystem $\left(O_{j-1}, x, y, z, w\right)$ wird um einen Vektor $(0, 0, r, 0)$ zum nächsten Streuzentrum O_j verschoben und wird zum Koordinatensystem $\left(O_j, x, y, z, w\right)$. Die Energie des einfallenden Strahls in dem neuen Streuzentrum entspricht seiner Energie nach der letzten Streuung:

$$W_{ix} = W_{s\parallel}, \quad (x - Polarisation)$$

$$W_{iy} = W_{s\perp}. \quad (y - Polarisation)$$

Für das Koordinatensystem $\left(O_j, x, y, z, w\right)$ wird anschließend eine neue Umrechnungsmatrix für den Übergang zum Koordinatensystem $(O, \overline{x}, \overline{y}, \overline{z}, \overline{w})$ bestimmt:

$$T_j = T_j^* \cdot \begin{pmatrix} 1 & 0 & 0 & 0 \\ 0 & 1 & 0 & 0 \\ 0 & 0 & 1 & r \\ 0 & 0 & 0 & 1 \end{pmatrix}$$

3.4.3.8 Berechnen der Entfernung vom Mittelpunkt

Die Umrechnungsmatrix T_j wird benutzt, um die Entfernung zwischen dem nächsten Streuzentrum und dem Mittelpunkt der Kugel zu bestimmen. Das nächste Streuzentrum liegt im Ursprung des Koordinatensystems (O_j, x, y, z, w), dem Punkt $(0,0,0,1)$. Seine Position im feststehenden Koordinatensystem $(O, \overline{x}, \overline{y}, \overline{z}, \overline{w})$ ergibt sich aus der Matrixmultiplikation

$$\begin{pmatrix} \overline{x}_j \\ \overline{y}_j \\ \overline{z}_j \\ 1 \end{pmatrix} = T_j \cdot \begin{pmatrix} 0 \\ 0 \\ 0 \\ 1 \end{pmatrix}. \tag{3.41}$$

Die Entfernung zwischen diesem Punkt und dem im Ursprung des Koordinatensystems $(O, \overline{x}, \overline{y}, \overline{z}, \overline{w})$ liegenden Mittelpunkt der Kugel beträgt:

$$d_j = \sqrt{\overline{x}_j^2 + \overline{y}_j^2 + \overline{z}_j^2}.$$

3.4.3.9 Auswerten des Versuchs

Liegt der neue Streupunkt außerhalb der Kugel mit dem Zielradius R_t oder an ihrer Oberfläche

$$\sqrt{\overline{x}_j^2 + \overline{y}_j^2 + \overline{z}_j^2} \geq R_t,$$

so wird geprüft, wie sich der Lichtstrahl ausbreitet, wenn er diese Kugel verlässt.

Um welchen Winkel verändert sich die Richtung des Strahls beim Durchwandern der Nebelkugel?

Vor der ersten Streuung im Punkt O hat sich der Lichtstrahl im Koordinatensystem $(O, \widehat{x}, \widehat{y}, \widehat{z}, \widehat{w})$ in die Richtung $\overrightarrow{l} = (0,0,1,0)$ ausgebreitet. Seine Richtung beim Verlassen der Kugel wird im Koordinatensystem (O_j, x, y, z, w) ebenfalls mit einem Vektor $(0,0,1,0)$ beschrieben. Um diesen Vektor im Koordinatensystem $(O, \widehat{x}, \widehat{y}, \widehat{z}, \widehat{w})$ zu übertragen, werden seine Koordinaten zunächst mit der Umrechnungsmatrix T_j ins Koordinatensystem $(O, \overline{x}, \overline{y}, \overline{z}, \overline{w})$ und anschließend mit der Gleichung (3.33) ins Koordinatensystem $(O, \widehat{x}, \widehat{y}, \widehat{z}, \widehat{w})$ übersetzt:

$$\overrightarrow{n} = \begin{pmatrix} \widehat{x}_n \\ \widehat{y}_n \\ \widehat{z}_n \\ 0 \end{pmatrix} = \begin{pmatrix} -\cos\theta_L & 0 & \sin\theta_L & 0 \\ 0 & 1 & 0 & 0 \\ -\sin\theta_L & 0 & -\cos\theta_L & 0 \\ 0 & 0 & 0 & 1 \end{pmatrix} \cdot T_j \cdot \begin{pmatrix} 0 \\ 0 \\ 1 \\ 0 \end{pmatrix}. \tag{3.42}$$

Der Winkel $\widehat{\gamma}^*$, um den sich die Richtung des Lichtstrahls durch die (mehrfache) Streuung verändert hat, kann aus dem Skalarprodukt der Vektoren $\overrightarrow{l}$ und $\overrightarrow{n}$ berechnet werden:

$$\cos\widehat{\gamma}^* = \frac{\overrightarrow{l}\cdot\overrightarrow{n}}{\left|\overrightarrow{l}\right|\cdot\left|\overrightarrow{n}\right|} = \frac{\widehat{z}_n}{\left|\overrightarrow{l}\right|\cdot\left|\overrightarrow{n}\right|}.$$

Die Vektoren $\overrightarrow{l}$ und $\overrightarrow{n}$ haben jeweils die Länge eins. Somit ist

$$\widehat{\gamma}^* = \arccos\widehat{z}_n.$$

In welchem Teil der Kugel liegen Punkte, in denen bei einer einfachen Streuung mit dem Streuwinkel $\widehat{\gamma}^*$ Strahlen entstehen, die die Kugeloberfläche an der gleichen Stelle und in der gleichen Richtung durchqueren?

Der Lichtstrahl folgt beim Verlassen der Kugel einer durch den Punkt O_j verlaufenden Geraden mit der Richtung $\overrightarrow{n}$. Diese Gerade wird im Folgenden als Gerade a bezeichnet. Um den Verlauf der Geraden a im Koordinatensystem $(O,\widehat{x},\widehat{y},\widehat{z},\widehat{w})$ zu beschreiben, werden die Koordinaten des Punktes O_j aus dem Abschn. 3.4.3.8 mit Hilfe der Koordinatentransformation (3.33) ins Koordinatensystem $(O,\hat{x},\hat{y},\hat{z},\hat{w})$ übertragen:

$$\begin{pmatrix}\widehat{x}_j\\ \widehat{y}_j\\ \widehat{z}_j\\ 1\end{pmatrix} = \begin{pmatrix}-\cos\theta_L & 0 & \sin\theta_L & 0\\ 0 & 1 & 0 & 0\\ -\sin\theta_L & 0 & -\cos\theta_L & 0\\ 0 & 0 & 0 & 1\end{pmatrix}\cdot\begin{pmatrix}\overline{x}_j\\ \overline{y}_j\\ \overline{z}_j\\ 1\end{pmatrix}.$$

Die Gerade a kann mit der folgenden Parametergleichung beschrieben werden:

$$\begin{pmatrix}\widehat{x}_a(t)\\ \widehat{y}_a(t)\\ \widehat{z}_a(t)\\ 1\end{pmatrix} = \begin{pmatrix}\widehat{x}_j\\ \widehat{y}_j\\ \widehat{z}_j\\ 1\end{pmatrix} + \begin{pmatrix}\widehat{x}_n\\ \widehat{y}_n\\ \widehat{z}_n\\ 0\end{pmatrix}\cdot t.$$

Alle Streuzentren, in denen bei einer einfachen Streuung Strahlung entsteht, die sich in die Richtung $\overrightarrow{n}$ ausbreitet und die Kugeloberfläche an der gleichen Stelle wie der betrachtete Lichtstrahl verlässt, liegen auf dieser Geraden.

Betrachten wir eine einfache Streuung in einem solchen Streuzentrum B. Der einfallende direkte Sonnenstrahl geht in die Richtung $\overrightarrow{l}$. Der gestreute Strahl geht in die Richtung $\overrightarrow{n}$. Die Streuebene ist die Ebene, die durch das Streuzentrum B verläuft und die beiden Vektoren $\overrightarrow{l}$ und $\overrightarrow{n}$ enthält. Die Polarisationsrichtung der senkrecht zu dieser Streuebene polarisierten Welle kann aus dem Vektorprodukt der Vektoren $\overrightarrow{l}$ und $\overrightarrow{n}$ berechnet werden:

$$\overrightarrow{p}_\perp = \overrightarrow{l}\times\overrightarrow{n} = \begin{vmatrix}\overrightarrow{i} & \overrightarrow{j} & \overrightarrow{k}\\ 0 & 0 & 1\\ \widehat{x}_n & \widehat{y}_n & \widehat{z}_n\end{vmatrix} = -\widehat{y}_n\overrightarrow{i} + \widehat{x}_n\overrightarrow{j}.$$

Das Normieren des Vektors $\overrightarrow{p}_\perp$ ergibt einen senkrecht zu der Streuebene gerichteten Einheitsvektor

$$\overrightarrow{e}_\perp = \left(-\frac{\widehat{y}_n}{\sqrt{\widehat{x}_n^2 + \widehat{y}_n^2}}, \frac{\widehat{x}_n}{\sqrt{\widehat{x}_n^2 + \widehat{y}_n^2}}, 0 \right).$$

Dieser Einheitsvektor kann auch als

$$\overrightarrow{e}_\perp = \left(-\sin \widehat{\varphi}^*, \cos \widehat{\varphi}^*, 0 \right)$$

dargestellt werden. Der Winkel $\widehat{\varphi}^*$ ist in diesem Fall

$$\widehat{\varphi}^* = \begin{cases} \arcsin \frac{\widehat{y}_n}{\sqrt{\widehat{x}_n^2+\widehat{y}_n^2}}, & \mathit{falls}\ \widehat{x}_n \geq 0, \\ \pi - \arcsin \frac{\widehat{y}_n}{\sqrt{\widehat{x}_n^2+\widehat{y}_n^2}}, & \mathit{falls}\ \widehat{x}_n < 0. \end{cases}$$

Wird das Koordinatensystem $\left(O, \widehat{x}, \widehat{y}, \widehat{z}, \widehat{w}\right)$ zuerst um diesen Winkel $\widehat{\varphi}^*$ um die $\widehat{z}$-Achse und anschließend um den Streuwinkel $\widehat{\gamma}^*$ um die $\widehat{y}$-Achse gedreht, ergibt sich ein Koordinatensystem $\left(O, \widetilde{x}, \widetilde{y}, \widetilde{z}, \widetilde{w}\right)$ mit

$$\begin{aligned} \begin{pmatrix} \widetilde{x} \\ \widetilde{y} \\ \widetilde{z} \\ \widetilde{w} \end{pmatrix} &= \begin{pmatrix} \cos \widehat{\gamma}^* & 0 & -\sin \widehat{\gamma}^* & 0 \\ 0 & 1 & 0 & 0 \\ \sin \widehat{\gamma}^* & 0 & \cos \widehat{\gamma}^* & 0 \\ 0 & 0 & 0 & 1 \end{pmatrix} \cdot \begin{pmatrix} \cos \widehat{\varphi}^* & \sin \widehat{\varphi}^* & 0 & 0 \\ -\sin \widehat{\varphi}^* & \cos \widehat{\varphi}^* & 0 & 0 \\ 0 & 0 & 1 & 0 \\ 0 & 0 & 0 & 1 \end{pmatrix} \cdot \begin{pmatrix} \widehat{x} \\ \widehat{y} \\ \widehat{z} \\ \widehat{w} \end{pmatrix} \\ &= \begin{pmatrix} \cos \widehat{\gamma}^* \cos \widehat{\varphi}^* & \cos \widehat{\gamma}^* \sin \widehat{\varphi}^* & -\sin \widetilde{\gamma} & 0 \\ -\sin \widehat{\varphi}^* & \cos \widehat{\varphi}^* & 0 & 0 \\ \sin \widehat{\gamma}^* \cos \widehat{\varphi}^* & \sin \widehat{\gamma}^* \sin \widehat{\varphi}^* & \cos \widetilde{\gamma} & 0 \\ 0 & 0 & 0 & 1 \end{pmatrix} \cdot \begin{pmatrix} \widehat{x} \\ \widehat{y} \\ \widehat{z} \\ \widehat{w} \end{pmatrix}. \end{aligned} \tag{3.43}$$

Die Werte in der Transformationsmatrix (3.43) können durch Koordinaten des Einheitsvektors $\overrightarrow{n} = \left(\widehat{x}_n, \widehat{y}_n, \widehat{z}_n, 0\right)$ ausgedrückt werden:

$$\sin \widehat{\varphi}^* = \frac{\widehat{y}_n}{\sqrt{\widehat{x}_n^2 + \widehat{y}_n^2}}, \quad \cos \widehat{\varphi}^* = \frac{\widehat{x}_n}{\sqrt{\widehat{x}_n^2 + \widehat{y}_n^2}}, \quad \cos \widehat{\gamma}^* = \widehat{z}_n, \quad \sin \widehat{\gamma}^* = \sqrt{1 - \widehat{z}_n^2} = \sqrt{\widehat{x}_n^2 + \widehat{y}_n^2}.$$

Das Einsetzen dieser Werte in die Transformationsmatrix ergibt:

$$\begin{pmatrix} \widetilde{x} \\ \widetilde{y} \\ \widetilde{z} \\ \widetilde{z} \end{pmatrix} = \begin{pmatrix} \frac{\widehat{x}_n \widehat{z}_n}{\sqrt{\widehat{x}_n^2+\widehat{y}_n^2}} & \frac{\widehat{y}_n \widehat{z}_n}{\sqrt{\widehat{x}_n^2+\widehat{y}_n^2}} & -\sqrt{\widehat{x}_n^2 + \widehat{y}_n^2} & 0 \\ -\frac{\widehat{y}_n}{\sqrt{\widehat{x}_n^2+\widehat{y}_n^2}} & \frac{\widehat{x}_n}{\sqrt{\widehat{x}_n^2+\widehat{y}_n^2}} & 0 & 0 \\ \widehat{x}_n & \widehat{y}_n & \widehat{z}_n & 0 \\ 0 & 0 & 0 & 1 \end{pmatrix} \cdot \begin{pmatrix} \widehat{x} \\ \widehat{y} \\ \widehat{z} \\ \widehat{w} \end{pmatrix}. \tag{3.44}$$

Der Einheitsvektor $\overrightarrow{n} = (\widehat{x}_n, \widehat{y}_n, \widehat{z}_n, 0)$ – die Ausbreitungsrichtung der hinausgehenden Strahlung – hat im Koordinatensystem $(O, \widetilde{x}, \widetilde{y}, \widetilde{z}, \widetilde{w})$ die Koordinaten (0, 0, 1, 0). Der Vektor

$$\vec{e}_\perp = \left(-\frac{\hat{y}_n}{\sqrt{\hat{x}_n^2 + \hat{y}_n^2}}, \frac{\hat{x}_n}{\sqrt{\hat{x}_n^2 + \hat{y}_n^2}}, 0 \right),$$

die Polarisationsrichtung der parallel polarisierten Welle, hat die Koordinaten (0, 1, 0, 0) . Somit geben diese Vektoren die Richtungen der Achsen $O\widetilde{z}$ und $O\widetilde{y}$ an. Der Punkt $(\hat{x}_j, \hat{y}_j, \hat{z}_j, 1)$ hat im Koordinatensystem $(\widetilde{x}, \widetilde{y}, \widetilde{z}, \widetilde{w})$ die Koordinaten

$$\begin{cases} \widetilde{x}_j = \frac{(\hat{x}_n\hat{x}_j + \hat{y}_n\hat{y}_j)\hat{z}_n}{\sqrt{\hat{x}_n^2 + \hat{y}_n^2}} - \hat{z}_j\sqrt{\hat{x}_n^2 + \hat{y}_n^2}, \\ \widetilde{y}_j = \frac{\hat{x}_n\hat{y}_j - \hat{y}_n\hat{x}_j}{\sqrt{\hat{x}_n^2 + \hat{y}_n^2}}, \\ \widetilde{z}_j = \hat{x}_n\hat{x}_j + \hat{y}_n\hat{y}_j + \hat{z}_n\hat{z}_j. \end{cases}$$

Die Gleichung der Geraden a nimmt im Koordinatensystem $(\widetilde{x}, \widetilde{y}, \widetilde{z}, \widetilde{w})$ die Form

$$\begin{pmatrix} \widetilde{x}_a \\ \widetilde{y}_a \\ \widetilde{z}_a(t) \\ 1 \end{pmatrix} = \begin{pmatrix} \widetilde{x}_j \\ \widetilde{y}_j \\ \widetilde{z}_j \\ 1 \end{pmatrix} + \begin{pmatrix} 0 \\ 0 \\ 1 \\ 0 \end{pmatrix} \cdot t = \begin{pmatrix} \widetilde{x}_j \\ \widetilde{y}_j \\ 0 \\ 1 \end{pmatrix} + \begin{pmatrix} 0 \\ 0 \\ 1 \\ 0 \end{pmatrix} \cdot (\widetilde{z}_j + t)$$

an. Die Gerade a schneidet die $\widetilde{x}\widetilde{y}$-Ebene in dem Punkt $(\widetilde{x}_j, \widetilde{y}_j, 0, 1)$ und verläuft parallel zu der Achse $\widetilde{z}$.

Welche Polarisation und welche Energie hat der Lichtstrahl beim Verlassen der Kugel? Der Lichtstrahl geht beim Verlassen der Kugel in die Richtung z. Die Achsen x und y sind an der Streuebene der letzten Streuung ausgerichtet. Die Achse y verläuft senkrecht zu der Streuebene, die Achse x liegt in dieser Ebene. Der Lichtanteil mit der Polarisationsrichtung x hat die Energie W_{ix}. Der Lichtanteil mit der Polarisationsrichtung y hat die Energie W_{iy}.

Das Koordinatensystem $(\widetilde{x}, \widetilde{y}, \widetilde{z}, \widetilde{w})$ dient dazu, den hinausgehenden, gegebenenfalls mehrfach gestreuten Lichtstrahl als Produkt einer einfachen Streuung zu beschreiben. Seine Achse $\widetilde{z}$ zeigt ebenso wie die Achse z im Koordinatensystem (x, y, z, w) die Richtung des hinausgehenden Lichtstrahls an. Die Achsen $\widetilde{x}$ und $\widetilde{y}$ orientieren sich an einer Ebene, die sowohl zum hinausgehenden als auch zum einfallenden Strahl parallel ist. Die Achse $\widetilde{y}$ ist senkrecht zu dieser Ebene, die Achse $\widetilde{x}$ ist zu ihr parallel.

Um die Polarisation des hinausgehenden Strahls bei dieser virtuellen einfachen Streuung zu beschreiben, muss der Winkel zwischen der letzten Streuebene xz und der Ebene $\widetilde{x}\widetilde{z}$ ermittelt werden. Hierfür reicht es aus, den Winkel zwischen den Achsen y und $\widetilde{y}$ zu bestimmen. Die Richtung der y-Achse wird im Koordinatensystem (x, y, z, w) mit dem

Vektor $(0,1,0,0)$ beschrieben. Dieser Vektor kann mit Hilfe der Transformationsmatrix T_j ins Koordinatensystem $(O,\overline{x},\overline{y},\overline{z},\overline{w})$ und anschließend mit der Umrechnungsregel (3.33) ins Koordinatensystem $(\hat{x},\hat{y},\hat{z},\hat{w})$ übertragen werden:

$$\overrightarrow{e_y} = \begin{pmatrix} \hat{x}_{e_y} \\ \hat{y}_{e_y} \\ \hat{z}_{e_y} \\ 0 \end{pmatrix} = \begin{pmatrix} -\cos\theta_L & 0 & \sin\theta_L & 0 \\ 0 & 1 & 0 & 0 \\ -\sin\theta_L & 0 & -\cos\theta_L & 0 \\ 0 & 0 & 0 & 1 \end{pmatrix} \cdot T_j \cdot \begin{pmatrix} 0 \\ 1 \\ 0 \\ 0 \end{pmatrix}.$$

Der Kosinus des Winkels α zwischen der y-Achse und der $\widetilde{y}$-Achse kann aus dem Skalarprodukt der Vektoren $\overrightarrow{e_y}$ und $\overrightarrow{e_\perp}$ bestimmt werden:

$$\cos\alpha = \frac{\overrightarrow{e_y} \cdot \overrightarrow{e_\perp}}{\left|\overrightarrow{e_y}\right| \cdot \left|\overrightarrow{e_\perp}\right|} = \frac{\hat{y}_{e_y}\hat{x}_n - \hat{x}_{e_y}\hat{y}_n}{\sqrt{\hat{x}_n^2 + \hat{y}_n^2}}.$$

Die Energie des hinausgehenden Strahls verteilt sich auf folgende Weise auf Wellen mit Polarisationsrichtungen $\widetilde{\mathrm{x}}$ und $\widetilde{\mathrm{y}}$:

$$\mathrm{W}_{\mathrm{s}\|} = W_{ix}\cos^2\alpha + \mathrm{W}_{\mathrm{iy}}\sin^2\alpha = \mathrm{W}_{\mathrm{iy}} + \left(W_{ix} - W_{iy}\right)\cos^2\alpha, \quad \left(\widetilde{\mathrm{x}} - \text{Polarisation}\right)$$

$$\mathrm{W}_{\mathrm{s}\perp} = W_{ix}\sin^2\alpha + \mathrm{W}_{\mathrm{iy}}\cos^2\alpha = W_{ix} + \left(\mathrm{W}_{\mathrm{iy}} - \mathrm{W}_{\mathrm{ix}}\right)\cos^2\alpha. \quad \left(\widetilde{\mathrm{y}} - \text{Polarisation}\right)$$

3.4.3.10 Protokollieren der Ergebnisse

Das Intervall $[0,\pi[$ wird in 180 Intervalle mit jeweils einem Grad Breite aufgeteilt. Für jedes Streuwinkelintervall $\left[\frac{i\pi}{180}, \frac{(i+1)\pi}{180}\right[$ mit $i = 0,\ldots,179$ werden für alle Zielradien R_t Statistiken über die Positionen der hinausgehenden Strahlen, ihre Energie und Polarisationsrichtungen geführt.

Um die Positionen der hinausgehenden Strahlen zu protokollieren, werden die Koordinaten dieser Strahlen im Koordinatensystem $(\widetilde{x},\widetilde{y},\widetilde{z},\widetilde{w})$ verwendet. Die $\widetilde{x}\widetilde{y}$-Ebene dieses Koordinatensystems verläuft durch den Mittelpunkt der Kugel O senkrecht zum hinausgehenden Stahl. Die gemeinsamen Punkte der Kugel und der Koordinatenebene $\widetilde{x}O\widetilde{y}$ bilden einen Kreis mit dem Radius R_t.

Dieser Kreis wird wie in der Abb. 3.12 dargestellt zunächst in $2m$ Kreisbögen und einen sehr kleinen Kreis mit dem Mittelpunkt O aufgeteilt:

$$\begin{aligned} B_m^*(0,R_t) &= \left\{(\widetilde{x},\widetilde{y}) : \tfrac{\sqrt{\widetilde{x}^2+\widetilde{y}^2}}{R_t} \le \tfrac{\varepsilon}{m}\right\} \mathit{für}\ \varepsilon \ll 1, \\ B_m^*(j,R_t) &= \left\{(\widetilde{x},\widetilde{y}) : \max\left\{\tfrac{|j|-1}{m},\tfrac{\varepsilon}{m}\right\} < \tfrac{\sqrt{\widetilde{x}^2+\widetilde{y}^2}}{R_t} \le \tfrac{|j|}{m}, \widetilde{y} \ge 0\right\}, \quad \forall j = 1,..,m \\ B_m^*(j,R_t) &= \left\{(\widetilde{x},\widetilde{y}) : \max\left\{\tfrac{|j|-1}{m},\tfrac{\varepsilon}{m}\right\} < \tfrac{\sqrt{\widetilde{x}^2+\widetilde{y}^2}}{R_t} \le \tfrac{|j|}{m}, \widetilde{y} < 0\right\}, \quad \forall j = -1,..,-m \end{aligned} \tag{3.45}$$

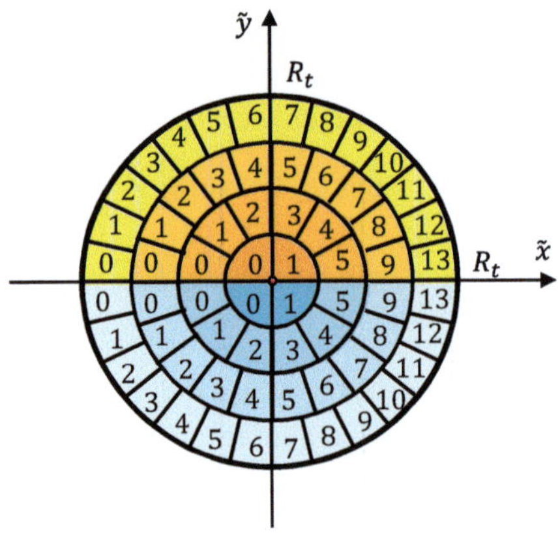

Abb. 3.12 Querschnitt der Kugel, aufgeteilt in Bereiche mit ähnlicher Entfernung von dem Mittelpunkt der Kugel und ähnlicher Entfernung von der Ebene der ersten Streuung. Der einfallende Strahl verläuft senkrecht zu der Achse $\widetilde{y}$ und wird im Ursprung des Koordinatensystems zum ersten Mal gestreut. Der hinausgehende Strahl verläuft senkrecht zu der Bildebene und wird von einem Beobachter als ein heller Punkt in einem der nummerierten Bereiche wahrgenommen. Die Projektion der Lichtquelle auf die Ebene $O\widetilde{x}\widetilde{y}$ liegt auf dem nicht negativen Teil der Achse $O\widetilde{x}$

Die Kreisbögen werden in gleich große Sektoren aufgeteilt:

$$B_m(j,k,R_t) = \left\{ \left(\widetilde{x},\widetilde{y}\right) \in B_m^*(j,R_t) : \frac{k\pi}{4|j|-2} \leq \pi - \arccos\frac{\widetilde{x}}{\sqrt{\widetilde{x}^2+\widetilde{y}^2}} < \frac{(k+1)\pi}{4|j|-2} \right\} \quad (3.46)$$
$$\forall j : |j| = 1,..,m, \quad \forall k = 1,\ldots,4|j|-3$$

Die Bereiche $B_m(j,k,R_t)$ werden im Folgenden als *Querschnittsektoren* bezeichnet. Die Bereiche $B_m^*(j,R_t)$ werden *Querschnittbereiche* genannt.

Behauptung 3-1 Flächen der Querschnittsektoren

a) *Die Fläche des Querschnittsektors* $\mathrm{B_m(j,k,R_t)}$ *mit* $|\mathrm{j}| > 1$ *ist*

$$\mathrm{A(B_m(j,k,R_t))} = \frac{\pi R_t^2}{4\mathrm{m}^2}.$$

b) *Die Fläche des Querschnittsektors* $\mathrm{B_m(1,k,R_t)}$ *ist*

$$\mathrm{A(B_m(1,k,R_t))} = \left(1-\varepsilon^2\right)\frac{\pi R_t^2}{4\mathrm{m}^2}.$$

Beweis: A) Der Querschnittsektor $B_m(j,k,R_t)$ ist ein Teil des Ringes zwischen den Kreisen $\left(O, \frac{|j|-1}{m}R_t\right)$ und $\left(O, \frac{|j|}{m}R_t\right)$. Die Fläche dieses Ringes ist:

$$\frac{\lfloor j \rfloor^2}{m^2}\pi R_t^2 - \frac{(\lfloor j \rfloor - 1)^2}{m^2}\pi R_t^2 = \frac{2\lfloor j \rfloor - 1}{m^2}\pi R_t^2.$$

Der Querschnittsektor $B_m(j, k, R_t)$ hat die Winkelbreite

$$\left(\pi - \frac{k\pi}{4\lfloor j \rfloor - 2}\right) - \left(\pi - \frac{(k+1)\pi}{4\lfloor j \rfloor - 2}\right) = \frac{\pi}{4\lfloor j \rfloor - 2}.$$

Der Ring erstreckt sich über den Sektor mit der Breite 2π. Folglich ist die Fläche des Querschnittsektors $B_m(j, k, R_t)$ um einen Faktor $2\pi \cdot \frac{4\lfloor j \rfloor - 2}{\pi}$ kleiner als die Fläche des Rings:

$$A(B_m(j, k, R_t)) = \frac{2\lfloor j \rfloor - 1}{m^2}\pi R_t^2 \cdot \frac{1}{2(4\lfloor j \rfloor - 2)} = \frac{\pi R_t^2}{4m^2}.$$

∎

Für jeden Querschnittsektor $B_m(j, k, R_t)$ werden die Gesamtenergien der Strahlen mit der senkrechten bzw. parallelen Polarisation protokolliert, die aus der Kugel (O, R_t) so hinausgehen, dass sie für einen weit entfernten Beobachter, als Punkte in diesem Bereich des Kugelquerschnitts erscheinen.

Einfach gestreute Strahlen folgen immer der Achse $\tilde{z}$ und erhellen den Punkt $(0, 0)$. Deshalb werden einfach gestreute Strahlen dem Bereich

$$B_m(0, 0, R_t) = B_m^*(0, R_t) \tag{3.47}$$

zugeordnet. Auch für diesen Bereich werden die Gesamtenergie der Strahlen mit der senkrechten Polarisation und die Gesamtenergie der Strahlen mit der parallelen Polarisation aufgezeichnet.

Die Anzahl der durchgeführten Versuche wird ebenfalls protokolliert. Weil in jedem Versuch die gleiche Energiemenge verteilt wird, kann die Gesamtmenge der gestreuten und absorbierten Energie aus der Anzahl durchgeführter Versuche berechnet werden.

3.4.3.11 Vergrößern des Zielradius

Hat der Lichtstrahl die Sphäre mit dem Zielradius R_t bereits erreicht und ist $R_t < R_{max}$, so wird $t := t + 1$ gesetzt und der nächst größere Zielradius R_t wird gewählt. Liegt der neue Streupunkt $(\overline{x}_j, \overline{y}_j, \overline{z}_j)$ außerhalb der Kugel mit dem Radius R_t oder an ihrer Oberfläche

$$\sqrt{\overline{x}_j^2 + \overline{y}_j^2 + \overline{z}_j^2} \geq R_t,$$

so wird geprüft, wie der Lichtstrahl diese Kugel verlässt (Abschn. 3.4.3.9).

3.4.3.12 Prüfen der Endbedingungen

Liegt der neue Streupunkt $(\overline{x}_j, \overline{y}_j, \overline{z}_j)$ innerhalb der Kugel mit dem Radius R_{max}

$$\sqrt{\overline{x}_j^2 + \overline{y}_j^2 + \overline{z}_j^2} < R_{max},$$

so wird $j := j + 1$ gesetzt und eine weitere Iteration wird ausgeführt. Die Iteration beginnt in diesem Fall mit der Wahl einer Streuebene (Abschn. 3.4.3.2). Hat der Lichtstrahl die Sphäre mit dem Radius R_{max} erreicht, so ist der aktuelle Versuch zu Ende. In der nächsten Iteration wird ein neuer Versuch gestartet (Abschn. 3.4.3.1). Das Verfahren endet, wenn eine bestimmte Anzahl Versuche erreicht ist.

3.4.4 Ergebnis der Monte-Carlo-Simulation

Das oben beschriebene Verfahren wurde verwendet, um die Lichtstreuung in einem Volumen mit einer für Cumuluswoken typischen Tröpfchengrößenverteilung und einer Anzahldichte von 300 Tröpfchen pro Kubikzentimeter zu berechnen. Als Ausgangsdaten wurden Amplitudenstreufunktionen aus der Abb. 3.10 verwendet, die die einfache Streuung des Lichts mit der Wellenlänge 0,65 µm beschreiben. Ausgewertet wurden Wege von 600.000 Lichtstrahlen.

In der Abb. 3.13 werden die Ergebnisse der Monte-Carlo-Simulation für die Streuung der senkrecht und parallel polarisierten Strahlung an einer sehr kleinen Kugel mit einem Radius von 0,001 m mit analog zu Abschn. 3.3 berechneten Leistungsverteilungen der senkrecht und parallel polarisierten Strahlung bei einer einfachen Streuung verglichen. Die Abweichungen der Simulationsergebnisse von den vorgegebenen Verteilungen sind klein.

Die Abb. 3.14 zeigt den Zusammenhang zwischen der Leistung der gestreuten Strahlen und dem Winkelabstand zwischen der Richtung dieser Strahlen und der Richtung der einfallenden direkten Sonnenstrahlen. Jede Kurve zeigt die Verteilung der gestreuten Strahlung in einer bestimmten Entfernung von dem Ort der ersten Streuung. Die Graphik mit der Entfernung von 0,001 m entspricht in etwa der Leistungsverteilung bei einer einfachen Streuung. Sie zeigt ein stark ausgeprägtes, in der Abb. 3.14 a sichtbares Maximum in dem Streuwinkelintervall $\left[\frac{\pi}{180}, \frac{2\pi}{180}\right]$. Mit wachsender Entfernung von dem Ort der ersten Streuung wird der Anteil der einfach gestreuten Strahlung geringer, der Anteil der mehrmals gestreuten Strahlung nimmt zu. Je weiter sich die Strahlung von dem Ort ihrer ersten Streuung entfernt, umso kleiner wird das Maximum im Streuwinkelintervall $\left[\frac{\pi}{180}, \frac{2\pi}{180}\right]$. Der Strahlenfluss verteilt sich in andere Richtungen und weicht immer weiter von der Richtung der direkten Sonnenstrahlen ab. In einer Entfernung von 108 m wird der maximale Strahlenfluss nicht mehr im Streuwinkelintervall $\left[\frac{\pi}{180}, \frac{2\pi}{180}\right]$, sondern im Intervall $\left[\frac{34}{180}, \frac{35}{180}\right]$ erreicht.

Die Abb. 3.15 zeigt die Abhängigkeit zwischen der Größe der betrachteten Kugel und dem Leistungsanteil der Strahlen, die diese Kugel so verlassen, dass ihre Energie einen bestimmten Bereich des Kugelquerschnitts erhellt (Abschn. 3.4.3.10). Dem Querschnittbereich $B_m^*(0, R)$ werden Lichtstrahlen zugeordnet, die nur ein Mal gestreut werden und die Kugel auf einer durch die Mitte der Kugel (Ort der ersten Streuung) verlaufenden Geraden verlassen. Die Leistung der Strahlen aus diesem Bereich verringert sich mit der wachsenden Entfernung exponentiell, weil diese Strahlen erneut gestreut werden.

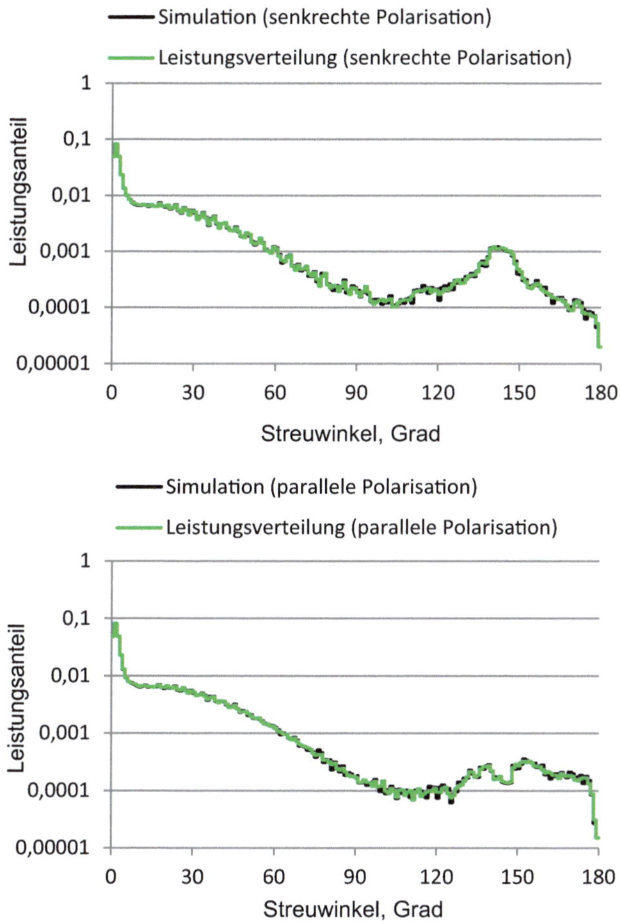

Abb. 3.13 Leistungsverteilung bei einer einfachen Streuung und das Ergebnis der Monte-Carlo-Simulation für ein kugelförmiges Volumen mit dem Radius 0,001 m

Die Bereiche $B^*_m(j,R)$ mit $j \neq 0$ sind die um die Mitte des Kugelquerschnitts angeordneten Kreisbögen aus der Abb. 3.12. Die Strahlung, die diese Bereiche des Kugelquerschnitts erhellt, ist mehrfach gestreut. Ihr Leistungsanteil nimmt mit wachsender Entfernung von dem Ort der ersten Streuung zunächst zu und wird später gegebenenfalls wieder kleiner (Abb. 3.15 a), weil sich die Strahlung durch erneute Streuung auf andere Querschnittbereiche verteilt.

In der Abb. 3.16 werden Leistungsanteile der Strahlen angegeben, die laut Simulationsergebnissen eine um den Ort der ersten Streuung gelegte Kugel mit einem Radius von 90 m in einem Winkel von 30–31° beziehungsweise 140–141° zu der Richtung des einfallenden Strahls verlassen und von einem weit entfernten Beobachter als Helligkeit in unterschiedlichen Teilen des Kugelquerschnitts wahrgenommen werden.

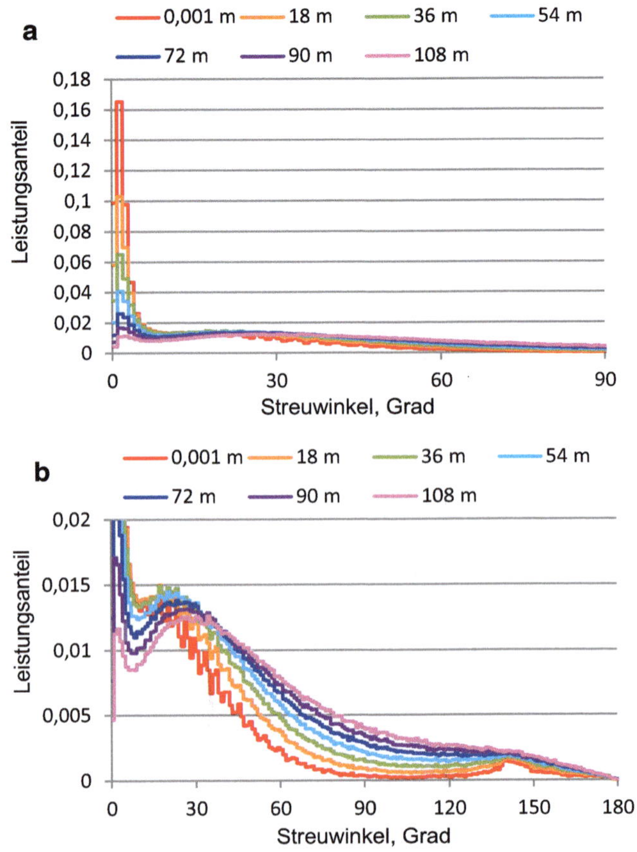

Abb. 3.14 Verteilung der gestreuten Strahlung in Abhängigkeit von dem Streuwinkel in unterschiedlichen Entfernungen von dem Ort der ersten Streuung: a) Nach vorne gestreute Strahlung; b) Leitungsanteile unter 2 % in einer höheren Auflösung

Jede Kurve beschreibt die Leistungsverteilung in verschiedenen Sektoren eines bestimmten Querschnittbereichs $B_m^*(j,R)$. Diese Sektoren sind in der Abb. 3.12 als nummerierte Flächenstücke dargestellt. In der Abb. 3.16 werden die Grenzen der einzelnen Sektoren durch ihre Winkel zur Achse $O\widetilde{x}$ angegeben.

Die Sektoren mit Nummern Null werden in der Abb. 3.12 an einer Seite durch den Strahl begrenzt, der mit dem positiven Teil der Achse $O\widetilde{x}$ einen Winkel von 180° bildet. Dementsprechend beginnen oder enden diese Sektoren auch in der Abb. 3.16 bei einem Winkel von 180°, in der Mitte der Graphik. In jedem Querschnittbereich $B_m^*(j,R)$ endet der Sektor mit den größten Nummer am positiven Teil der Achse $O\widetilde{x}$ (Abb. 3.12). Deshalb liegen die Segmente mit den größten Nummern auch in der Abb. 3.16 entweder bei 0° oder bei 360°, am linken oder rechten Rand der Graphik.

Die Abb. 3.16 a zeigt die Leistungsverteilung für schräg nach vorne gestreute Strahlen. In Sektoren mit kleinen Nummern (im mittleren Teil der Abb. 3.16) fließt wesentlich mehr Energie als in Sektoren mit größeren Nummern. Diese Differenz erklärt sich dadurch, dass Strahlen, die bei ihrer ersten Streuung nach vorn gestreut werden, durch Querschnittsektoren mit kleinen Nummern verlaufen und ihre Richtung nur wenig än-

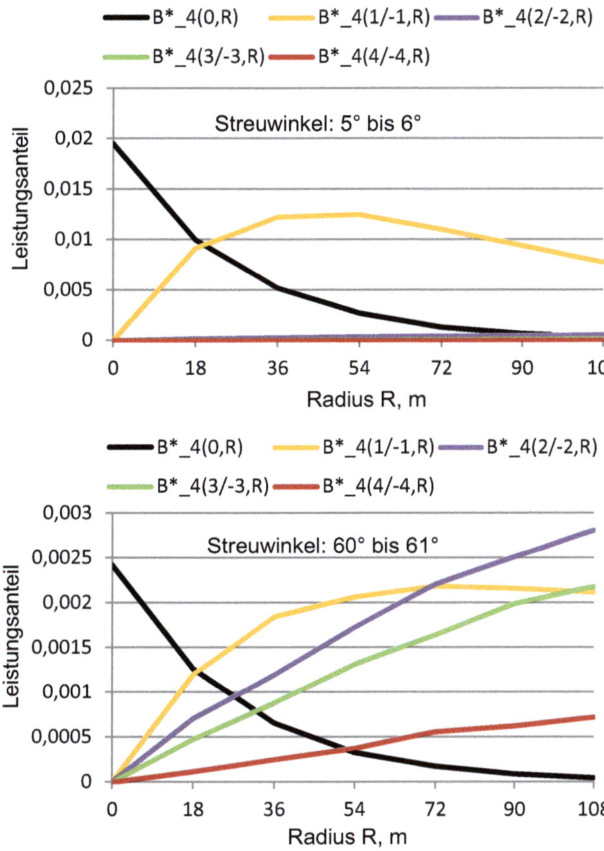

Abb. 3.15 Leistungsanteile der Strahlen, die sich bei Verlassen der Kugel mit dem Radius R in einem Winkel von 5–6° (oben) bzw. 60–61° (unten) zu direkten Sonnenstrahlen ausbreiten, aufgeteilt nach Bereichen des Kugelquerschnitts, die sie heller erscheinen lassen. Die Leistungsanteile der Querschnittbereiche $B_4^*(j, R)$ und $B_4^*(-j, R)$ sind jeweils mit einer Kurve dargestellt

dern müssen, um diese Sektoren zu erhellen. Die Querschnittsektoren mit großen Nummern werden hauptsächlich durch Strahlen erhellt, die zuvor entweder in einem großen Streuwinkel gestreut wurden oder viele Streuungen erlebten. In der Abb. 3.16 a ist die Leistungsverteilung für schräg nach hinten gestreute Strahlen dargestellt. Die Leistungsdifferenzen zwischen Sektoren sind in diesem Fall deutlich geringer.

Die Abb. 3.17 zeigt für jedes Streuwinkelintervall $\left[\frac{i\pi}{180}, \frac{(i+1)\pi}{180}\right[$ mit $i \in \mathbb{N}_0$ den Quotienten der Leistung, die laut Simulation von elektromagnetischen Wellen mit paralleler und senkrechter Polarisation getragen wird, wenn sich diese Wellen um 90 m von dem Ort ihrer ersten Streuung entfernen, zu der Leistung, die bei der ersten Streuung dem einfallenden direkten Sonnenstrahl entnommen wird. In dem Streuwinkelintervall von 25° bis 90° tragen parallel polarisierte Wellen eine höhere Leistung. Für Streuwinkel von 130° bis 150° überwiegt die senkrechte Polarisation. Auffällig ist, dass die Gesamtleistung der parallel polarisierten Strahlung in dem Ergebnis der Simulation um einen Faktor 1,012 höher ist als die Gesamtleistung der senkrecht polarisierten Strahlung. Ein Ungleichgewicht zwischen Strahlungsanteilen mit senkrechter und paralleler Polarisa-

Abb. 3.16 Aufteilung der gestreuten Strahlung auf einzelne Sektoren der Querschnittbereiche $B_4^*(j, R)$ für eine Kugel mit dem Radius R = 90 m. Die Graphik a) zeigt die Leistungsanteile der Strahlung, die die Kugel schräg nach vorne in einem Streuwinkel von 30–31° verlässt. Die Graphik b) zeigt entsprechende Leistungsanteile für schräg nach hinten gestreute Strahlen mit einem Streuwinkel von 140–141°

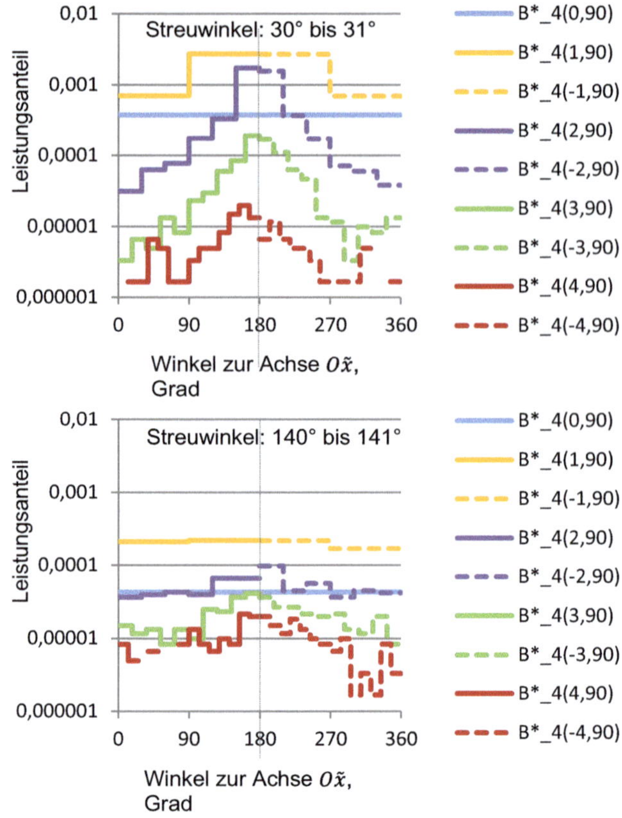

Abb. 3.17 Leistungsanteile der gestreuten elektromagnetischen Wellen mit paralleler und senkrechter Polarisation in 90 m Entfernung von dem Ort der ersten Streuung

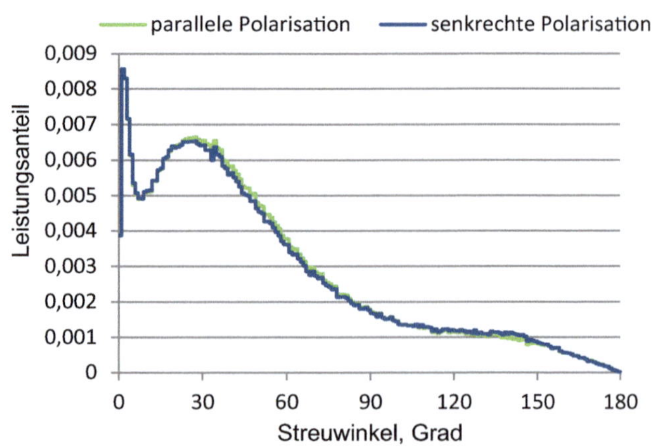

tion würde der Symmetrie der Streuung an einer Kugel widersprechen. Daher ist dieses Ungleichgewicht vermutlich auf einen Fehler zurückzuführen.

Die Ursache dieses Fehlers sind wohl die Ungenauigkeiten in der Berechnung der Wahrscheinlichkeitsverteilung (3.35). In unserer Berechnung hatten die beiden Integrale in dem Nenner der Formel (3.35) unterschiedliche Werte

$$\int_0^{\gamma} \mathrm{E}\left(\left|S_1(\widehat{\gamma},0)\right|^2\right) \sin\widehat{\gamma}\, d\widehat{\gamma} = 1847,8, \quad \int_0^{\gamma} \mathrm{E}\left(\left|S_2(\widehat{\gamma},0)\right|^2\right) \sin\widehat{\gamma}\, d\widehat{\gamma} = 1853,4.$$

Aus diesem Grund war der Anteil der parallel polarisierten Strahlung bei einer einfachen Streuung um einen Faktor 1,003 höher als der Anteil der senkrecht polarisierten Strahlung. Die Lichtstrahlen, die in der Simulation eine Entfernung von 90 m zurücklagen, waren im Durchschnitt 4,9 Mal gestreut. Wenn sich der Anteil der parallel polarisierten Strahlen bei jeder Streuung um einen Faktor 1,003 erhöht, muss ihr Anteil nach einer 4,9-fachen Streuung etwa $1{,}003^{4{,}9} = 1{,}015$ betragen. Das passt zu dem Ergebnis der Simulation. Die Differenzen zwischen den beiden Integralen können durch Ungenauigkeit der linearen Interpolation oder durch Ungenauigkeit in der Berechnung der Amplitudenstreufunktionen erklärt werden. Da Amplitudenstreufunktionen numerisch berechnet werden, könnten einige zusätzliche Iterationen eventuell eine höhere Genauigkeit erwirken.

3.5 Mehrfache Streuung in einer nicht homogenen Umgebung

Im Kap. 2 wurden Methoden zum Berechnen der optischen Tiefe vorgestellt, die die räumliche Veränderung der Anzahldichte in einer durch Schwerkraft und Temperaturschwankungen geprägten Erdatmosphäre berücksichtigen. Das Kombinieren dieser Methoden mit dem Monte-Carlo-Verfahren aus dem Abschn. 3.4 ermöglicht das Simulieren einer Mehrfachstreuung bei einer beliebigen Verteilung der streuenden Teilchen.

Wir betrachten die folgende Modifikation der Aufgabenstellung aus dem Abschn. 3.4:

- Das betrachtete kugelförmige Volumen enthält Teilchentypen mit unterschiedlicher räumlicher Verteilung (Luftmoleküle, Background-Aerosolpartikel, ortstypische Aerosolpartikel, Wasserdampfmoleküle, Wassertröpfchen etc.);
- Die Anzahldichte der Teilchen wird für jeden Teilchentyp τ durch eine nach Abschn. 2.8.2 definierte Funktion $n_\tau(\overline{\rho}, \overline{\alpha}, \overline{z})$ vorgegeben.
- Für jeden Teilchentyp τ werden durchschnittliche Amplitudenstreufunktionen $S_{q,\tau}(\gamma, \varphi)$, der durchschnittliche Streuwirkungsquerschnitt $\sigma_{sca,\tau}$ und der durchschnittliche Absorptionswirkungsquerschnitt $\sigma_{abs,\tau}$ eines zufällig gewählten Teilchens vorgegeben. Amplitudenstreufunktionen und Wirkungsquerschnitte werden als konstant angenommen.
- Der einfallende Lichtstrahl kommt aus einer Richtung mit dem Zenitwinkel θ_L.

- Das Ziel der Simulation ist, für alle $i = 0, \ldots, 179$, $j = 0, .., m$, $k = 0, \ldots, 4j - 3$ und $l = 1, \ldots, \frac{2\pi}{\Delta\varphi}$ Leistungsanteile der senkrecht und parallel polarisierten Strahlung zu ermitteln, die sich bei Verlassen der Kugel $(0, R)$ im Azimutsektor $[(l-1) \cdot \varphi, l \cdot \varphi]$ und in einem Winkel $\left[\frac{i\pi}{180}, \frac{(i+1)\pi}{180}\right[$ zu dem einfallenden Lichtstrahl ausbreitet und für einen in dieser Richtung stehenden Beobachter den Querschnittsektor $B_m(j, k, R)$ heller erscheinen lässt.

3.5.1 Koordinatensystem zur Berechnung der optischen Tiefe

Um die Verteilung der Teilchen in die Simulation einzubeziehen, wird zusätzlich zu den im Abschn. 3.4.1 genannten Koordinatensystemen ein Zylinderkoordinatensystem $(A, \overline{\rho}, \overline{\alpha}, \overline{z})$ verwendet. Der Ursprung dieses Koordinatensystem liegt in einem Punkt A, der im horizontal ausgerichteten Koordinatensystem $(O, \overline{x}, \overline{y}, \overline{z}, \overline{w})$ die Koordinaten $(\overline{x}_A, \overline{y}_A, 0)$ besitzt (Abb. 3.18). Die Achse $A\overline{z}$ geht vertikal nach oben, sodass die $\overline{z}$-Koordinate des Zylinderkoordinatensystems $(A, \overline{\rho}, \overline{\alpha}, \overline{z})$ mit der $\overline{z}$-Koordinate des Koordinatensystems $(O, \overline{x}, \overline{y}, \overline{z}, \overline{w})$ übereinstimmt. Die Polarkoordinaten $\overline{\rho}$ und $\overline{\alpha}$ beschreiben die Projektion eines Punktes auf die Ebene $O\overline{xy}$ und erfüllen die Gleichungen

$$\begin{cases} \overline{x} = \overline{x}_A + \overline{\rho} \cos \overline{\alpha}, \\ \overline{y} = \overline{y}_A + \overline{\rho} \sin \overline{\alpha}. \end{cases} \tag{3.48}$$

Der Übergang vom kartesischen Koordinatensystem $(O, \overline{x}, \overline{y}, \overline{z}, \overline{w})$ zum Zylinderkoordinatensystem $(O, \overline{\rho}, \overline{\alpha}, \overline{z})$ erfolgt durch

$$\overline{\rho} = \sqrt{(\overline{x} - \overline{x}_A)^2 + (\overline{y} - \overline{y}_A)^2}, \tag{3.49}$$

$$\overline{\alpha} = \begin{cases} \arctan \frac{\overline{y} - \overline{y}_A}{\overline{x} - \overline{x}_A}, & \textit{falls } \overline{x} > \overline{x}_A \\ \pi + \arctan \frac{\overline{y} - \overline{y}_A}{\overline{x} - \overline{x}_A}, & \textit{falls } \overline{x} < \overline{x}_A, \\ \frac{\pi}{2} \cdot \textit{sign}(\overline{y} - \overline{y}_A), & \textit{falls } \overline{x} = \overline{x}_A. \end{cases} \tag{3.50}$$

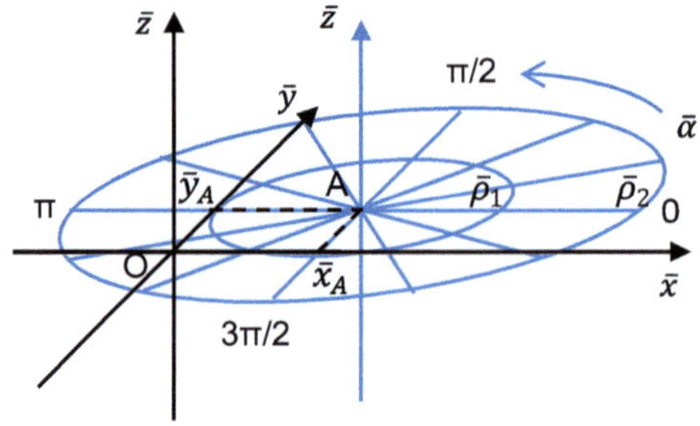

Abb. 3.18 Zylinderkoordinatensystem $(A, \overline{\alpha}, \overline{\rho}, \overline{z})$ und das kartesische Koordinatensystem $(O, \overline{x}, \overline{y}, \overline{z})$

3.5.2 Veränderung der Anzahldichte

Bezeichne T_0 die Menge der Teilchentypen, deren Anzahldichte sich nur in der vertikalen Richtung verändert, und T_1 die Menge der Teilchentypen, deren Anzahldichte auch horizontal variiert. Die Anzahldichte der Teilchen mit einer horizontal variierenden Anzahldichte wird für jeden Teilchentyp $\tau \in T_1$ mit einer Funktion

$$n_\tau(\overline{\rho}, \overline{\alpha}, \overline{z}) = \frac{1}{2}\sum_{i=0}^{2}\left(1 - \frac{b_\tau}{z_E}\overline{\rho}\cos\left(\overline{\alpha} - \overline{\alpha}_\tau - \frac{2i}{3}\pi\right)\right)\cdot f_{\tau,i}(\overline{z} - \overline{z}_E) - \frac{1}{6}\sum_{i=0}^{2} f_{\tau,i}(\overline{z} - \overline{z}_E) \tag{3.51}$$

vorgegeben (analog zu Abschn. 2.8.2). Teilchentypen ohne horizontale Abhängigkeit werden jeweils mit einem vertikalen Profil beschrieben:

$$n_\tau(\overline{\rho}, \overline{\alpha}, \overline{z}) = f_{\tau,0}(\overline{z} - \overline{z}_E) \quad \textit{für } \tau \in T_0. \tag{3.52}$$

Das Produkt der Anzahldichte mit einem konstanten Extinktionswirkungsquerschnitt

$$\sigma_{ext,\tau}(\lambda) = \sigma_{sca,\tau}(\lambda) + \sigma_{abs,\tau}(\lambda) \tag{3.53}$$

ergibt den Extinktionskoeffizienten des Teilchentyps τ im Punkt $(\overline{\rho}, \overline{\alpha}, \overline{z})$:

$$K_{ext,\tau}(\lambda, \overline{\rho}, \overline{\alpha}, \overline{z}) = \sigma_{ext,\tau}(\lambda) n_\tau(\overline{\rho}, \overline{\alpha}, \overline{z}). \tag{3.54}$$

In dem Folgenden wird vereinfachend angenommen, dass die Veränderungen der Funktionen $f_{\tau,i}(\overline{z} - \overline{z}_E)$ im betrachteten Volumen jeweils mit einem Polynom des dritten Grades angenähert werden können (Abschn. 2.5.1).

3.5.3 Funktion zur Berechnung der optischen Tiefe

Vor dem Durchführen der Simulation werden für alle Zenitwinkel

$$\theta_s = (s + 0,5)\cdot\frac{\pi}{180} \quad \textit{mit} \quad s = 0, \ldots, 179 \tag{3.55}$$

und alle relevanten Teilchentypen $\tau \in T_1$ die Integrale

$$J^x_{\tau,i}(\lambda, \theta_s, r_A, r_B) = \sigma_{ext,\tau}(\lambda)\cdot\int_{r_A}^{r_B}\left(1 - \frac{b_\tau}{z_E}\overline{\rho}(\theta_s, r)\cos\left(\overline{\alpha}_\tau + \frac{2i}{3}\pi\right)\right) f_{\tau,i}(\overline{z}(\theta_s, r) - \overline{z}_E)dr, \tag{3.56}$$

$$J^y_{\tau,i}(\lambda, \theta_s, r_A, r_B) = \sigma_{ext,\tau}(\lambda)\cdot\int_{r_A}^{r_B}\left(1 - \frac{b_\tau}{z_E}\overline{\rho}(\theta_s, r)\cos\left(\overline{\alpha}_\tau + \frac{2i}{3}\pi - \frac{\pi}{2}\right)\right) f_{\tau,i}(\overline{z}(\theta_s, r) - \overline{z}_E)dr \tag{3.57}$$

$$J^*_{\tau,i}(\lambda, \theta_s, r_A, r_B) = \sigma_{ext,\tau}(\lambda)\cdot\int_{r_A}^{r_B} f_{\tau,i}(\overline{z}(\theta_s, r) - \overline{z}_E)dr \tag{3.58}$$

mit $i = 0, \ldots, 2$ und

$$\begin{cases} \overline{\rho}(\theta_s, r) = (r - r_A)\sin\theta_s \\ \overline{z}(\theta_s, \mathrm{r}) = (r - r_A)\cos\theta_s \end{cases} \tag{3.59}$$

gelöst. Für Teilchentypen $\tau \in T_0$ werden für alle Zenitwinkel (3.55) die Integrale (3.58) mit $i = 0$ benötigt. Die Lösungen der Integrale (3.56)–(3.58) haben nach Abschn. 2.6 die Form

$$J^a_{\tau,i}(\lambda, \theta_s, r_A, r_B) = \sum_{k=0}^{4} \frac{\mathrm{t}^{\mathrm{a}}_{\tau,\mathrm{i},\mathrm{k}}(\lambda, \theta_s)}{\mathrm{k}+1} \cdot (r_B - r_A)^{k+1} \quad \textit{für } a \in \{x, y, *\}. \tag{3.60}$$

Die Koeffizienten $\mathrm{t}^{\mathrm{a}}_{\tau,\mathrm{i},\mathrm{k}}(\lambda, \theta_s)$ werden verwendet, um für jedes $s = 0, \ldots, 179$ eine Funktion $\Upsilon_{\mathrm{s}} : \mathbb{R}^5 \to \mathbb{R}$ zu definieren, die für eine im Punkt $(\overline{x}, \overline{y}, 0)$ beginnende Strecke mit der Länge Δr, dem Azimut $\overline{\alpha}$ und dem Zenitwinkel $(s + 0,5)^\circ$ die optische Tiefe bei einer Bestrahlung mit dem Licht der Wellenlänge λ angibt:

$$\begin{aligned} \Upsilon_{\mathrm{s}}(\lambda, \overline{x}, \overline{y}, \overline{\alpha}, \Delta r) &= \sum_{k=0}^{4} Z_k(s, \lambda, \overline{x}, \overline{y}, \overline{\alpha}) \frac{\Delta r^{k+1}}{k+1} \qquad \text{mit} \\ Z_k(s, \lambda, \overline{x}, \overline{y}, \overline{\alpha}) &= \cos\overline{\alpha} \cdot H_{k,x}\left(\lambda, \frac{s+0,5}{180}\pi\right) + \sin\overline{\alpha} \cdot H_{k,y}\left(\lambda, \frac{s+0,5}{180}\pi\right) \\ &\quad + H_{k,*}\left(\lambda, \frac{s+0,5}{180}\pi\right) - (\overline{x} - \overline{x}_A) \cdot B_{k,x}\left(\lambda, \frac{s+0,5}{180}\pi\right) \\ &\quad - (\overline{y} - \overline{y}_A) \cdot B_{k,y}\left(\lambda, \frac{s+0,5}{180}\pi\right). \end{aligned} \tag{3.61}$$

Die Koeffizienten $H_{k,x}$, $H_{k,y}$ und $H_{k,*}$ werden gemäß Behauptung 2–7 als

$$H_{k,x}(\lambda, \theta) = \frac{1}{2} \sum_{\tau \in \mathrm{T}_1} \sum_{\mathrm{i}=0}^{2} \mathrm{t}^{\mathrm{x}}_{\tau,\mathrm{i},\mathrm{k}}(\lambda, \theta) - \frac{1}{2} \sum_{\tau \in \mathrm{T}_1} \sum_{\mathrm{i}=0}^{2} \mathrm{t}^{*}_{\tau,\mathrm{i},\mathrm{k}}(\lambda, \theta) \tag{3.62}$$

$$H_{k,y}(\lambda, \theta) = \frac{1}{2} \sum_{\tau \in \mathrm{T}_1} \sum_{\mathrm{i}=0}^{2} \mathrm{t}^{\mathrm{y}}_{\tau,\mathrm{i},\mathrm{k}}(\lambda, \theta) - \frac{1}{2} \sum_{\tau \in \mathrm{T}_1} \sum_{\mathrm{i}=0}^{2} \mathrm{t}^{*}_{\tau,\mathrm{i},\mathrm{k}}(\lambda, \theta) \tag{3.63}$$

$$H_{k,*}(\lambda, \theta) = \sum_{\tau \in \mathrm{T}_0} \mathrm{t}^{*}_{\tau,0,\mathrm{k}}(\lambda, \theta) + \frac{1}{3} \sum_{\tau \in \mathrm{T}_1} \sum_{\mathrm{i}=0}^{2} \mathrm{t}^{*}_{\tau,\mathrm{i},\mathrm{k}}(\lambda, \theta) \tag{3.64}$$

berechnet. Die Koeffizienten $B_{k,x}$ und $B_{k,y}$ werden nach der Behauptung 2–6 bestimmt:

$$B_{k,x}(\lambda, \theta) = \frac{1}{2} \sum_{\tau \in \mathrm{T}_1} \frac{\mathrm{b}_\tau}{\mathrm{z}_\mathrm{E}} \sum_{i=0}^{2} cos\left(\alpha_\tau + \frac{2i}{3}\pi\right) \mathrm{t}^{*}_{\tau,\mathrm{i},\mathrm{k}}(\lambda, \theta) \quad \textit{für } k = 0, \ldots, 3, \tag{3.65}$$

$$B_{k,y}(\lambda,\theta) = \frac{1}{2}\sum_{\tau\in T_1}\frac{b_\tau}{z_E}\sum_{i=0}^{2} sin\left(\alpha_\tau + \frac{2i}{3}\pi\right)t^*_{\tau,i,k}(\lambda,\theta) \quad für\ k = 0,\ldots,3. \tag{3.66}$$

Neben den Funktionen $\Upsilon_s : \mathbb{R}^3 \to \mathbb{R}$ werden zum Durchführen einer Simulation auch die ersten Ableitungen dieser Funktionen nach der Streckenlänge verwendet:

$$(\Upsilon_s)'_{\Delta r}(\lambda,\overline{x},\overline{y},\overline{\alpha},\Delta r) = \sum_{k=0}^{4} Z_k(s,\lambda,\overline{x},\overline{y},\overline{\alpha})\Delta r^k \tag{3.67}$$

3.5.4 Entfernung zwischen zwei Streuzentren in einer nicht homogenen Umgebung

Die optische Tiefe wird bei einer Simulation der Mehrfachstreuung dazu verwendet, die Positionen der Streuzentren festzulegen. Im Abschn. 3.4.3.6 wird zu diesem Zweck eine Zufallszahl $\xi \in [0,1]$ gewählt. Ein gestreuter Lichtstrahl darf bis zur nächsten Streuung eine Strecke $O_{j-1}O_j$ zurücklegen, deren optische Tiefe die Bedingung

$$\int_{O_{j-1}O_j} \sigma_{ext}(\lambda, r)n(r)dr = -\ln \xi \tag{3.68}$$

erfüllt.

Um eine Strecke mit der passenden optischen Tiefe zu finden, wird als erstes die Richtung des Lichtstrahls im Zylinderkoordinatensystem $(A,\overline{\rho},\overline{\alpha},\overline{z})$ bestimmt. Der Lichtstrahl geht aus dem Punkt O_{j-1} in eine Richtung, die im Koordinatensystem $\left(O_{j-1},x,y,z,w\right)$ mit dem Vektor $(0,0,1,0)$ beschrieben wird. Das Multiplizieren dieses Vektors mit der Umrechnungsmatrix T_j^* ergibt die Richtung des Lichtstrahls im Koordinatensystem $(O,\overline{x},\overline{y},\overline{z},\overline{w})$:

$$\overrightarrow{e}_r = \begin{pmatrix} \overline{x}_r \\ \overline{y}_r \\ \overline{z}_r \\ 0 \end{pmatrix} = T_j^* \cdot \begin{pmatrix} 0 \\ 0 \\ 1 \\ 0 \end{pmatrix}. \tag{3.69}$$

Ein im Punkt $A\left(\overline{x}_A,\overline{y}_A,0\right)$ beginnender Vektor $\vec{e}_r = \left(\overline{x}_r,\overline{y}_r,\overline{z}_r\right)$ endet im Punkt $\left(\overline{x}_A+\overline{x}_r,\overline{y}_A+\overline{y}_r,\overline{z}_r\right)$. Seine horizontale Winkelkoordinate $\overline{\alpha}_r$ im Zylinderkoordinatensystem $(A,\overline{\alpha},\overline{\rho},\overline{z})$ lautet nach (3.50)

$$\overline{\alpha}_r = \begin{cases} \arctan\frac{\overline{y}_r}{\overline{x}_r}, & falls\,\overline{x}_r > 0 \\ \pi + \arctan\frac{\overline{y}_r}{\overline{x}_r}, & falls\,\overline{x}_r < 0, \\ \frac{\pi}{2}\cdot sign\left(\overline{y}_r\right), & falls\,\overline{x}_r = 0. \end{cases} \tag{3.70}$$

Der Vektor $\vec{e}_r = \left(\overline{x}_r,\overline{y}_r,\overline{z}_r\right)$ hat die Länge eins und bildet mit der vertikalen Achse $A\overline{z}$ einen Winkel

$$\theta_r = \arccos \frac{\overline{z}_r}{\left|\overrightarrow{e}_r\right|} = \arccos \overline{z}_r. \tag{3.71}$$

Zur Berechnung der optischen Tiefe wird die Gerade l betrachtet, die durch den Streupunkt O_{j-1} in eine Richtung mit der horizontalen Winkelkoordinate $\overline{\alpha}_r$ und dem Zenitwinkel

$$\theta_r^* = \left(\lfloor \theta_r \cdot \frac{180}{\pi} \rfloor + 0,5\right) \cdot \frac{\pi}{180} \tag{3.72}$$

geht. Die Richtung dieser Geraden wird im Koordinatensystem $(O, \overline{x}, \overline{y}, \overline{z}, \overline{w})$ mit einem Einheitsvektor $\overrightarrow{e}_r^* = \left(\overline{x}_r^*, \overline{y}_r^*, \overline{z}_r^*\right)$ mit

$$\begin{cases} \overline{x}_r^* = \cos \overline{\alpha}_r \sin \theta_r^* \\ \overline{y}_r^* = \sin \overline{\alpha}_r \sin \theta_r^* \\ \overline{z}_r^* = \cos \theta_r^* \end{cases} \tag{3.73}$$

beschrieben. Die Richtungen der Vektoren $\overrightarrow{e}_r = \left(\overline{x}_r, \overline{y}_r, \overline{z}_r\right)$ und $\overrightarrow{e}_r^* = \left(\overline{x}_r^*, \overline{y}_r^*, \overline{z}_r^*\right)$ unterscheiden sich höchstens um ein halbes Grad.

In dem Folgenden bezeichnen $\left(\overline{x}_{j-1}, \overline{y}_{j-1}, \overline{z}_{j-1}\right)$ die aus der vorangegangenen Iteration bekannten Koordinaten des letzten Streupunkts O_{j-1} (s. Abschn. 3.4.3.8). Die Gerade l geht durch den Punkt $\left(\overline{x}_{j-1}, \overline{y}_{j-1}, \overline{z}_{j-1}\right)$ in die Richtung $\overrightarrow{e}_r^* = \left(\overline{x}_r^*, \overline{y}_r^*, \overline{z}_r^*\right)$ (Abb. 3.19). Sie kann mit der folgenden Parametergleichung beschrieben werden:

$$\begin{pmatrix} \overline{x}_l(r) \\ \overline{y}_l(r) \\ \overline{z}_l(r) \end{pmatrix} = \begin{pmatrix} \overline{x}_{j-1} \\ \overline{y}_{j-1} \\ \overline{z}_{j-1} \end{pmatrix} + r \cdot \begin{pmatrix} \overline{x}_r^* \\ \overline{y}_r^* \\ \overline{z}_r^* \end{pmatrix}. \tag{3.74}$$

Weil die Richtung $\overrightarrow{e}_r^* = \left(\overline{x}_r^*, \overline{y}_r^*, \overline{z}_r^*\right)$ um mindestens ein halbes Grad von einer horizontalen Richtung abweicht, schneidet die Gerade l die Koordinatenebene $O\overline{x}\overline{y}$ in einem Punkt A' mit

$$0 = \overline{z}_l(r_{A'}) = \overline{z}_{j-1} + r_{A'} \cdot \overline{z}_r^*. \tag{3.75}$$

Die Entfernung des Punktes A'. von dem Streupunkt O_{j-1} beträgt nach (3.75)

$$r_{A'} = -\frac{\overline{z}_{j-1}}{\overline{z}_r^*}. \tag{3.76}$$

Die Koordinaten des Punktes A' im Koordinatensystem $(O, \overline{x}, \overline{y}, \overline{z}, \overline{w})$ ergeben sich aus der Geradengleichung (3.74):

$$\begin{cases} \overline{x}_{A'} = \overline{x}_{j-1} + r_{A'} \overline{x}_r^*, \\ \overline{y}_{A'} = \overline{y}_{j-1} + r_{A'} \overline{y}_r^*, \\ \overline{z}_{A'} = 0. \end{cases} \tag{3.77}$$

Der Lichtstrahl geht von dem Streupunkt O_{j-1} in die Richtung $\overrightarrow{e}_r = \left(\overline{x}_r, \overline{y}_r, \overline{z}_r\right)$ und wird in einem Punkt O_j erneut gestreut (Abb. 3.19). Weil sich die Richtungen $\overrightarrow{e}_r = \left(\overline{x}_r, \overline{y}_r, \overline{z}_r\right)$

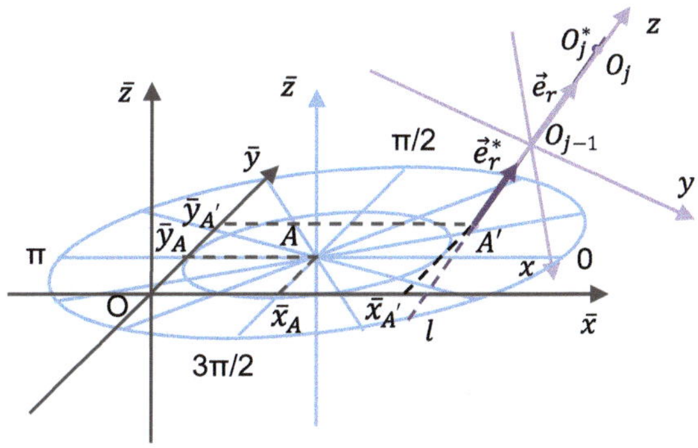

Abb. 3.19 Koordinatensysteme $(O,\overline{x},\overline{y},\overline{z})$, $\left(O_{j-1},x,y,z\right)$ und $(A,\overline{\rho},\overline{\alpha},\overline{z})$. Der Lichtstrahl breitet sich von dem Punkt O_{j-1} in die Richtung $\overrightarrow{e}_r$ aus. Die Gerade l verläuft durch den Punkt A und geht in eine Richtung $\overrightarrow{e}_r^{\,*}$, die sich von der Richtung $\overrightarrow{e}_r$ höchstens um ein halbes Grad unterscheidet

und $\overrightarrow{e}_r^{\,*} = \left(\overline{x}_r^*, \overline{y}_r^*, \overline{z}_r^*\right)$ nur wenig unterscheiden, ist die optische Tiefe der Strecke $O_{j-1}O_j$ beinahe identisch mit der optischen Tiefe einer auf der Gerade l liegenden Strecke $O_{j-1}O_j^*$ mit der gleichen Länge und den Parameterwerten

$$0 = r_{O_{j-1}} \leq r \leq r_{O_j} = \left|O_{j-1}O_j\right|. \tag{3.78}$$

Die optische Tiefe der Strecke $O_{j-1}O_j^*$ entspricht der Differenz der optischen Tiefen der Strecken $A'O_j^*$ und $A'O_{j-1}$:

$$\int\limits_{O_{j-1}O_j^*} \sigma_{ext}(\lambda,r)n(r)dr = \int\limits_{A'O_j^*} \sigma_{ext}(\lambda,r)n(r)dr - \int\limits_{A'O_{j-1}} \sigma_{ext}(\lambda,r)n(r)dr. \tag{3.79}$$

Die optischen Tiefen der Strecken $A'O_{j-1}$ und $A'O_j^*$ können mit Hilfe der Funktion (3.61) mit

$$s = \lfloor \theta_r \cdot \frac{180}{\pi} \rfloor \tag{3.80}$$

berechnet werden:

$$\int\limits_{A'O_{j-1}} \sigma_{ext}(\lambda,r)n(r)dr = \Upsilon_s\left(\lambda,\overline{x}_{A'},\overline{y}_{A'},\overline{\alpha}_r,-r_{A'}\right), \tag{3.81}$$

$$\int\limits_{A'O_j^*} \sigma_{ext}(\lambda,r)n(r)dr = \Upsilon_s\left(\lambda,\overline{x}_{A'},\overline{y}_{A'},\overline{\alpha}_r,\left|O_{j-1}O_j\right| - r_{A'}\right). \tag{3.82}$$

Somit ist die optische Tiefe der Strecke $O_{j-1}O_j$ ungefähr gleich

$$\int\limits_{O_{j-1}O_j} \sigma_{ext}(\lambda,r)n(r)dr = \Upsilon_s\left(\lambda,\overline{x}_{A'},\overline{y}_{A'},\overline{\alpha}_r,\left|O_{j-1}O_j\right| - r_{A'}\right) - \Upsilon_s\left(\lambda,\overline{x}_{A'},\overline{y}_{A'},\overline{\alpha}_r,-r_{A'}\right). \tag{3.83}$$

Um das Auslöschen der Strahlung durch Streuung und Absorption zu simulieren, muss die Länge der Strecke $O_{j-1}O_j$ so gewählt werden, dass die Bedingung (3.68) erfüllt wird. Das heißt, die Entfernung $\left|O_{j-1}O_j\right|$ muss die Gleichung

$$\Upsilon_s\left(\lambda, \overline{x}_{A'}, \overline{y}_{A'}, \overline{\alpha}_r, \left|O_{j-1}O_j\right| - r_{A'}\right) - \Upsilon_s\left(\lambda, \overline{x}_{A'}, \overline{y}_{A'}, \overline{\alpha}_r, -r_{A'}\right) + \ln\xi = 0 \tag{3.84}$$

erfüllen. Geht die Strecke mit der passenden Länge $\left|O_{j-1}O_j\right|$ über die Grenze der größten betrachteten Kugel (O, R_{max}) hinaus, so heißt es, dass der Lichtstrahl ohne erneute Streuung die Grenze des Volumens erreicht. Die genaue Entfernung $\left|O_{j-1}O_j\right|$ ist in diesem Fall irrelevant.

Der Punkt, an dem der Lichtstrahl die Sphäre (O, R_{max}) durchquert, kann mit Hilfe der folgenden Behauptung ermittelt werden:

Behauptung 3-2 Schnittpunkte einer Geraden mit einer Sphäre
Sei V eine Kugel mit dem Mittelpunkt $\mathrm{O}(0,0,0)$ *und dem Radius* $\mathrm{R} \in \mathbb{R}$. *Sei* $\mathrm{B}\left(\mathrm{x_B}, \mathrm{y_B}, \mathrm{z_B}\right)$ *ein Punkt aus* V. *Seien* $\mathrm{x_r}, \mathrm{y_r}, \mathrm{z_r} \in \mathbb{R}$. *Die Gerade mit der Parametergleichung*

$$\begin{pmatrix} x(r) \\ y(r) \\ z(r) \end{pmatrix} = \begin{pmatrix} x_B \\ y_B \\ z_B \end{pmatrix} + r \cdot \begin{pmatrix} x_r \\ y_r \\ z_r \end{pmatrix} \tag{3.85}$$

durchquert die Grenze der Kugel V *in den Punkten* $(\mathrm{x}(\mathrm{r}_1), \mathrm{y}(\mathrm{r}_1), \mathrm{z}(\mathrm{r}_1))$ *und* $(\mathrm{x}(\mathrm{r}_2), \mathrm{y}(\mathrm{r}_2), \mathrm{z}(\mathrm{r}_2))$ *mit*

$$\mathrm{r}_{1,2} = -\frac{x_B x_r + y_B y_r + z_B z_r}{\mathrm{x_r^2 + y_r^2 + z_r^2}} \pm \sqrt{\left(\frac{x_B x_r + y_B y_r + z_B z_r}{\mathrm{x_r^2 + y_r^2 + z_r^2}}\right)^2 + \frac{\mathrm{R^2 - x_B^2 - y_B^2 - z_B^2}}{\mathrm{x_r^2 + y_r^2 + z_r^2}}}.$$

Beweis: Die Grenze der Kugel *V* ist die Sphäre mit der Gleichung

$$x^2 + y^2 + z^2 = R^2.$$

Ein auf der Gerade (3.85) liegender Punkt $(x(r), y(r), z(r))$ gehört zu dieser Sphäre, wenn sein Parameter *r* die Gleichung

$$(x_B + r\mathrm{x_r})^2 + \left(y_B + r\mathrm{y_r}\right)^2 + (z_B + r\mathrm{z_r})^2 = R^2$$

erfüllt. Das Umformen dieser Gleichung ergibt:

$$x_B^2 + 2x_B\mathrm{x_r r} + \mathrm{x_r^2 r^2} + y_B^2 + 2y_B\mathrm{y_r r} + \mathrm{y_r^2 r^2} + z_B^2 + 2z_B\mathrm{z_r r} + \mathrm{z_r^2 r^2} = R^2,$$

$$\left(\mathrm{x_r^2 + y_r^2 + z_r^2}\right)\mathrm{r^2} + 2\left(x_B\mathrm{x_r} + y_B\mathrm{y_r} + z_B\mathrm{z_r}\right)\mathrm{r} - R^2 + x_B^2 + y_B^2 + z_B^2 = 0,$$

$$\mathrm{r^2} + 2\frac{x_B\mathrm{x_r} + y_B\mathrm{y_r} + z_B\mathrm{z_r}}{\mathrm{x_r^2 + y_r^2 + z_r^2}}\mathrm{r} - \frac{R^2 - x_B^2 - y_B^2 - z_B^2}{\mathrm{x_r^2 + y_r^2 + z_r^2}} = 0.$$

Die Lösungen dieser quadratischen Gleichung sind

$$\mathrm{r}_{1,2} = -\frac{x_B \mathrm{x}_\mathrm{r} + y_B \mathrm{y}_\mathrm{r} + z_B \mathrm{z}_\mathrm{r}}{\mathrm{x}_\mathrm{r}^2 + \mathrm{y}_\mathrm{r}^2 + \mathrm{z}_\mathrm{r}^2} \pm \sqrt{\left(\frac{x_B \mathrm{x}_\mathrm{r} + y_B \mathrm{y}_\mathrm{r} + z_B \mathrm{z}_\mathrm{r}}{\mathrm{x}_\mathrm{r}^2 + \mathrm{y}_\mathrm{r}^2 + \mathrm{z}_\mathrm{r}^2}\right)^2 + \frac{R^2 - x_B^2 - y_B^2 - z_B^2}{\mathrm{x}_\mathrm{r}^2 + \mathrm{y}_\mathrm{r}^2 + \mathrm{z}_\mathrm{r}^2}}.$$

∎

Ein im Punkt $O_{j-1}(\overline{x}_{j-1}, \overline{y}_{j-1}, \overline{z}_{j-1})$ beginnender Strahl mit der Richtung $\overrightarrow{e}_r = (\overline{x}_r, \overline{y}_r, \overline{z}_r)$ legt eine Strecke mit der Länge

$$r_{max} = \sqrt{\left(\frac{\overline{x}_{j-1}\overline{x}_r + \overline{y}_{j-1}\overline{y}_r + \overline{z}_{j-1}\overline{z}_r}{\overline{x}_r^2 + \overline{y}_r^2 + \overline{z}_r^2}\right)^2 + \frac{R_{max}^2 - \overline{x}_{j-1}^2 - \overline{y}_{j-1}^2 - \overline{z}_{j-1}^2}{\overline{x}_r^2 + \overline{y}_r^2 + \overline{z}_r^2}} - \frac{\overline{x}_{j-1}\overline{x}_r + \overline{y}_{j-1}\overline{y}_r + \overline{z}_{j-1}\overline{z}_r}{\overline{x}_r^2 + \overline{y}_r^2 + \overline{z}_r^2}. \tag{3.86}$$

zurück, bevor er die Sphäre (O, R_{max}) erreicht. Gilt für diese Streckenlänge die Beziehung

$$\Upsilon_\mathrm{s}(\lambda, \overline{x}_{A'}, \overline{y}_{A'}, \overline{\alpha}_r, r_\mathrm{max} - r_{A'}) - \Upsilon_\mathrm{s}(\lambda, \overline{x}_{A'}, \overline{y}_{A'}, \overline{\alpha}_r, -r_{A'}) + \ln\xi \leq 0, \tag{3.87}$$

so muss der Lichtstrahl bis zum Erreichen dieser Grenzfläche seine Richtung beibehalten.

Ist die Ungleichung (3.87) nicht erfüllt, so muss die Strecke mit der optischen Tiefe $-\ln\xi$ im Inneren der Kugel (O, R_{max}) liegen. Das heißt, dass die Streckenlänge $|O_{j-1}O_j|$, die die Bedingung (3.84) erfüllt, im Intervall $[0, r_{max}]$ liegt. Um diese Streckenlänge näherungsweise zu bestimmen, kann die Intervallhalbierungsmethode angewendet werden.

Die Intervallhalbierungsmethode ist eine oft verwendete Methode zur Lösung nichtlinearer Gleichungen. Bei dieser Methode wird ein Intervall $[a_0, b_0]$, in dem eine stetige Funktion $h(r)$ ihr Vorzeichen ändert, schrittweise verkleinert, um den Punkt r^*, in dem die Funktion $h(r)$ den Wert Null annimmt

$$h(r^*) = 0,$$

mit einer ausreichend hohen Genauigkeit zu bestimmen (Selder 1973).

Bei der Berechnung der Streckenlänge ist die fragliche Funktion

$$h(r) = \Upsilon_\mathrm{s}(\lambda, \overline{x}_{A'}, \overline{y}_{A'}, \overline{\alpha}_r, r_{max} - r_{A'}) - \Upsilon_\mathrm{s}(\lambda, \overline{x}_{A'}, \overline{y}_{A'}, \overline{\alpha}_r, -r_{A'}) + \ln\xi.$$

Die Intervallhalbierungsmethode startet mit einem Intervall $[a_0, b_0] = [0, r_{max}]$. Im Schritt i wird der Wert der Funktion $h(r)$ in der Mitte des Intervalls $[a_{i-1}, b_{i-1}]$ berechnet. Gilt für $r_i = \frac{a_{i-1}+b_{i-1}}{2}$

$$h(r_i) \cdot h(a_{i-1}) > 0$$

so wird $a_i = r_i$ und $b_i = b_{i-1}$ gesetzt. Andernfalls wird $a_i = a_{i-1}$ und $b_i = r_i$ gesetzt. Der Punkt r^*, in dem die Funktion $h(r)$ den Wert Null annimmt, liegt im Intervall $[a_i, b_i]$. Weil sich das Intervall, das den Punkt r^* umschließt, in jeder Iteration um einen Faktor zwei verkleinert, ist der Fehler der n-ten Näherung nach (Selder 1973) um einen Faktor 2^n kleiner als das ursprüngliche Intervall:

$$\left|r_n - r^*\right| \leq \frac{|b_0 - a_0|}{2^n}.$$

Die Vorteile der Intervallhalbierungsmethode sind ihre garantierte Konvergenz und ihre Einfachheit.

3.5.5 Wahl einer Streurichtung bei wechselnden Mischverhältnissen der Teilchen

Bei der Simulation der Lichtstreuung in einem gleichmäßigen Nebel (Abschn. 3.4) konnten die Mischverhältnisse der großen und kleinen Tröpfchen im gesamten betrachteten Volumen als konstant angesehen werden. Das hatte zu Folge, dass das Licht mit einer festen Wellenlänge λ in jedem Punkt dieses Volumens auf die gleiche Art und Weise gestreut wurde. In der realen Atmosphäre mit einer ortsabhängigen Anzahldichte der Teilchen muss auch mit wechselnden Mischverhältnissen der Teilchen gerechnet werden. Die Art und Weise, in der das Licht in einem kleinen Volumenelement gestreut wird, hängt von der jeweiligen Teilchenmischung ab und ist somit ortsabhängig.

Die Wahrscheinlichkeit, mit der ein in einer Ebene mit dem Azimut φ gestreuter Lichtstrahl in einen Streuwinkelsektor $\left[0, \gamma\right]$ geht, wird bei einer gleichmäßigen Verteilung der Teilchen mit einer von der Polarisation des einfallenden Lichts abhängigen Verteilungsfunktion (3.35) abgebildet. Diese Verteilungsfunktion berücksichtigt durchschnittliche Amplitudenstreufunktionen eines zufällig gewählten Teilchens bei einer senkrechten und bei einer parallelen Polarisation.

In einem Volumen, in dem jedes Volumenelement eine ortsabhängige Teilchenmischung aufweist, hängt die Wahrscheinlichkeit, mit der ein zufällig gewähltes Teilchen einem Teilchentyp τ angehört, von dem Ort ab. Die Verteilungsfunktion (3.35) wird deshalb zu einer ortsabhängigen Funktion:

$$G_\kappa(\overline{\mathrm{\rho}}, \overline{\mathrm{\alpha}}, \overline{\mathrm{z}}, \gamma) = \frac{\sum_\tau \mathrm{n}_\tau(\overline{\mathrm{\rho}}, \overline{\mathrm{\alpha}}, \overline{\mathrm{z}}) \cdot \left(\kappa \int_0^\gamma \left|S_{1,\tau}(\widehat{\gamma}, 0)\right|^2 \sin\widehat{\gamma} d\widehat{\gamma} + (1-\kappa) \int_0^\gamma \left|S_{2,\tau}(\widehat{\gamma}, 0)\right|^2 \sin\widehat{\gamma} d\widehat{\gamma}\right)}{\sum_\tau \mathrm{n}_\tau(\overline{\mathrm{\rho}}, \overline{\mathrm{\alpha}}, \overline{\mathrm{z}}) \cdot \left(\kappa \int_0^\pi \left|S_{1,\tau}(\widehat{\gamma}, 0)\right|^2 \sin\widehat{\gamma} d\widehat{\gamma} + (1-\kappa) \int_0^\pi \left|S_{2,\tau}(\widehat{\gamma}, 0)\right|^2 \sin\widehat{\gamma} d\widehat{\gamma}\right)}. \tag{3.88}$$

Beim Simulieren einer Lichtstreuung im Punkt $(\overline{\mathrm{\rho}}, \overline{\mathrm{\alpha}}, \overline{\mathrm{z}})$ wird analog zu Abschn. 3.4.3.3 ein von der Polarisation des einfallenden Lichts abhängiger Wert κ bestimmt. Der Streuwinkel γ muss so gewählt werden, dass die Verteilungsfunktion G_κ einen zufällig gewählten Wert $\xi \in [0, 1]$ annimmt:

$$\mathrm{G}_\kappa(\overline{\mathrm{\rho}}, \overline{\mathrm{\alpha}}, \overline{\mathrm{z}}, \gamma) = \xi. \tag{3.89}$$

Der passende Streuwinkel γ kann analog zu Abschn. 3.5.4 mit einer Intervallhalbierungsmethode ermittelt werden.

3.5.6 Durchführen einer Simulation

Um die Kombination der Monte-Carlo-Simulation mit der Berechnung der Extinktion in einer nicht homogenen Umgebung zu testen, wurde die Lichtstreuung in einem dichter werdenden Wassernebel simuliert. Die Lichtstreuung an einem zufällig gewählten Tröpfchen wurde bei dieser Simulation analog zu Abschn. 3.4 durch Amplitudenstreufunktionen einer für Cumuluswolken typischen Tröpfchenmischung festgelegt. Die Anzahldichte der Tröpfchen wurde wie im Abschn. 2.8.2 durch drei Funktionen f_0, f_1, f_2 definiert, die für drei vertikale Geraden P_0Q_0, P_1Q_1 und P_2Q_2 die Anzahldichten der Wassertröpfchen beschreiben. Die Punkte, in denen diese Geraden die horizontale Koordinatenebene $O\overline{xy}$ schneiden, bilden ein gleichseitiges Dreieck $\Delta S_0S_1S_2$ (Abb. 3.20). Der Mittelpunkt dieses Dreiecks ist der Punkt A.

Die Entfernung zwischen dem Punkt A und den Geraden P_0Q_0, P_1Q_1 und P_2Q_2 wurde bei der durchgeführten Simulation auf 190 m festgelegt. Die Punkte P_0, P_1 und P_2 lagen jeweils in einer Tiefe von 110 m unter dem Punkt $O(0,0,0)$. Die Punkte Q_0, Q_1 und Q_2 lagen um 110 m höher als dieser Punkt. Die Lichtquelle, deren Licht im Punkt $O(0,0,0)$ zum ersten Mal gestreut wird, war von diesem Punkt aus gesehen um einen Winkel $\theta_L = 40°$ vom Zenit entfernt. Die Projektion dieser Lichtquelle auf die horizontale Ebene $O\overline{xy}$ bestimmt die Richtung der Achse $O\overline{x}$ (Abb. 3.20). Der Winkel zwischen der Strecke AS_0 und der Achse $O\overline{x}$ wurde auf 160° festgelegt. Der Mittelpunkt des Dreiecks $\Delta S_0S_1S_2$ lag im Punkt $A(10,-13,0)$.

Um die Verteilung von Wassertröpfchen zwischen den Ebenen $P_0P_1P_2$ und $Q_0Q_1Q_2$ festzulegen, wurden für die Punkte P_0, P_1, P_2,Q_0, Q_1 und Q_2 in der Tab. 3.1 aufgeführte Anzahldichten angenommen.

Die Software MiePlot (Laven 2021) berechnet für eine gewählte Teilchengrößenverteilung mit einem festgelegten Brechungsindex neben den durchschnittlichen Amplitudenstreufunktionen die durchschnittliche Streueffizienz $E\{Q_{sca}(\lambda)\}$ und die durchschnittliche Absorptionseffizienz $E\{Q_{abs}(\lambda)\}$ eines zufällig gewählten Tröpfchens. Diese Werte reichen leider für die Berechnung eines durchschnittlichen Streu- bzw. Absorptionswirkungsquerschnitts nicht aus. Weil die Querschnittsfläche eines Teilchens πa^2 und seine Streu- und Absorptionseffizienz keine unabhängigen Variablen sind, ist

$$E\{\sigma_{sca}(\lambda)\} \neq E\{Q_{sca}(\lambda)\}E\{\pi a^2\}, \quad E\{\sigma_{abs}(\lambda)\} \neq E\{Q_{abs}(\lambda)\}E\{\pi a^2\}.$$

Um dieses Problem zu umgehen, wurde der durchschnittliche Streuwirkungsquerschnitt $E\{\sigma_{abs}(\lambda)\}$ mit Hilfe der Gleichung (3.30) aus Amplitudenstreufunktionen bestimmt. Der Absorptionswirkungsquerschnitt ist bei einer Wellenlänge 0,65 µm verschwindend klein, sodass seine Ungenauigkeit keine Rolle spielt.

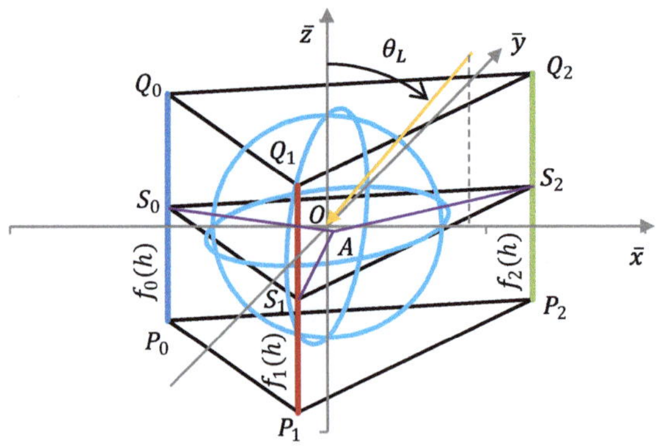

Abb. 3.20 Versuchsaufbau. Das Licht trifft in einem Zenitwinkel θ_L auf ein Tröpfchen in der Mitte eines kugelförmigen Volumens. Die Anzahldichte der Tröpfchen wird durch eine Funktion definiert, die sich in jeder horizontalen Ebene linear verändert und auf vertikalen Strecken P_0Q_0, P_1Q_1 und P_2Q_2 in einer Höhe h über dem Mittelpunkt der Erde die Werte $f_0(h)$, $f_1(h)$ und $f_2(h)$ annimmt

Tab. 3.1 Anzahldichten in ausgewählten Punkten

Strecke	Anzahldichte am unteren Ende der Strecke (1/m³)	Ableitung der Anzahldichte nach der Höhe am unteren Ende der Strecke (1/m⁴)	Anzahldichte am oberen Ende der Strecke (1/m³)	Ableitung der Anzahldichte nach der Höhe am oberen Ende der Strecke (1/m⁴)
P_0Q_0	$3{,}5 \cdot 10^8$	$-5 \cdot 10^5$	$5 \cdot 10^7$	$-1 \cdot 10^6$
P_1Q_1	$3 \cdot 10^7$	0	$5 \cdot 10^5$	$-7 \cdot 10^4$
P_2Q_2	$1{,}8 \cdot 10^8$	$-5 \cdot 10^5$	$1 \cdot 10^7$	$-2 \cdot 10^5$

Die Anzahldichten in den Punkten P_0 , P_1 , P_2 ,Q_0 , Q_1 und Q_2 und der durchschnittliche Extinktionswirkungsquerschnitt

$$E\{\sigma_{ext}(\lambda)\} = E\{\sigma_{sca}(\lambda)\} + E\{\sigma_{abs}(\lambda)\}$$

wurden eingesetzt, um die Veränderung des Extinktionskoeffizienten entlang der vertikalen Strecken P_0Q_0 , P_1Q_1 und P_2Q_2

$$K\left(\bar{x}_{P_i}, \bar{y}_{P_i}, \bar{z}\right) = E\{\sigma_{ext}(\lambda)\}f_i(\bar{z} - \bar{z}_E) \quad \mathit{für}\ i \in \{0, 1, 2\}$$

mit Hilfe der Behauptung 2–2 durch polynomielle Funktionen anzunähern:

$$K\left(\bar{x}_{P_i}, \bar{y}_{P_i}, \bar{z}\right) = \sum_{k=0}^{3} w_{i,k} \cdot \left(\bar{z} - \bar{z}_{P_i}\right)^k \quad \mathit{für}\ i \in \{0, 1, 2\}$$

Die Abb. 3.21 zeigt den Verlauf dieser polynomiellen Funktionen. Der Punkt P_0 hat den höchsten Extinktionskoeffizient 0,44 und stellt einen Punkt im Inneren einer Wolke dar. Der Punkt P_2 hat mit 0,22 einen halb so großen Extinktionskoeffizient und liegt am Rand der Wolke. Der Punkt P_1 mit dem kleinsten Extinktionskoeffizient 0,037 liegt außerhalb der Wolke. Die Punkte Q_0, Q_1 und Q_2 liegen oberhalb der Wolke und zeichnen sich durch kleinere Extinktionskoeffizienten.

Der Punkt O, in dem der einfallende Lichtstrahl zum ersten Mal gestreut wird, liegt in der Höhe Null zwischen den Strecken P_0Q_0, P_1Q_1 und P_2Q_2. Der Extinktionskoeffizient in diesem Punkt beträgt 0,014 m^{-1}. Die Strahlung, die bei der ersten Streuung die Richtung des einfallenden Strahls beibehält und auch in den nächsten 108 m ihre Richtung nicht ändert, erreicht am Ende dieser Strecke einen Punkt mit dem Extinktionskoeffizient 0,027 m^{-1}.

Um die Verteilung der gestreuten Strahlung unter diesen Bedingungen zu untersuchen, wurden mit dem oben beschriebenen Monte-Carlo-Verfahren die Wege von 1.800.000 Strahlen verfolgt. Die Ergebnisse wurden hierbei nicht nur nach Streuwinkel und Querschnittsektoren, sondern auch nach Azimutrichtungen unterschieden. Ein in der Abb. 3.22 dargestellter Vergleich der Leistungsanteile in den Azimutsektoren

$$[0°, 45°[, [45°, 90°[, \ldots, [315°, 360°[$$

zeigt erwartungsgemäß eine Abhängigkeit zwischen der Anzahldichte der Wassertröpfchen und der Energie der Strahlen, die das kugelförmige Volumen in dem jeweiligen Sektor verlassen.

Der kleinste Leistungsanteil fließt in den Sektor $[90°, 135°[$ (Abb. 3.22). In diesem Sektor liegt der Teil der Strecke P_0P_2, in dem die Anzahldichte der Tröpfen ihr Maximum erreicht (Abb. 3.23). Der größte Leistungsanteil fließt in den Sektor $[270°, 315°[$ auf der anderen Seite der Kugel (Abb. 3.22). In diesem Sektor ist die Anzahldichte deutlich kleiner (Abb. 3.23).

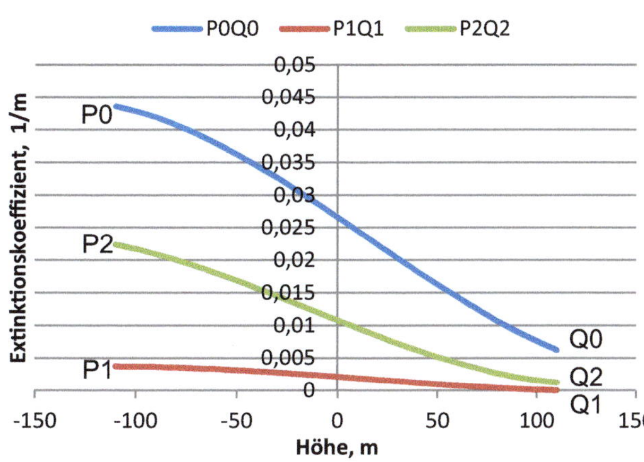

Abb. 3.21 Veränderung des Extinktionskoeffizienten auf vertikalen Strecken P_0Q_0, P_1Q_1 und P_2Q_2

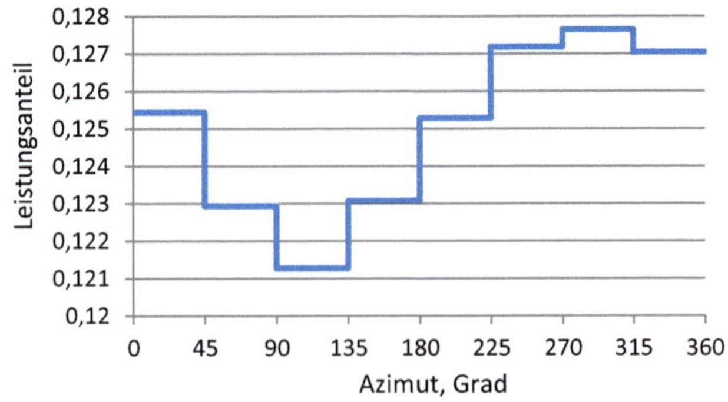

Abb. 3.22 Verteilung der gestreuten Strahlung auf Azimutsektoren in 108 m Entfernung von dem Ort der ersten Streuung

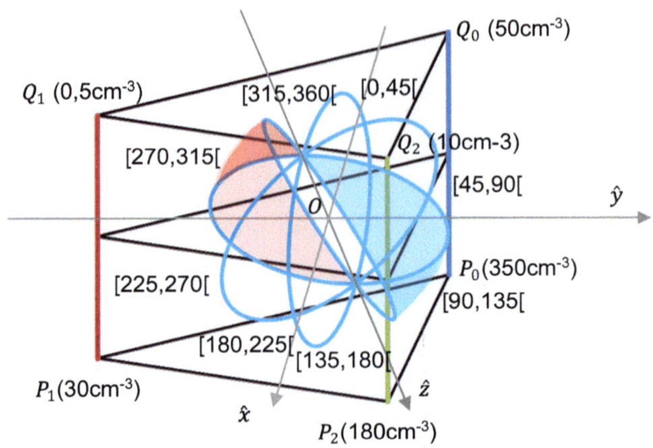

Abb. 3.23 Aufteilen der Kugeloberfläche in Azimutsektoren. Die Achse $\widehat{Oz}$ ist an dem einfallenden Lichtstrahl ausgerichtet und bildet mit der Achse $\widehat{Ox}$ eine vertikale Ebene. Das Azimut wird in der Ebene $\widehat{Oxy}$ gemessen

Der Zusammenhang zwischen der Anzahldichte und dem Leistungsanteil ist leicht zu erklären: Strahlen, die aus der Mitte der Kugel in Sektoren mit einem dichten Nebel gehen, werden öfter gestreut. Ein Teil der gestreuten Strahlen fließt nach der Streuung in andere Sektoren. In Sektoren mit einem weniger dichten Nebel kommt es seltener zu einer Streuung. Die Strahlen wechseln weniger oft in andere Sektoren und behalten öfter ihre Richtung.

In der Abb. 3.24 sind die Leistungsanteile der Strahlung dargestellt, die die Kugel mit dem Radius 108 m in den Azimutsektoren [90°, 135°[und [270°, 315°[mit verschiedenen Streuwinkeln verlässt. Die größten Differenzen zwischen den Azimutsektoren [90°, 135°[und [270°, 315°[zeigen sich bei Streuwinkeln zwischen 20° und 35°. Bei kleineren Streuwinkeln liegen beide Azimutsektoren zu nah an einander, um große Unterschiede in der Anzahldichte der Teilchen zu haben. Bei größeren Streuwinkeln ist der Strahlungsaufkommen zu gering, um Differenzen zu erkennen.

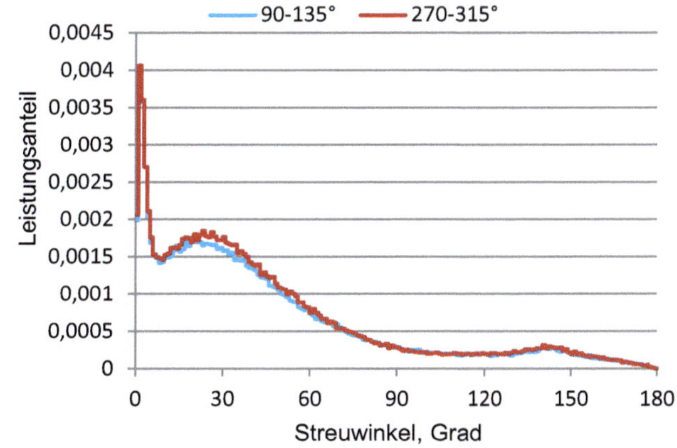

Abb. 3.24 Leistungsanteile der gestreuten Strahlung, die die Kugel mit dem Radius 108 m in Azimutsektoren [90°,135°[und [270°,315°[in verschiedenen Streuwinkeln verlässt. Im Sektor [90°,135°[herrscht ein dichterer Nebel als im Sektor [270°,315°[

Die Abb. 3.25 zeigt für Streuwinkel von 30°-31° und Azimutsektoren [90°, 135°[und [270°, 315°[die Verteilung der gestreuten Strahlung auf Querschnittsektoren. Die Leistungsverteilungen in beiden Azimutsektoren sind ähnlich. Der auffälligste Unterschied ist ein etwas geringerer Anteil der einfach gestreuten Strahlung (Querschnitt-

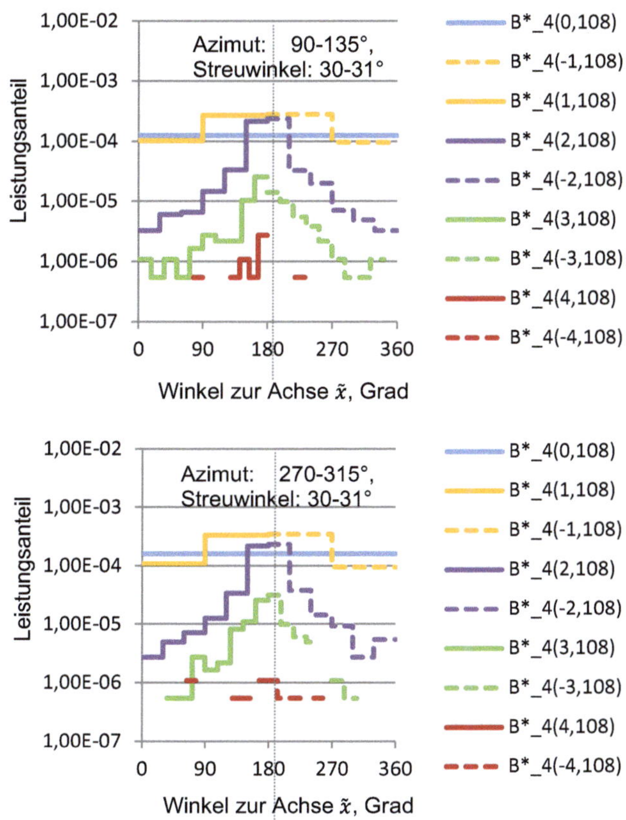

Abb. 3.25 Leistungsanteile der gestreuten Strahlen, die die Kugel mit dem Radius 108 m in Azimutsektoren [90°, 135°[und [270°, 315°[in einem Winkel von 30–31° zu dem einfallenden Strahl verlassen, und bestimmte Bereiche des Kugelquerschnitts heller erscheinen lassen. In dem Azimutsektor [90°, 135°[(oben) ist der Nebel dichter als im Sektor [270°, 315°[(unten). Deshalb hat die gestreute Strahlung in diesem Sektor eine etwas kleinere Leistung

bereich $B_4^*(0, 108)$) im Azimutsektor $[90°, 135°[$. Auch mehrfach gestreute Strahlung in den Querschnittbereichen $B_4^*(1, 108)$ und $B_4^*(-1, 108)$ ist im Azimutsektor $[90°, 315°[$ etwas schwächer. Die höhere Anzahldichte der Teilchen im Azimutsektor $[90°, 135°[$ erhöht die Wahrscheinlichkeit einer Streuung und verringert den Anteil der Strahlung, die den Rand der Kugel ohne erneute Richtungsänderung erreicht.

Literatur

Bohren, Craig F., und Donald R. Huffman. *Absorption and Scattering of Light by Small Particles.* United States of America: Braun-Brumfield Inc., 1983.

Brockhaus-Enzyklopädie. Mannheim: F. A. Brockhaus GmbH, 1992.

Foley, James D., Andries van Dam, Steven K. Feiner, und John F. Hughes. *Computer Graphics: Principles and Practice.* USA: Addison-Wesley Publishing Company, Inc., 1990.

Gerthsen, Christian, Hans Kneser, und Helmut Vogel. *Physik.* Berlin Heidelberg: Springer-Verlag, 1986.

Gouesbet, Gérard, und Gérard Gréhan. *Generalized Lorenz-Mie Theories.* Berlin Heidelberg: Springer-Verlag, 2011.

Laven, Philip. *MiePlot.* 10. November 2021. philiplaven.com/MiePlot.htm.

Lehner, Günther. *Elektromagnetische Feldtheorie für Ingenieure und Physiker.* Berlin, Heidelberg: Springer-Verlag, 1996.

Lorenz, Ludvig. „Sur la lumière réfléchie et réfractée par une sphère (surface) transparente." In *Œuvres scientifiques de L. Lorenz, revues et annotées par H. Valentiner, Tome Premier*, 403–529. Kopenhagen: Libraire Lehmann & Stage, 1898.

Mie, Gustav. „Beiträge zur Optik trüben Medien speziell kolloidaler Metalllösungen." In *Annalen der Physik, Band 25*, 377–452. 1908.

Roedel, Walter. *Physik unserer Umwelt: Die Atmosphäre.* Berlin Heidelberg: Springer-Verlag, 2000.

Selder, Helmut. *Einführung in die Numerische Mathematik für Ingenieure.* München: Carl Hanser Verlag, 1973.

Tipler, Paul A. *Physik.* Heidelberg, Berlin, Oxford: Spektrum Akademischer Verlag, 1995.

van de Hulst, H. C. *Light scattering by small particles.* New York: Dover, 1981.

Berechnung der Strahlungsintensität

4

Inhaltsverzeichnis

L. Hille, *Methodenvorschlag zur Berechnung der Sonneneinstrahlung für Prognosen*,
https://doi.org/10.1007/978-3-658-43176-1_4

Im Abschn. 4.1 wird ein Verfahren zur Berechnung der Strahlungsintensität für gestreute Strahlung vorgestellt. Dieses Verfahren ermittelt die Intensität der gestreuten Strahlung am unteren Rand einer Atmosphärenschicht aus der Intensität der einfallenden Strahlung an ihrem oberen Rand. Hierzu wird im Abschn. 4.1.2 eine Funktion definiert, die für einen Punkt im Inneren der Atmosphärenschicht die Energieflussdichte der einfallenden Strahlung angibt. Im Abschn. 4.1.3 wird die Verwendung von Monte-Carlo-Statistiken zum Bestimmen der Strahlungsmenge erläutert, die nach einer erstmaligen Streuung in einem kleinem Volumen der betrachteten Atmosphärenschicht als einfach oder mehrfach gestreute Strahlung aus einem bestimmten Raumwinkel in einem festgelegten Punkt am unteren Rand der Atmosphärenschicht ankommt. In den Abschn. 4.1.4 und 4.1.5 werden Lösungen von Integralen vorgestellt, die die Strahlungsintensität aus allen Teilen der betrachteten Atmosphärenschicht aufsummieren, um die Intensität der mehrfach und einfach gestreuten Strahlung in einem Punkt am unteren Rand der Atmosphärenschicht zu bestimmen. Im Abschn. 4.1.6 werden die Ergebnisse einer Beispielrechnung diskutiert. Im Abschn. 4.1.7 wird gezeigt, dass beim Berechnen der Strahlungsintensität für mehrere Einfallsrichtungen Rechenaufwand eingespart werden kann. Im Abschn. 4.2 wird auf die Anwendbarkeit des entwickelten Verfahrens zur Berechnung der Strahlungsverteilung in der gesamten Erdatmosphäre hingewiesen.

4.1 Strahlungsintensität an der Grenze einer Atmosphärenschicht

In Kap. 2 und 3 wurden die Berechnung der Extinktion und die Simulation der mehrfachen Lichtstreuung in einer nicht homogenen Umgebung betrachtet. Diese Verfahren können genutzt werden, um die Energieflussdichte der Strahlung abzuschätzen, die an der unteren Grenze einer Atmosphärenschicht ankommt. Dieser Abschnitt befasst sich mit der folgenden Fragestellung:

Fragestellung:
Betrachtet wird ein Teil einer Atmosphärenschicht. Die Anzahldichte der Teilchen in dieser Atmosphärenschicht wird für jeden Teilchentyp analog zu Abschn. 3.5.2 durch eine Modellfunktion oder durch eine gewichtete Summe aus mehreren Modelfunktionen vorgegeben. Die Extinktionswirkungsquerschnitte aller Teilchentypen werden als konstant angenommen.

Die Atmosphärenschicht wird von oben durch Strahlung mit einer Wellenlänge $\lambda \pm \frac{\Delta\lambda}{2}$ *beleuchtet, die aus Richtungen mit Zenitwinkeln* $\theta_L \pm \frac{\Delta\theta}{2}$ *und Azimutwinkeln* $\alpha_L \pm \frac{\Delta\alpha}{2}$ *kommt. Die Intensität der einfallenden Strahlung an der oberen Grenze der Atmosphärenschicht wird durch eine positionsabhängige Funktion vorgegeben. An der unteren Grenze der Atmosphärenschicht wird ein Punkt P gewählt. Welche Strahlungsintensität wird in der Umgebung des Punktes P von elektromagnetischen Wellen mit Wellenlängen* $\lambda \pm \frac{\Delta\lambda}{2}$ *erzeugt, die in der betrachteten Atmosphärenschicht durch eine einfache oder mehrfache Streuung der einfallenden Strahlung entstehen und im Punkt P aus einer Richtung mit dem Zenitwinkel* $\theta_S \pm \frac{d\theta}{2}$ *und dem Azimut* $\alpha_S \pm \frac{d\alpha}{2}$ *ankommen?*

4.1.1 Koordinatensysteme

Zum Berechnen der optischen Tiefe wird ein Zylinderkoordinatensystem (A, ρ, α, z) mit einer vertikal nach oben zeigenden Achse z verwendet. Der Ursprung dieses Koordinatensystems liegt am oberen Rand der betrachteten Atmosphärenschicht in der Mitte zwischen drei vertikalen Strecken, deren Teilchenanzahldichten zur Definition von Modellfunktionen herangezogen werden (Abschn. 2.8.2). Die Richtung, aus der das einfallende Licht kommt, hat im Koordinatensystem (A, ρ, α, z) das Azimut α_L.

Die Energieflussdichte der einfallenden Strahlung wird in einem kartesischen Koordinatensystem (O, x, y, z) beschrieben. Der Ursprung dieses Koordinatensystems liegt am oberen Rand der betrachteten Atmosphärenschicht in einem Punkt O. Die Koordinatenebene Oxy stimmt mit der Polarebene $A\rho\alpha$ überein. Der Punkt A hat im Koordinatensystem (O, x, y, z) die Koordinaten $(x_A, y_A, 0)$. Die Koordinaten (x, y) und (ρ, α) sind durch die Umrechnungsregeln

$$\begin{cases} x = x_A + \rho \cos \alpha \\ y = y_A + \rho \sin \alpha \end{cases} \tag{4.1}$$

und

$$\rho = \sqrt{(x - x_A)^2 + (y - y_A)^2}, \quad \alpha = \begin{cases} \arctan \frac{y - y_A}{x - x_A}, & \textit{falls } x > x_A \\ \pi + \arctan \frac{y - y_A}{x - x_A}, & \textit{falls } x < x_A, \\ \frac{\pi}{2} \cdot \textit{sign}(y - y_A), & \textit{falls } x = x_A. \end{cases} \tag{4.2}$$

verbunden. Die vertikale Koordinate z ist in beiden Koordinatensystemen gleich.

Um den Strahlenfluss in der Umgebung des Punktes P zu beschreiben, wird ein weiteres kartesisches Koordinatensystem $(P, \overline{x}, \overline{y}, \overline{z})$ definiert. Der Ursprung dieses Koordinatensystems liegt im Punkt P, für den die Strahlungsflussdichte berechnet werden soll. Die Achse $P\overline{z}$ zeigt in die Richtung mit dem Zenitwinkel θ_S und dem Azimut α_S entgegen dem ankommenden Strahlungsfluss. Die Achse $P\overline{y}$ verläuft horizontal (Abb. 4.1).

Bezeichne (x_P, y_P, z_P) die Koordinaten des Punkts P im Koordinatensystem (A, x, y, z). Um das Koordinatensystem (A, x, y, z) in ein Koordinatensystem $(P, \overline{x}, \overline{y}, \overline{z})$ zu verwandeln, müsste dieses Koordinatensystem zunächst um einen Vektor (x_P, y_P, z_P) verschoben, dann um einen Winkel α_S um die z -Achse und schließlich um einen Winkel θ_S um die y -Achse gedreht werden. Das Übertragen eines Punktes (x, y, z) aus dem Koordinatensystem (O, x, y, z) ins Koordinatensystem $(P, \overline{x}, \overline{y}, \overline{z})$ erfordert deshalb die Koordinatentransformation

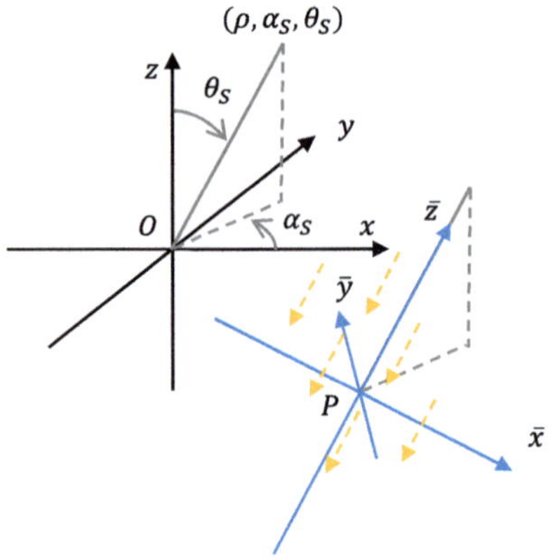

Abb. 4.1 Koordinatensysteme (O,x,y,z) und $(P,\overline{x},\overline{y},\overline{z})$. Die Ebene Oxy bildet im betrachteten Volumen die obere Grenze der Atmosphärenschicht. Die Achse $O\overline{y}$ liegt parallel zu dieser Ebene an der unteren Schichtgrenze. Die Achse $O\overline{z}$ zeigt entgegen dem Strahlungsfluss

$$\begin{pmatrix} \overline{x} \\ \overline{y} \\ \overline{z} \end{pmatrix} = D \cdot \begin{pmatrix} x - x_P \\ y - y_P \\ z - z_P \end{pmatrix} \tag{4.3}$$

mit der Drehungsmatrix

$$\begin{aligned} D &= \begin{pmatrix} \cos\theta_S & 0 & -\sin\theta_S \\ 0 & 1 & 0 \\ \sin\theta_S & 0 & \cos\theta_S \end{pmatrix} \cdot \begin{pmatrix} \cos\alpha_S & \sin\alpha_S & 0 \\ -\sin\alpha_S & \cos\alpha_S & 0 \\ 0 & 0 & 1 \end{pmatrix} \\ &= \begin{pmatrix} \cos\theta_S\cos\alpha_S & \cos\theta_S\sin\alpha_S & -\sin\theta_S \\ -\sin\alpha_S & \cos\alpha_S & 0 \\ \sin\theta_S\cos\alpha_S & \sin\theta_S\sin\alpha_S & \cos\theta_S \end{pmatrix}. \end{aligned} \tag{4.4}$$

(siehe (Foley, et al. 1990)). Um einen Punkt $(\overline{x},\overline{y},\overline{z})$ des Koordinatensystems $(P,\overline{x},\overline{y},\overline{z})$ ins Koordinatensystem (O,x,y,z) zu übertragen, muss die umgekehrte Koordinatentransformation ausgeführt werden:

$$\begin{pmatrix} x \\ y \\ z \end{pmatrix} = D^{-1} \cdot \begin{pmatrix} \overline{x} \\ \overline{y} \\ \overline{z} \end{pmatrix} + \begin{pmatrix} x_P \\ y_P \\ z_P \end{pmatrix}, \tag{4.5}$$

$$D^{-1} = \begin{pmatrix} \cos\theta_S\cos\alpha_S & -\sin\alpha_S & \sin\theta_S\cos\alpha_S \\ \cos\theta_S\sin\alpha_S & \cos\alpha_S & \sin\theta_S\sin\alpha_S \\ -\sin\theta_S & 0 & \cos\theta_S \end{pmatrix}. \tag{4.6}$$

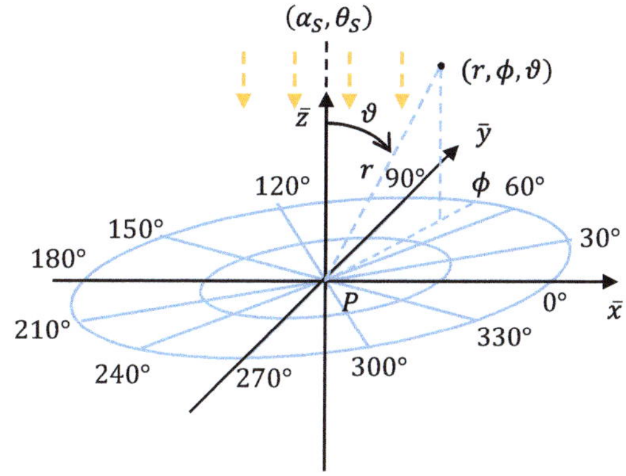

Abb. 4.2 Kartesisches Koordinatensystem $(P, \bar{x}, \bar{y}, \bar{z})$ und Kugelkoordinatensystem (P, r, ϕ, ϑ)

Zum Berechnen der Strahlungsintensität wird ein Kugelkoordinatensystem (P, r, ϕ, ϑ) verwendet (Abb. 4.2). Die Koordinate r ist die Länge eines vom Punkt P zum Punkt (r, φ, ϑ) gehenden Vektors. Die Koordinate ϑ gibt den Winkel zwischen diesem Vektor und der Achse $P\bar{z}$ an. Die Koordinate ϕ entspricht dem Winkel zwischen der Projektion des Vektors (r, φ, ϑ) auf die Ebene $P\overline{xy}$ und der Achse $P\bar{x}$. Die Koordinatensysteme $(P, \bar{x}, \bar{y}, \bar{z})$ und (P, r, ϕ, ϑ) sind durch die Umrechnungsregel

$$\begin{cases} \bar{x} = r \cos \phi \sin \vartheta \\ \bar{y} = r \sin \phi \sin \vartheta \\ \bar{z} = r \cos \vartheta \end{cases} \tag{4.7}$$

verbunden.

4.1.2 Energieflussdichte der einfallenden Strahlung

Die Strahlungsenergie, die im Punkt P aus der Richtung mit dem Zenitwinkel θ_S und dem Azimut α_S ankommt, wurde zuvor an anderen Orten der einfallenden direkten Sonnenstrahlung entzogen und gestreut. Um die Intensität der im Punkt P ankommenden gestreuten Strahlung zu berechnen, wird die betrachtete Atmosphärenschicht in kleine Volumen aufgeteilt. Für jedes Volumen müssen drei Fragen beantwortet werden:

- welche Energie hat die einfallende Strahlung, wenn sie dieses Volumen erreicht;
- welcher Teil der einfallenden Strahlungsenergie wird in diesem Volumen an streuende und absorbierende Teilchen abgegeben;
- welcher Teil der gestreuten Strahlungsenergie kommt nach einer einfachen oder mehrfachen Streuung aus einer passenden Richtung in der Umgebung des Punktes P an.

Der vorliegende Abschnitt befasst sich mit der ersten Frage. Das Ziel dieses Abschnitts ist: Die Abhängigkeit zwischen der Position eines Volumens und der Energieflussdichte der einfallenden Strahlung mathematisch zu beschreiben.

In dem Folgenden wird vereinfachend angenommen, dass die Strecken, die einfallende Lichtstrahlen vor ihrer Streuung in der betrachteten Atmosphärenschicht zurücklegen, in einem vergleichsweise kleinen Teil der Atmosphärenschicht liegen, in dem die Anzahldichte aller für Streuung und Absorption relevanter Teilchentypen wie im Abschn. 3.5.2 mit einem oder mehreren um den Punkt A angeordneten vertikalen Profilen beschrieben werden kann.

Die Energieflussdichte der einfallenden Strahlung in einem Punkt $N(x_N, y_N, z_N)$ hängt von der Strahlungsintensität am oberen Rand der betrachteten Atmosphärenschicht, von der Größe des Raumwinkels, aus dem die Strahlung kommt und von dem Transmissionsgrad der Strecke ab, die diese Strahlung in der Atmosphärenschicht zurücklegt, um den Punkt N zu erreichen.

4.1.2.1 Transmissionsgrad des Weges von der Schichtgrenze zum ersten Streupunkt

Die einfallende Strahlung kommt aus dem Raumwinkel mit dem Azimut $\alpha_L \pm \Delta\alpha$ und Zenitwinkel $\theta_L \pm \Delta\theta$. Wir betrachten den Lichtstrahl l, der am Punkt N aus der Richtung mit dem Azimut α_L und dem Zenitwinkel θ_L ankommt (Abb. 4.3). Im Modell der ebenen Atmosphäre liegt der Punkt M, in dem dieser Lichtstrahl die obere Grenze der Atmosphärenschicht passiert, in der Ebene $z = 0$. Die Entfernung, die der Strahl l zwischen den Punkten M und $N(x_N, y_N, z_N)$ zurücklegt, beträgt

$$\left|\overline{MN}\right| = -\frac{z_N}{\cos\theta_L} = \frac{z_N}{\cos(\pi - \theta_L)}. \tag{4.8}$$

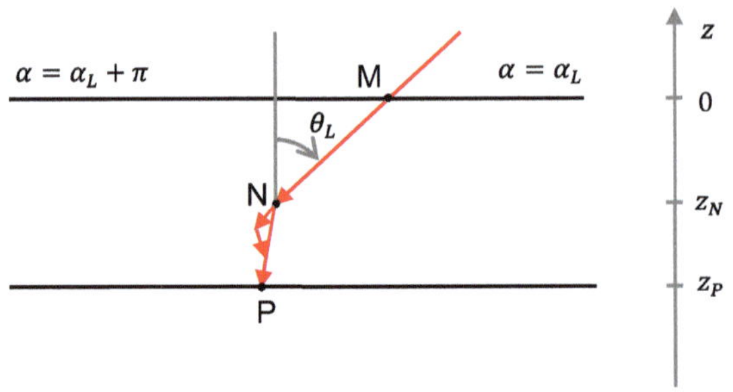

Abb. 4.3 Der Punkt N liegt im Inneren der Atmosphärenschicht. Einfallende Strahlung, die diesen Punkt aus einer Richtung mit dem Zenitwinkel θ_L und dem Azimut α_L erreicht, passiert die obere Grenze der Atmosphärenschicht in einem Punkt M. Ein Teil der Strahlung, die in der nächsten Umgebung des Punktes N gestreut wird, kommt als einfach oder mehrfach gestreute Strahlung im Punkt P an der unteren Grenze der Atmosphärenschicht an

Die Koordinaten des Punktes M können aus Koordinaten des Punktes N, der Richtung der Strecke $\overline{NM}$ und der Länge dieser Strecke berechnet werden:

$$\begin{cases} x_M = x_N + \left|\overline{MN}\right| \cos\alpha_L \sin\theta_L, \\ y_M = y_N + \left|\overline{MN}\right| \sin\alpha_L \sin\theta_L, \\ z_M = 0. \end{cases} \tag{4.9}$$

Die optische Tiefe der Strecke $\overline{MN}$ kann analog zum Abschn. 3.5.3 als

$$\begin{aligned} &\int\limits_{\overline{\text{MN}}} K_{ext,\tau}(\lambda, x(r), y(r), z(r))dr \\ &= \sum_{k=0}^{4} \big(\cos(\alpha_L + \pi) \cdot H_{k,x}(\lambda, \pi - \theta_L) + \sin(\alpha_L + \pi) \cdot H_{k,y}(\lambda, \pi - \theta_L) \\ &+ H_{k,*}(\lambda, \pi - \theta_L) - (x_M - x_A) \cdot B_{k,x}(\lambda, \pi - \theta_L) - (y_M - y_A) \\ &\cdot B_{k,y}(\lambda, \pi - \theta_L)\big) \frac{1}{\text{k}+1} \left|\overline{MN}\right|^{k+1} \end{aligned} \tag{4.10}$$

berechnet werden. Das Ausdrücken der Streckenlänge und der Koordinaten des Streckenanfangs M durch die Koordinaten des Punktes N ergibt eine äquivalente Gleichung:

$$\begin{aligned} &\int\limits_{\overline{\text{MN}}} K_{ext,\tau}(\lambda, x(r), y(r), z(r))dr \\ &= \sum_{k=0}^{4} \big(\cos(\alpha_L + \pi) \cdot H_{k,x}(\lambda, \pi - \theta_L) + \sin(\alpha_L + \pi) \\ &\cdot H_{k,y}(\lambda, \pi - \theta_L) + H_{k,*}(\lambda, \pi - \theta_L) - (x_N + z_N \cos\alpha_L \tan(\pi - \theta_L) - x_A) \cdot B_{k,x}(\lambda, \pi - \theta_L) \\ &-(y_N + z_N \sin\alpha_L \tan(\pi - \theta_L) - y_A) \cdot B_{k,y}(\lambda, \pi - \theta_L)\big) \frac{z_N^{k+1}}{(\text{k}+1)\cos^{\text{k}+1}(\pi - \theta_L)}. \end{aligned} \tag{4.11}$$

Das Einführen von Koeffizienten $C_{k,*}, C_{k,x}, C_{k,y}, C_{k,z}$ mit $k = 0, \ldots, 4$ und

$$\begin{aligned} C_{k,*} = &\big(-\cos\alpha_L \cdot H_{k,x}(\lambda, \pi - \theta_L) - \sin\alpha_L \cdot H_{k,y}(\lambda, \pi - \theta_L) \\ &+H_{k,*}(\lambda, \pi - \theta_L) + x_A B_{k,x}(\lambda, \pi - \theta_L) + y_A B_{k,y}(\lambda, \pi - \theta_L)\big) \\ &/\big((\text{k}+1)\cos^{\text{k}+1}(\pi - \theta_L)\big), \end{aligned} \tag{4.12}$$

$$C_{k,x} = -\frac{B_{k,x}(\lambda, \pi - \theta_L)}{(\text{k}+1)\cos^{\text{k}+1}(\pi - \theta_L)}, \tag{4.13}$$

$$C_{k,y} = -\frac{B_{k,y}(\lambda, \pi - \theta_L)}{(\text{k}+1)\cos^{\text{k}+1}(\pi - \theta_L)}, \tag{4.14}$$

$$C_{k,z} = -\frac{\big(\cos\alpha_L \cdot B_{k,x}(\lambda, \pi - \theta_L) + \sin\alpha_L \cdot B_{k,y}(\lambda, \pi - \theta_L)\big)\sin(\pi - \theta_L)}{(\text{k}+1)\cos^{\text{k}+2}(\pi - \theta_L)}. \tag{4.15}$$

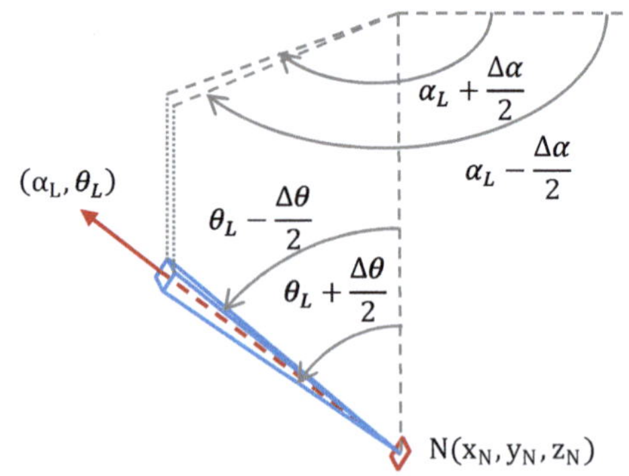

Abb. 4.4 Raumwinkel Ω mit Azimut $\alpha_L \pm \Delta\alpha$ und Zenitwinkel $\theta_L \pm \Delta\theta$. Alle Strahlen dieses Raumwinkels bilden kleine Winkel zu dem Strahl (α_L, θ_L) und treffen eine durch den Punkt N verlaufende Fläche mit der Normale (α_L, θ_L) beinahe im rechten Winkel

vereinfacht diese Gleichung zu

$$\int\limits_{\overline{MN}} K_{ext,\tau}(\lambda, x(r), y(r), z(r))dr = \sum_{k=0}^{4} \left(C_{k,*} + C_{k,x}x_N + C_{k,y}y_N + C_{k,z}z_N\right) z_N^{k+1}. \tag{4.16}$$

Bezeichne $I(\lambda, \theta, \alpha, x, y, z)$ die erwartete monochromatische Intensität der einfallenden Strahlung mit Wellenlängen $\lambda \pm \frac{d\lambda}{2}$, die in einem Punkt (x, y, z) aus der Richtung mit dem Zenitwinkel θ und dem Azimut α kommt. Die erwartete Intensität der im Punkt $N(x_N, y_N, z_N)$ aus der Richtung (α_L, θ_L) ankommenden Strahlung kann aus der erwarteten Strahlungsintensität im Punkt $M(x_M, y_M, 0)$ und der optischen Tiefe der Stecke $\overline{MN}$ berechnet werden:

$$I(\lambda, \theta_L, \alpha_L, x_N, y_N, z_N) = I(\lambda, \theta_L, \alpha_L, x_M, y_M, 0) \cdot exp\left(-\int\limits_{\overline{MN}} K_{ext,\tau}(\lambda, x(r), y(r), z(r))dr\right) \tag{4.17}$$

4.1.2.2 Einfallender Strahlungsfluss

Betrachtet wird ein vom Punkt $N(x_N, y_N, z_N)$ ausgehender Raumwinkel Ω, dessen Strahlen vom Punkt N in Azimutrichtungen $\alpha_L \pm \frac{\Delta\alpha}{2}$ gehen und zu einem vertikal nach oben gerichteten Strahl einen Winkelabstand von $\theta_L \pm \frac{\Delta\theta}{2}$ haben (Abb. 4.4). Ein monochromatischer Strahlungsfluss mit der Wellenlänge $\lambda \pm \frac{d\lambda}{2}$, der außerhalb der betrachteten Atmosphärenschicht entsteht und den Punkt N ohne Richtungsänderung aus dem Raumwinkel Ω erreicht, erzeugt auf einer durch den Punkt N verlaufenden ebenen Fläche mit der Normale (α_L, θ_L) eine Strahlungsflussdichte

$$F(\lambda, \theta_L, \alpha_L, x_N, y_N, z_N) = \int\limits_{\alpha_L - \frac{\Delta\alpha}{2}}^{\alpha_L + \frac{\Delta\alpha}{2}} \int\limits_{\theta_L - \frac{\Delta\theta}{2}}^{\theta_L + \frac{\Delta\theta}{2}} I(\lambda, \theta, \alpha, x_N, y_N, z_N) \cos\delta(\theta, \alpha, \theta_L, \alpha_L) \sin\theta \, d\theta \, d\alpha \tag{4.18}$$

(siehe (Chandrasekhar 1960)). Hierbei ist $I(\lambda, \theta, \alpha, x_N, y_N, z_N)$ die Intensität der Strahlung aus der Richtung (α, θ) und $\delta(\theta, \alpha, \theta_L, \alpha_L)$ der Winkel zwischen dem Strahl (α, θ) und einer in die Richtung (α_L, θ_L) zeigenden Normale der durchströmten Fläche (Abb. 4.4).

Handelt es sich bei den Winkeln $\Delta\alpha$ und $\Delta\theta$ um kleine Winkel, so ist auch der Winkel $\delta(\theta, \alpha, \theta_L, \alpha_L)$ klein. In diesem Fall ist $\cos\delta(\theta, \alpha, \theta_L, \alpha_L) \approx 1$, sodass die Strahlungsflussdichte (4.18) mit

$$F(\lambda, \theta_L, \alpha_L, x_N, y_N, z_N) \approx \int\limits_{\alpha_L - \frac{\Delta\alpha}{2}}^{\alpha_L + \frac{\Delta\alpha}{2}} \int\limits_{\theta_L - \frac{\Delta\theta}{2}}^{\theta_L + \frac{\Delta\theta}{2}} I(\lambda, \theta, \alpha, x_N, y_N, z_N) \sin\theta \, d\theta \, d\alpha$$

angenähert werden kann.

Nimmt man zusätzlich an, dass sich die Intensität im Bereich des Raumwinkels Ω nur wenig ändert und sich die Intensität in der Richtung (α, θ) mit $I(\lambda, \theta_L, \alpha_L, x_N, y_N, z_N)$ abschätzen lässt:

$$\begin{aligned} I(\lambda, \theta, \alpha, x_N, y_N, z_N) &\approx I(\lambda, \theta_L, \alpha_L, x_N, y_N, z_N) \\ \forall\alpha \in \left[\alpha_L - \frac{\Delta\alpha}{2}, \alpha_L + \frac{\Delta\alpha}{2}\right]&, \theta \in \left[\theta_L - \frac{\Delta\theta}{2}, \theta_L + \frac{\Delta\theta}{2}\right], \end{aligned}$$

so kann die Energieflussdichte $F(\lambda, \theta_L, \alpha_L, x_N, y_N, z_N)$ durch einen Produkt der Strahlungsintensität $I(\lambda, \theta_L, \alpha_L, x_N, y_N, z_N)$ mit der Größe des Raumwinkels Ω angenähert werden (Roedel 2000):

$$\begin{aligned} F(\lambda, \theta_L, \alpha_L, x_N, y_N, z_N) &\approx I(\lambda, \theta_L, \alpha_L, x_N, y_N, z_N) \int\limits_{\alpha_L - \frac{\Delta\alpha}{2}}^{\alpha_L + \frac{\Delta\alpha}{2}} \int\limits_{\theta_L - \frac{\Delta\theta}{2}}^{\theta_L + \frac{\Delta\theta}{2}} \sin\theta \, d\theta \, d\alpha \\ &= I(\lambda, \theta_L, \alpha_L, x_N, y_N, z_N) \cdot \Delta\alpha \cdot \left(\cos\left(\theta_L - \frac{\Delta\theta}{2}\right) - \cos\left(\theta_L + \frac{\Delta\theta}{2}\right)\right) \\ &= I(\lambda, \theta_L, \alpha_L, x_N, y_N, z_N) \cdot \Delta\alpha \\ &\cdot \left(\cos\theta_L \cos\frac{\Delta\theta}{2} + \sin\theta_L \sin\frac{\Delta\theta}{2} - \cos\theta_L \cos\frac{\Delta\theta}{2} + \sin\theta_L \sin\frac{\Delta\theta}{2}\right) \\ &\approx I(\lambda, \theta_L, \alpha_L, x_N, y_N, z_N) \cdot \Delta\alpha\Delta\theta \sin\theta_L \end{aligned} \tag{4.19}$$

Das Kombinieren der Gleichungen (4.19), (4.17), (4.16), (4.9) und (4.8) ergibt den folgenden Ausdruck für die erwartete Strahlungsflussdichte im Punkt N:

$$\begin{aligned} &F(\lambda, \theta_L, \alpha_L, x_N, y_N, z_N) \\ &\quad = \Delta\alpha \cdot \left(\cos\left(\theta_L - \frac{\Delta\theta}{2}\right) - \cos\left(\theta_L + \frac{\Delta\theta}{2}\right)\right) \\ &\quad \cdot I(\lambda, \theta_L, \alpha_L, x_N + z_N \cos\alpha_L \tan(\pi - \theta_L), y_N + z_N \sin\alpha_L \tan(\pi - \theta_L), 0) \\ &\quad \cdot exp\left(-\sum_{k=0}^{4} (C_{k,*} + C_{k,x} x_N + C_{k,y} y_N + C_{k,z} z_N) z_N^{k+1}\right). \end{aligned} \tag{4.20}$$

4.1.2.3 Approximation des Transmissionsgrades mit einer polynomiellen Funktion

Die Gleichung (4.20) beschreibt die Abhängigkeit der Strahlungsflussdichte im Punkt N von der Position dieses Punktes, der Richtung der einfallenden Strahlung und der Verteilung der streuenden und absorbierenden Teilchen. Diese Abhängigkeit ergibt ein sehr kompliziertes Volumenintegral, das sich mit analytischen Methoden nicht lösen lässt. Um Berechnungen zu vereinfachen, werden die Extinktion und die Strahlungsintensität in der Gleichung (4.20) mit leicht integrierbaren Funktionen angenähert, die sich in einem kleinen Volumen V ähnlich verhalten.

Bezeichne $T : \mathbb{R}^3 \to \mathbb{R}$ die Funktion, die in der Gleichung (4.20) die Transmission der Strahlung durch die betrachtete Atmosphärenschicht beschreibt:

$$T(x,y,z) = exp\left(-\sum_{k=0}^{4}\left(C_{k,*} + C_{k,x}x + C_{k,y}y + C_{k,z}z\right)z^{k+1}\right). \tag{4.21}$$

Um das Verhalten dieser Funktion in einem Volumen V anzunähern, wird die Tatsache genutzt, dass diese Funktion hauptsächlich von oben nach unten abnimmt und keine Wirbel bildet. Sie kann deshalb mit einer Funktion angenähert werden, die sich nur in einer Richtung verändert.

Um eine passende Richtung festzulegen, wird in der Mitte des Volumens V ein Punkt $N_1(x_1, y_1, z_1)$ gewählt. Für diesen Punkt werden partielle Ableitungen der Funktion $T(x,y,z)$ berechnet:

$$\frac{\partial T(x_1,y_1,z_1)}{\partial x} = -T(x_1,y_1,z_1)\cdot\sum_{k=0}^{4} C_{k,x}z_1^{k+1} \tag{4.22}$$

$$\frac{\partial T(x_1,y_1,z_1)}{\partial y} = -T(x_1,y_1,z_1)\cdot\sum_{k=0}^{4} C_{k,y}z_1^{k+1} \tag{4.23}$$

$$\frac{\partial T(x_1,y_1,z_1)}{\partial z} = -T(x_1,y_1,z_1)\cdot\sum_{k=0}^{4}\left(\left(C_{k,*} + C_{k,x}x_1 + C_{k,y}y_1\right)\cdot(k+1)z_1^{k} + C_{\mathrm{k,z}}\cdot(\mathrm{k}+2)z_1^{k+1}\right). \tag{4.24}$$

Die partiellen Ableitungen bestimmen den Gradienten der Funktion $T(x,y,z)$ im Punkt (x_1, y_1, z_1) :

$$grad\ T(x_1,y_1,z_1) = \frac{\partial T(x_1,y_1,z_1)}{\partial x}\vec{i} + \frac{\partial T(x_1,y_1,z_1)}{\partial y}\vec{j} + \frac{\partial T(x_1,y_1,z_1)}{\partial z}\vec{k}. \tag{4.25}$$

Der Gradient bildet die Normale zu der Niveaufläche $T(x,y,z) = const$ und zeigt die Richtung an, in der die Funktion $T(x,y,z)$ in der Umgebung des Punktes N_1 am stärksten

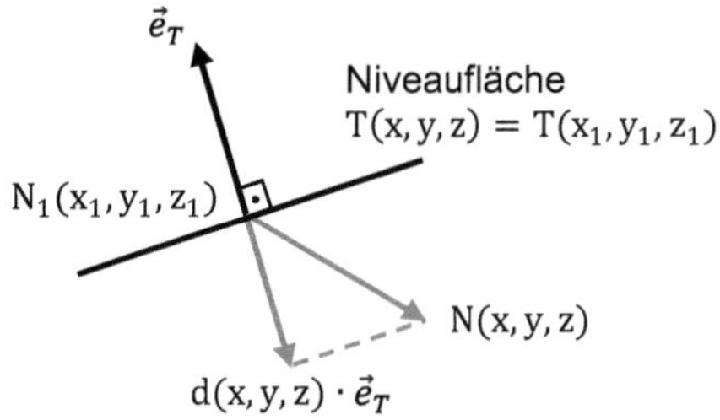

Abb. 4.5 Das Skalarprodukt eines Vektors N_1N mit dem Einheitsvektor $\vec{e}_T$ entspricht der Projektion dieses Vektors auf die Richtung des Gradienten

steigt. Diese Richtung wird gewählt, um die Veränderung der Funktion $T(x, y, z)$ im Volumen V mit einem kubischen Polynom anzunähern[1].

Im Folgenden bezeichnet $\vec{e}_T = (x_T, y_T, z_T)$ den Einheitsvektor mit der Richtung des Gradienten *grad* $T(x_1, y_1, z_1)$. Die Funktion $d : \mathbb{R}^3 \rightarrow \mathbb{R}$ mit

$$d(x, y, z) = x_T \cdot (x - x_1) + y_T \cdot (y - y_1) + z_T \cdot (z - z_1) \tag{4.26}$$

berechnet für jeden Punkt $N(x, y, z)$ das Skalarprodukt des Vektors $\overrightarrow{N_1N}$ mit dem Richtungsvektor $\vec{e}_T$ (Abb. 4.5). Alle Punkte mit dem gleichen Wert $d(x, y, z)$ bilden eine zum Vektor $\vec{e}_T$ senkrechte Ebene. Der Abstand zwischen den Ebenen $d(x, y, z) = c_1$ und $d(x, y, z) = c_2$ entspricht der Differenz $c_1 - c_2$. Der Punkt $N_1(x_1, y_1, z_1)$ liegt in der Ebene $d(x, y, z) = 0$.

Die Funktion $d : \mathbb{R}^3 \rightarrow \mathbb{R}$ wird verwendet, um eine Funktion $T^* : \mathbb{R}^3 \rightarrow \mathbb{R}$ zu definieren, die jeder zum Vektor $\vec{e}_T$ senkrechten Ebene einen Wert

$$T^*(x, y, z) = \sum_{k=0}^{3} W_k \cdot d^k(x, y, t) \tag{4.27}$$

zuweist, der im Volumen V näherungsweise dem Transmissionsgrad $T(x, y, z)$ entspricht. Die Koeffizienten W_0 und W_1 werden so gewählt, dass die Funktion $T^* : \mathbb{R}^3 \rightarrow \mathbb{R}$ im Punkt $N_1(x_1, y_1, z_1)$ den gleichen Wert und den gleichen Gradient wie die Funktion $T : \mathbb{R}^3 \rightarrow \mathbb{R}$ annimmt:

$$W_0 = T(x_1, y_1, z_1), \quad W_1 = |gradT(x_1, y_1, z_1)|. \tag{4.28}$$

[1] Die kubischen Polynome wurden gewählt, weil der Transmissionsgrad der Strahlung in der Abb. 2.20 einen Wendepunkt besitzt, der mit einem quadratischen Polynom nicht darstellbar wäre. In den meisten Fällen reicht ein quadratisches Polynom aus.

Die Koeffizienten W_2 und W_3 werden mit der Methode der kleinsten Quadrate festgelegt[2]. Hierzu werden einige weitere Punkte des Volumens V (zum Beispiel die Eckpunkte dieses Volumens) betrachtet. Für diese Punkte $N_2, \ldots, N_m$ werden nach (4.21) und (4.26) die Werte $T(x_i, y_i, z_i)$ und $d(x_i, y_i, z_i)$ berechnet. Die Werte W_2 und W_3 werden so gewählt, dass die Summe der quadrierten Differenzen von $T^*(x_i, y_i, z_i)$ und $T(x_i, y_i, z_i)$ so klein wie möglich ist:

$$\sum_{i=2}^{m} \left(\sum_{k=0}^{3} W_k \cdot d^k(x_i, y_i, z_i) - T(x_i, y_i, z_i) \right)^2 \to min. \tag{4.29}$$

Um solche Werte zu finden, werden nach der Methode der kleinsten Quadrate partielle Ableitungen der Summe (4.29) nach den unbekannten Koeffizienten berechnet:

$$\begin{aligned} &\frac{\partial}{\partial W_2} \sum_{i=2}^{m} \left(\sum_{k=0}^{3} W_k \cdot d^k(x_i, y_i, z_i) - T(x_i, y_i, z_i) \right)^2 \\ &\qquad = 2 \sum_{i=2}^{m} d^2(x_i, y_i, z_i) \cdot \left(\sum_{k=0}^{3} W_k \cdot d^k(x_i, y_i, z_i) - T(x_i, y_i, z_i) \right), \end{aligned} \tag{4.30}$$

$$\begin{aligned} &\frac{\partial}{\partial W_3} \sum_{i=2}^{m} \left(\sum_{k=0}^{3} W_k \cdot d^k(x_i, y_i, z_i) - T(x_i, y_i, z_i) \right)^2 \\ &\qquad = 2 \sum_{i=2}^{m} d^3(x_i, y_i, z_i) \cdot \left(\sum_{k=0}^{3} W_k \cdot d^k(x_i, y_i, z_i) - T(x_i, y_i, z_i) \right). \end{aligned} \tag{4.31}$$

Die Summe (4.29) nimmt ihr Minimum in dem Punkt an, in dem die Ableitungen (4.30) und (4.31) den Wert Null annehmen. Die Werte, die diese Bedingung erfüllen, sind:

$$\begin{aligned} W_2 = {} & \frac{\sum_{i=2}^{m} g^5(x_i, y_i, z_i) \cdot \sum_{i=2}^{m} g^3(x_i, y_i, z_i) \cdot (W_0 + W_1 d(x_i, y_i, z_i) - T(x_i, y_i, z_i))}{\sum_{i=2}^{m} g^6(x_i, y_i, z_i) \cdot \sum_{i=2}^{m} g^4(x_i, y_i, z_i) - \sum_{i=2}^{m} g^5(x_i, y_i, z_i) \cdot \sum_{i=2}^{m} g^5(x_i, y_i, z_i)} \\ & - \frac{\sum_{i=2}^{m} g^6(x_i, y_i, z_i) \cdot \sum_{i=2}^{m} g^2(x_i, y_i, z_i) \cdot (W_0 + W_1 d(x_i, y_i, z_i) - T(x_i, y_i, z_i))}{\sum_{i=2}^{m} g^6(x_i, y_i, z_i) \cdot \sum_{i=2}^{m} g^4(x_i, y_i, z_i) - \sum_{i=2}^{m} g^5(x_i, y_i, z_i) \cdot \sum_{i=2}^{m} g^5(x_i, y_i, z_i)}, \end{aligned} \tag{4.32}$$

$$W_3 = -\frac{\sum_{i=2}^{m} g^3(x_i, y_i, z_i) \cdot (W_0 + W_1 d(x_i, y_i, z_i) - T(x_i, y_i, z_i))}{\sum_{i=2}^{m} g^6(x_i, y_i, z_i)} - W_2 \frac{\sum_{i=2}^{m} g^5(x_i, y_i, z_i)}{\sum_{i=2}^{m} g^6(x_i, y_i, z_i)}. \tag{4.33}$$

[2] Die Methode der kleinsten Quadrate ist eine Standardmethode der numerischen Mathematik (Selder 1973).

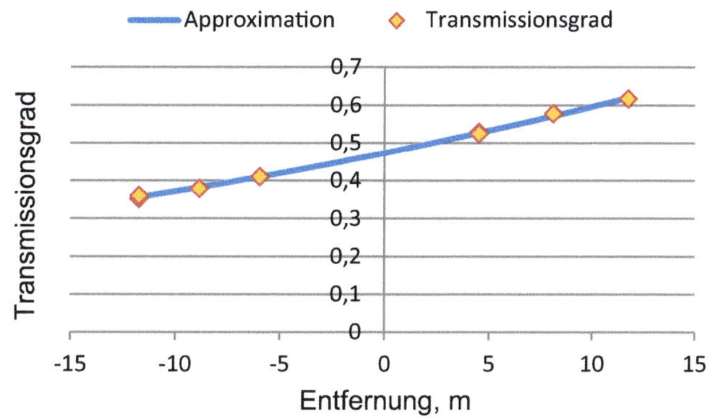

Abb. 4.6 Approximation des Transmissionsgrades mit einem Polynom

In der Abb. 4.6 ist die Approximation des Transmissionsgrades mit einer mit der Methode der kleinsten Quadrate festgelegten Funktion $T^*(x, y, z)$ dargestellt. Die durchgezogene Linie zeigt den Verlauf der polynomiellen Funktion $T^*(x, y, z)$. Die Punkte geben die Werte der exponentiellen Funktion $T(x_i, y_i, z_i)$ in den Eckpunkten eines Volumens V . In unserer Beispielrechnung waren die Differenzen in neun von zehn Fällen kleiner als 1 %.

Das Annähern des Transmissionsgrades mit einem Polynom bringt folgende Vorteile:

- Das Ersetzen einer schwer integrierbaren, exponentiellen Funktion durch ein Polynom vereinfacht die Berechnung des Volumenintegrals für die Intensität der gestreuten Strahlung;
- Die Form des Exponenten in der approximierten Funktion hat keinen Einfluss auf die Berechnung des Volumenintegrals. Die optische Tiefe der Strecke zwischen der Schichtgrenze und dem Ort der ersten Streuung kann deshalb sowohl im Modell der ebenen Atmosphäre (Abschn. 2.6), als auch im Modell der kreisrunden Atmosphäre (Abschn. 2.5) berechnet werden.

4.1.2.4 Approximation der Strahlungsintensität mit einer linearen Funktion

Die erwartete Strahlungsintensität an der oberen Grenze der betrachteten Atmosphärenschicht ergibt sich (gegebenenfalls) aus der Berechnung der Strahlungsintensität in einer darüber liegenden Schicht. Sie kann in dem betrachteten Atmosphärenbereich konstant sein, oder je nach Position variieren. Um Veränderungen in der Intensität der einfallenden Strahlung an der oberen Schichtgrenze bei der Berechnung der Energieflussdichte in einem Punkt (x, y, z) berücksichtigen zu können, wird im Folgenden angenommen, dass das Variieren dieser Strahlungsintensität näherungsweise mit einer linearen Funktion abgebildet werden kann.

Als Beispiel wird hier die Linearisierung mit dem Anfang einer Taylor-Reihe angenommen. Die Taylorreihe wird hierbei in einem Punkt $(x^*, y^*, 0)$ an der oberen Grenze der betrachteten Atmosphärenschicht entwickelt. Die erwartete Strahlungsintensität im Punkt $(x_M, y_M, 0)$ wird mit

$$
\begin{aligned}
& I\left(\lambda, \theta_L, \alpha_L, x_M, y_M, 0; x^*, y^*\right) \\
& \quad \approx I\left(\lambda, \theta_L, \alpha_L, x^*, y^*, 0\right) + \frac{\partial I(\lambda, \theta_L, \alpha_L, x^*, y^*, 0)}{\partial x} \cdot \left(x_M - x^*\right) \\
& \quad + \frac{\partial I(\lambda, \theta_L, \alpha_L, x^*, y^*, 0)}{\partial y} \cdot \left(y_M - y^*\right)
\end{aligned}
\tag{4.34}
$$

angenähert.

Das Einsetzen der polynomiellen Approximationen (4.27) und (4.34) in die Gleichung (4.20) ergibt die folgende Formel für die Energieflussdichte der einfallenden Strahlung im Punkt $N(x_N, y_N, z_N)$:

$$
\begin{aligned}
& F\left(\lambda, \theta_L, \alpha_L, x_N, y_N, z_N; x^*, y^*\right) \\
& \quad = \Delta\alpha \cdot \left(\cos\left(\theta_L - \frac{\Delta\theta}{2}\right) - \cos\left(\theta_L + \frac{\Delta\theta}{2}\right)\right) \\
& \quad \cdot \left(I\left(\lambda, \theta_L, \alpha_L, x^*, y^*, 0\right) + \frac{\partial I(\lambda, \theta_L, \alpha_L, x^*, y^*, 0)}{\partial x}\right. \\
& \quad \cdot \left(x_N + z_N \cos\alpha_L \tan\left(\pi - \theta_L\right) - x^*\right) + \frac{\partial I(\lambda, \theta_L, \alpha_L, x^*, y^*, 0)}{\partial y} \\
& \quad \left. \cdot \left(y_N + z_N \sin\alpha_L \tan\left(\pi - \theta_L\right) - y^*\right)\right) \\
& \quad \cdot \sum_{\mathrm{k}=0}^{3} \mathrm{W_k} \cdot \left(x_T \cdot (x_N - x_1) + y_T \cdot (y_N - y_1) + z_T \cdot (z_N - z_1)\right)^{\mathrm{k}}.
\end{aligned}
\tag{4.35}
$$

4.1.3 Streustrahlung aus einem kleinen Volumen

Um die Strahlungsflussdichte der gestreuten Strahlung zu ermitteln, die im Punkt P aus einem festgelegten Raumwinkel ankommt, wird der betrachtete Teil der Atmosphärenschicht in kleine Volumenelemente aufgeteilt. Der Strahlungsfluss zum Punkt P setzt sich aus Strahlungsflüssen zusammen, die in einzelnen Volumenelementen aus der einfallenden Strahlung aufgenommen und gestreut werden und nach einer einfachen oder mehrfachen Streuung in den betrachteten Raumwinkel einbiegen.

4.1.3.1 Energieaufnahme aus der einfallenden Strahlung

Sei ΔV_i ein kleines Stück der betrachteten Atmosphärenschicht, dessen Mittelpunkt N_i im Zylinderkoordinatensystem (P, r, ϕ, ϑ) die Koordinaten $(r_i, \phi_i, \vartheta_i)$ besitzt. Der Strahlungsfluss, der im Volumenelement ΔV_i von streuenden Teilchen aufgenommen wird und nach einer einfachen oder mehrfachen Streuung zum Punkt P gelangt, ist abhängig von der Strahlungsflussdichte der einfallenden Strahlung in diesem Volumen.

4.1.3.1.1 Energieflussdichte der einfallenden Strahlung

Um die Strahlungsflussdichte des einfallenden Lichts zu bestimmen, wird die Position des Volumenelements ΔV_i mittels Koordinatentransformationen (4.7) und (4.5) ins Koordinatensystem (O, x, y, z) übertragen:

$$\begin{pmatrix} x_i \\ y_i \\ z_i \end{pmatrix} = D^{-1} \cdot \begin{pmatrix} r_i \cos\phi_i \sin\vartheta_i \\ r_i \sin\phi_i \sin\vartheta_i \\ r_i \cos\vartheta_i \end{pmatrix} + \begin{pmatrix} x_P \\ y_P \\ z_P \end{pmatrix}. \tag{4.36}$$

Weil sich der Ausdruck

$$ax_i + by_i + cz_i$$

wegen $D^{-1} = D^T$ als

$$\begin{aligned}
\begin{pmatrix} a & b & c \end{pmatrix} \cdot \begin{pmatrix} x_i \\ y_i \\ z_i \end{pmatrix} &= \begin{pmatrix} a & b & c \end{pmatrix} \cdot D^{-1} \cdot \begin{pmatrix} r_i \cos\phi_i \sin\vartheta_i \\ r_i \sin\phi_i \sin\vartheta_i \\ r_i \cos\vartheta_i \end{pmatrix} + \begin{pmatrix} a & b & c \end{pmatrix} \cdot \begin{pmatrix} x_P \\ y_P \\ z_P \end{pmatrix} \\
&= \begin{pmatrix} r_i \cos\phi_i \sin\vartheta_i \\ r_i \sin\phi_i \sin\vartheta_i \\ r_i \cos\vartheta_i \end{pmatrix}^T \cdot D \cdot \begin{pmatrix} a \\ b \\ c \end{pmatrix} + \begin{pmatrix} a & b & c \end{pmatrix} \cdot \begin{pmatrix} x_P \\ y_P \\ z_P \end{pmatrix}
\end{aligned}$$

darstellen lässt, ergibt das Einsetzen von (4.36) in die Gleichung (4.35) den folgenden Ausdruck für die Strahlungsflussdichte der einfallenden Strahlung:

$$\begin{aligned}
&F\left(\lambda, \theta_L, \alpha_L, r_i, \phi_i, \vartheta_i; x^*, y^*\right) \\
&\quad = \Delta\alpha \cdot \left(\cos\left(\theta_L - \frac{\Delta\theta}{2}\right) - \cos\left(\theta_L + \frac{\Delta\theta}{2}\right)\right) \\
&\quad \cdot \left(I\left(\lambda, \theta_L, \alpha_L, x^*, y^*, 0\right) + \frac{\partial I(\lambda, \theta_L, \alpha_L, x^*, y^*, 0)}{\partial x}\right. \\
&\quad \cdot \left(x_P + z_P \cos\alpha_L \tan(\pi - \theta_L) - x^*\right) + \frac{\partial I(\lambda, \theta_L, \alpha_L, x^*, y^*, 0)}{\partial y} \\
&\quad \cdot \left(y_P + z_P \sin\alpha_L \tan(\pi - \theta_L) - y^*\right) + E_{\overline{x}} \cdot r_i \cos\phi_i \sin\vartheta_i + E_{\overline{y}} \cdot r_i \sin\phi_i \sin\vartheta_i \\
&\quad \left. + E_{\overline{z}} \cdot r_i \cos\vartheta_i\right) \\
&\quad \cdot \sum_{k=0}^{3} \left(x_T \cdot (x_P - x_1) + y_T \cdot (y_P - y_1) + z_T \cdot (z_P - z_1) + Q_{\overline{x}} \cdot r_i \cos\phi_i \sin\vartheta_i\right. \\
&\quad \left. + Q_{\overline{y}} \cdot r_i \sin\phi_i \sin\vartheta_i + Q_{\overline{z}} \cdot r_i \cos\vartheta_i\right)^{\mathrm{k}} \cdot \mathrm{W_k}.
\end{aligned} \tag{4.37}$$

Die Werte $E_{\overline{x}}, E_{\overline{y}}, E_{\overline{z}}, Q_{\overline{x}}, Q_{\overline{y}}$ und $Q_{\overline{z}}$ ergeben sich aus Matrixmultiplikationen

$$\begin{pmatrix} E_{\overline{x}} \\ E_{\overline{y}} \\ E_{\overline{z}} \end{pmatrix} = D \cdot \begin{pmatrix} \frac{\partial I(\lambda,\theta_L,\alpha_L,x^*,y^*,0)}{\partial x} \\ \frac{\partial I(\lambda,\theta_L,\alpha_L,x^*,y^*,0)}{\partial y} \\ \left(\frac{\partial I(\lambda,\theta_L,\alpha_L,x^*,y^*,0)}{\partial x}\cos\alpha_L + \frac{\partial I(\lambda,\theta_L,\alpha_L,x^*,y^*,0)}{\partial y}\sin\alpha_L\right)\tan(\pi-\theta_L) \end{pmatrix}, \tag{4.38}$$

und

$$\begin{pmatrix} Q_{\overline{x}} \\ Q_{\overline{y}} \\ Q_{\overline{z}} \end{pmatrix} = D \cdot \begin{pmatrix} \mathrm{x_T} \\ \mathrm{y_T} \\ \mathrm{z_T} \end{pmatrix}. \tag{4.39}$$

Diese Werte beschreiben Veränderungen der Strahlungsintensität und der Transmission im Koordinatensystem $(P, \overline{x}, \overline{y}, \overline{z})$. Das Einführen von Koeffizienten

$$\begin{aligned} E_P = I(\lambda, \theta_L, \alpha_L, x^*, y^*, 0) &+ \tfrac{\partial I(\lambda,\theta_L,\alpha_L,x^*,y^*,0)}{\partial x} \cdot (x_P + z_P\cos\alpha_L\tan(\pi-\theta_L) - x^*) \\ &+ \tfrac{\partial I(\lambda,\theta_L,\alpha_L,x^*,y^*,0)}{\partial y} \cdot (y_P + z_P\sin\alpha_L\tan(\pi-\theta_L) - y^*), \end{aligned} \tag{4.40}$$

$$Q_P = x_T \cdot (x_P - x_1) + y_T \cdot (y_P - y_1) + z_T \cdot (z_P - z_1) \tag{4.41}$$

$$\Omega(\theta_L, \Delta\theta, \Delta\alpha) = |\Delta\alpha| \cdot \left|\cos\left(\theta_L - \frac{\Delta\theta}{2}\right) - \cos\left(\theta_L + \frac{\Delta\theta}{2}\right)\right| \tag{4.42}$$

vereinfacht die Gleichung (4.37) zu

$$\begin{aligned} &F\big(\lambda, \theta_L, \alpha_L, r_i, \phi_i, \vartheta_i; x^*, y^*\big) \\ &\quad= \Omega(\theta_L, \Delta\theta, \Delta\alpha) \\ &\quad\cdot \big(E_P + E_{\overline{x}} \cdot r_i\cos\phi_i\sin\vartheta_i + E_{\overline{y}} \cdot r_i\sin\phi_i\sin\vartheta_i + E_{\overline{z}} \cdot r_i\cos\vartheta_i\big) \\ &\quad\cdot \sum_{k=0}^{3} \big(Q_P + Q_{\overline{x}} \cdot r_i\cos\phi_i\sin\vartheta_i + Q_{\overline{y}} \cdot r_i\sin\phi_i\sin\vartheta_i + Q_{\overline{z}} \cdot r_i\cos\vartheta_i\big)^{\mathrm{k}} \cdot \mathrm{W_k}. \end{aligned} \tag{4.43}$$

4.1.3.1.2 Energieaufnahme aus dem einfallenden Strahlungsfluss

Die einfallende Strahlung mit der Strahlungsflussdichte $F(\lambda, \theta_L, \alpha_L, r, \phi, \vartheta; x^*, y^*)$ trifft im Volumen ΔV_i auf Teilchen verschiedener Typen. Die Extinktionskoeffizienten der Teilchen werden für jeden Teilchentyp τ analog zum Abschn. 3.5.2 durch ein Produkt aus einem konstanten Extinktionswirkungsquerschnitt $\sigma_{ext,\tau}(\lambda)$ mit einer ortsabhängigen Anzahldichte der Teilchen festgelegt:

$$K_{ext,\tau}(\lambda, \rho, \alpha, z) = \sigma_{ext,\tau}(\lambda) n_\tau(\rho, \alpha, z). \tag{4.44}$$

Horizontal variierende Anzahldichten werden durch eine Kombination aus drei vertikalen Profilen

$$n_\tau(\rho,\alpha,z) = \frac{1}{2}\sum_{j=0}^{2}\left(1 - \frac{b_\tau}{z_E}\rho\cos\left(\alpha - \alpha_\tau - \frac{2j}{3}\pi\right)\right)f_{\tau,j}(z - z_E) - \frac{1}{6}\sum_{i=0}^{2} f_{\tau,i}(z - z_E) \tag{4.45}$$

definiert. Anzahldichten ohne horizontale Abhängigkeit werden durch ein vertikales Profil

$$n_\tau(z) = f_{\tau,0}(z - z_E) \tag{4.46}$$

vorgegeben. Die Produkte $\sigma_{ext,\tau}(\lambda)f_{\tau,j}(z - z_E)$ werden nach Abschn. 2.5.1 durch Polynome des dritten Grades angenähert:

$$\sigma_{ext,\tau}(\lambda)f_{\tau,j}(z - z_E) \approx \sum_{k=0}^{3} w_{\tau,j,k}\cdot(z - z_0)^k. \tag{4.47}$$

Der Extinktionskoeffizient der Teilchenmischung lässt sich damit als

$$\begin{aligned} K_{ext}(\lambda,\rho,\alpha,z) &= \sum_{\tau\in T_0\cup T_1} K_{ext,\tau}(\lambda,\rho,\alpha,z) \\ &= \sum_{\tau\in T_1}\sum_{j=0}^{2}\left(\left(\frac{1}{3} - \frac{b_\tau}{2z_E}\rho\cos\left(\alpha - \alpha_\tau - \frac{2j}{3}\pi\right)\right)\sum_{k=0}^{3} w_{\tau,j,k}\cdot(z - z_0)^k\right) \\ &+ \sum_{\tau\in T_0}\sum_{k=0}^{3} w_{\tau,0,k}\cdot(z - z_0)^k \end{aligned} \tag{4.48}$$

ausdrücken.

Mit der trigonometrischen Umformung

$$\rho\cos\left(\alpha - \alpha_\tau - \frac{2j}{3}\pi\right) = \rho\cos\alpha\cos\left(\alpha_\tau + \frac{2j}{3}\pi\right) + \rho\sin\alpha\sin\left(\alpha_\tau + \frac{2j}{3}\pi\right)$$

und der Umrechnungsregel (4.1) lässt sich (4.48) auf das Koordinatensystem (O,x,y,z) übertragen

$$\begin{aligned} K_{ext}(\lambda,x,y,z) = &\sum_{\tau\in T_1}\sum_{j=0}^{2}\left(\left(\frac{1}{3} - \frac{b_\tau}{2z_E}\cos\left(\alpha_\tau + \frac{2j}{3}\pi\right)\cdot(x - x_A) - \frac{b_\tau}{2z_E}\sin\left(\alpha_\tau + \frac{2j}{3}\pi\right)\cdot(y - y_A)\right)\right. \\ &\left.\cdot\sum_{k=0}^{3} w_{\tau,j,k}\cdot(z - z_0)^k\right) + \sum_{\tau\in T_0}\sum_{k=0}^{3} w_{\tau,0,k}\cdot(z - z_0)^k. \end{aligned} \tag{4.49}$$

Das Ersetzen der Werte (x, y, z) durch Koordinaten des Volumenelements ΔV_i ergibt den Extinktionskoeffizienten dieses Volumenelements:

$$\begin{aligned}K_{ext}(\lambda, r_i, \phi_i, \vartheta_i) = &\sum_{\tau\in T_1}\sum_{\mathrm{j}=0}^{2}\left(\frac{1}{3} - \frac{\mathrm{b}_\tau}{2\mathrm{z_E}}\cos\left(\alpha_\tau + \frac{2\mathrm{j}}{3}\pi\right)\cdot(\mathrm{x_P}-\mathrm{x_A}) - \frac{\mathrm{b}_\tau}{2\mathrm{z_E}}\sin\left(\alpha_\tau + \frac{2\mathrm{j}}{3}\pi\right)\right.\\ &\left.\cdot\left(\mathrm{y_P}-\mathrm{y_A}\right) + \mathrm{c}_{\tau,\mathrm{j},\bar{\mathrm{x}}}\cdot r_i\cos\phi_i\sin\vartheta_i + \mathrm{c}_{\tau,\mathrm{j},\bar{\mathrm{y}}}\cdot r_i\sin\phi_i\sin\vartheta_i + \mathrm{c}_{\tau,\mathrm{j},\bar{\mathrm{z}}}\cdot r_i\cos\vartheta_i\right)\\ &\cdot\sum_{\mathrm{k}=0}^{3}\mathrm{w}_{\tau,\mathrm{j},\mathrm{k}}\cdot(\mathrm{z_P}-\mathrm{z_0}-\sin\theta_S\cdot r_i\cos\phi_i\sin\vartheta_i + \cos\theta_S\cdot r_i\cos\vartheta_i)^{\mathrm{k}}\\ &+\sum_{\tau\in T_0}\sum_{\mathrm{k}=0}^{3}\mathrm{w}_{\tau,0,\mathrm{k}}\cdot(\mathrm{z_P}-\mathrm{z_0}-\sin\theta_S\cdot r_i\cos\phi_i\sin\vartheta_i + \cos\theta_S\cdot r_i\cos\vartheta_i)^{\mathrm{k}}.\end{aligned} \tag{4.50}$$

Die Koeffizienten $\mathrm{c}_{\tau,\mathrm{j},\bar{\mathrm{x}}}$, $\mathrm{c}_{\tau,\mathrm{j},\bar{\mathrm{y}}}$ und $\mathrm{c}_{\tau,\mathrm{j},\bar{\mathrm{z}}}$ mit $\tau \in T_1$ und $j = 0, \ldots 2$ sind das Ergebnis der Matrixmultiplikation

$$\begin{pmatrix}\mathrm{c}_{\tau,\mathrm{j},\bar{\mathrm{x}}}\\ \mathrm{c}_{\tau,\mathrm{j},\bar{\mathrm{y}}}\\ \mathrm{c}_{\tau,\mathrm{j},\bar{\mathrm{z}}}\end{pmatrix} = D\cdot\begin{pmatrix}-\frac{\mathrm{b}_\tau}{2\mathrm{z_E}}\cos\left(\alpha_\tau + \frac{2\mathrm{j}}{3}\pi\right)\\ -\frac{\mathrm{b}_\tau}{2\mathrm{z_E}}\sin\left(\alpha_\tau + \frac{2\mathrm{j}}{3}\pi\right)\\ 0\end{pmatrix}. \tag{4.51}$$

Das Definieren von Koeffizienten

$$\begin{aligned}G_{k,P} = &\sum_{\tau\in T_1}\sum_{j=0}^{2}\left(\frac{1}{3} - \frac{\mathrm{b}_\tau}{2\mathrm{z_E}}\cos\left(\alpha_\tau + \frac{2\mathrm{j}}{3}\pi\right)\cdot(\mathrm{x_P}-\mathrm{x_A}) - \frac{\mathrm{b}_\tau}{2\mathrm{z_E}}\sin\left(\alpha_\tau + \frac{2\mathrm{j}}{3}\pi\right)\cdot\left(\mathrm{y_P}-\mathrm{y_A}\right)\right)\cdot\mathrm{w}_{\tau,\mathrm{j},\mathrm{k}}\\ &+\sum_{\tau\in T_0}\mathrm{w}_{\tau,0,\mathrm{k}}\end{aligned} \tag{4.52}$$

$$G_{k,\bar{x}} = \sum_{\tau\in T_1}\sum_{j=0}^{2}\mathrm{c}_{\tau,\mathrm{j},\bar{\mathrm{x}}}\mathrm{w}_{\tau,\mathrm{j},\mathrm{k}} \tag{4.53}$$

$$G_{k,\bar{y}} = \sum_{\tau\in T_1}\sum_{j=0}^{2}\mathrm{c}_{\tau,\mathrm{j},\bar{\mathrm{y}}}\mathrm{w}_{\tau,\mathrm{j},\mathrm{k}} \tag{4.54}$$

$$G_{k,\bar{z}} = \sum_{\tau\in T_1}\sum_{j=0}^{2}\mathrm{c}_{\tau,\mathrm{j},\bar{\mathrm{z}}}\mathrm{w}_{\tau,\mathrm{j},\mathrm{k}} \tag{4.55}$$

für alle $k = 0, \ldots, 3$ vereinfacht die Gleichung (4.50) zu

$$K_{ext}(\lambda, r_i, \phi_i, \vartheta_i) = \sum_{k=0}^{3} \Big(\big(G_{k,P} + G_{k,\overline{x}} r_i \cos\phi_i \sin\vartheta_i + G_{k,\overline{y}} r_i \sin\phi_i \sin\vartheta_i + G_{k,\overline{z}} r_i \cos\vartheta_i\big) \\ \cdot (\mathrm{z_P} - \mathrm{z_0} - \sin\theta_S \cdot r_i \cos\phi_i \sin\vartheta_i + \cos\theta_S \cdot r_i \cos\vartheta_i)^{\mathrm{k}}\Big). \tag{4.56}$$

Die Teilchen im Volumenelement ΔV_i entziehen der einfallenden Strahlung mit der Energieflussdichte $F(\lambda, \theta_L, \alpha_L, r_i, \phi_i, \vartheta_i)$ die Leistung

$$\Delta\Phi_{\mathrm{ext}}(\lambda, r_i, \phi_i, \vartheta_i) = F\big(\lambda, \theta_L, \alpha_L, r_i, \phi_i, \vartheta_i; x^*, y^*\big) K_{ext}(\lambda, r_i, \phi_i, \vartheta_i) \Delta V_i \tag{4.57}$$

und erzeugen einfach gestreute Strahlung. Ein Teil dieser Strahlung kommt als einfach oder mehrfach gestreute Strahlung aus der Richtung mit dem Zenitwinkel $\theta_S \pm \frac{d\theta}{2}$ und dem Azimut $\alpha_S \pm \frac{d\alpha}{2}$ in der Umgebung des Punktes $P = (0, 0, 0)$ an.

4.1.3.2 Interpolieren der Simulationsergebnisse

Welcher prozentuale Anteil der Leistung, die im Volumenelement ΔV_i zum ersten Mal gestreut wird, in der passenden Richtung in der nächsten Umgebung des Punktes P ankommt, soll mithilfe der Monte-Carlo-Simulation aus den Abschn. 3.4 und 3.5 abgeschätzt werden.

Hierzu bietet es sich an, Gitterpunkte zu definieren, für die jeweils eine Monte-Carlo-Simulation zur Ermittlung der Strahlungsverteilung ausgeführt wird. In der Abb. 4.7 ist eine mögliche Anordnung der Gitterpunkte dargestellt. Das Gitter besteht in diesem Fall aus mehreren übereinander liegenden Schichten. Die Punkte, für die eine Simulation ausgeführt wird, sind in geraden und ungeraden Schichten unterschiedlich angeordnet. Die hier dargestellte Gitterstruktur ist nur ein Beispiel. Die Anordnung der Gitterpunkte muss nicht zwingend regelmäßig sein.

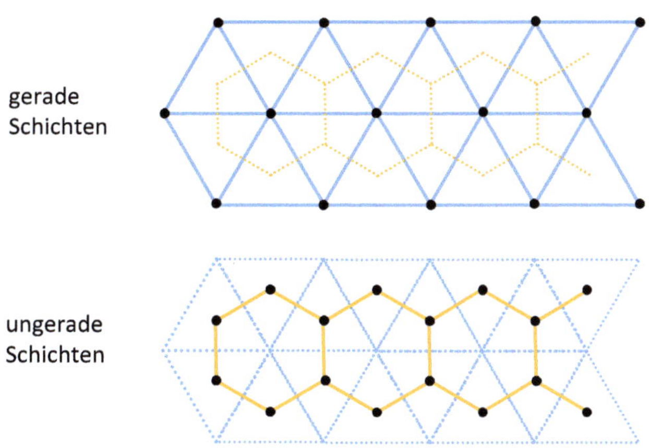

Abb. 4.7 Beispiel für ein regelmäßiges Gitter mit verschiedenen Mustern für gerade und ungerade Schichten. Für Gitterpunkte wird jeweils eine Monte-Carlo-Simulation der mehrfachen Streuung durchgeführt

Um die räumliche Verteilung der Strahlung zu bestimmen, die im Volumenelement $\Delta V_i(x_i, y_i, z_i)$ zum ersten Mal gestreut wird, wird der kleinste auf Gitterpunkte gespannte Tetraeder $Q_1Q_2Q_3Q_4$ gesucht, der den Punkt (x_i, y_i, z_i) umfasst. Es wird angenommen, dass sich die Strahlungsverteilung im Tetraeder $Q_1Q_2Q_3Q_4$ in etwa linear verändert und sich die Strahlungsverteilung im Punkt (x_i, y_i, z_i) aus Strahlungsverteilungen in Punkten Q_1, Q_2, Q_3 und Q_4 berechnen lässt.

Behauptung 4-1 Darstellen eines zum Tetraeder gehörenden Punkts als Konvexkombination der Eckpunkte

Sei $Q_1Q_2Q_3Q_4$ *ein Tetraeder mit den Eckpunkten* $Q_1(x_1, y_1, z_1)$, $Q_2(x_2, y_2, z_2)$, $Q_3(x_3, y_3, z_3)$ *und* $Q_4(x_4, y_4, z_4)$ *und sei* $z_3 \neq z_4$. *Seien* $a, b, c \in \mathbb{R}$ *wie folgt definiert:*

$$a = \frac{x_3 - x_4}{z_3 - z_4}, \quad b = \frac{y_3 - y_4}{z_3 - z_4}, \quad c = \frac{x_2 - x_4 - a \cdot (z_2 - z_4)}{y_2 - y_4 - b \cdot (z_2 - z_4)}.$$

Ist $N_i(x_i, y_i, z_i)$ *ein Punkt aus dem Tetraeder* $Q_1Q_2Q_3Q_4$, *so kann der Vektor* (x_i, y_i, z_i) *als Linearkombination der Vektoren* $(x_1, y_1, z_1), (x_2, y_2, z_2), (x_3, y_3, z_3)$ *und* (x_4, y_4, z_4) *mit*

$$\begin{pmatrix} x_i \\ y_i \\ z_i \end{pmatrix} = \mu_1 \begin{pmatrix} x_1 \\ y_1 \\ z_1 \end{pmatrix} + \mu_2 \begin{pmatrix} x_2 \\ y_2 \\ z_2 \end{pmatrix} + \mu_3 \begin{pmatrix} x_3 \\ y_3 \\ z_3 \end{pmatrix} + \mu_4 \cdot \begin{pmatrix} x_4 \\ y_4 \\ z_4 \end{pmatrix} \tag{4.58}$$

und

$$\mu_1 + \mu_2 + \mu_3 + \mu_4 = 1 \tag{4.59}$$

$$\mu_1, \mu_2, \mu_3, \mu_4 \geq 0 \tag{4.60}$$

dargestellt werden. Die Koeffizienten μ_1, μ_2 *und* μ_3 *lauten:*

$$\mu_1 = \frac{x_i - x_4 - a \cdot (z_i - z_4) - c \cdot (y_i - y_4 - b \cdot (z_i - z_4))}{x_1 - x_4 - a \cdot (z_1 - z_4) - c \cdot (y_1 - y_4 - b \cdot (z_1 - z_4))},$$

$$\mu_2 = \frac{y_i - y_4 - b \cdot (z_i - z_4) - \mu_1 \cdot (y_1 - y_4 - b \cdot (z_1 - z_4))}{y_2 - y_4 - b \cdot (z_2 - z_4)},$$

$$\mu_3 = \frac{z_i - z_4 - \mu_1 \cdot (z_1 - z_4) - \mu_2 \cdot (z_2 - z_4)}{z_3 - z_4},$$

$$\mu_4 = 1 - \mu_1 - \mu_2 - \mu_3.$$

Linearkombinationen mit nicht negativen Gewichten, deren Gesamtsumme eins ergibt, werden als Konvexkombinationen bezeichnet. Die Tatsache, dass sich jeder Punkt eines konvexen Polyeders als eine Konvexkombination der Eckpunkte darstellen lässt, ist aus der Linearen Optimierung hinreichend bekannt. Die Werte μ_1, μ_2 und μ_3 ergeben sich aus der Lösung des Gleichungssystems (4.58), (4.59) und können durch Zahlenbeispiele validiert werden.

Seien $\kappa_\perp(\gamma,\varphi,j,k;R,\lambda,\theta_L,\alpha_L,x,y,z)$ und $\kappa_\parallel(\gamma,\varphi,j,k;R,\lambda,\theta_L,\alpha_L,x,y,z)$ Funktionen, die die Ergebnisse einer Monte-Carlo-Simulation wiedergeben, bei der das einfallende Licht mit einer Wellenlänge λ aus einer Richtung mit einem Zenitwinkel $\theta_L \pm \Delta\theta$ und einem Azimut $\alpha_L \pm \Delta\alpha$ kommt und bei der betrachteten Teilchenverteilung im Punkt (x,y,z) zum ersten Mal gestreut wird. Die Funktion

$$\kappa_\perp(\gamma,\varphi,j,k;R,\lambda,\theta_L,\alpha_L,x,y,z) = \frac{\Phi_\perp(\gamma,\varphi,j,k;R,\lambda,\ldots)}{\sum_{s'}\sum_{u'}\sum_{j'}\sum_{k'}\left(\Phi_\perp(s'\Delta\gamma,u'\Delta\varphi,j',k';R,\lambda,\ldots)+\Phi_\parallel(s'\Delta\gamma,u'\Delta\varphi,j',k';R,\lambda,\ldots)\right)+\Phi_{\text{abs}}(R,\lambda,\ldots)} \tag{4.61}$$

gibt für eine um den Ort der ersten Streuung gelegte Sphäre mit dem Radius R den Energieanteil der Strahlung an, die diese Sphäre laut Simulation als eine senkrecht polarisierte, sich in einem Winkel aus $[\gamma,\gamma+\Delta\gamma]$ zu dem einfallenden Licht im Azimutsektor $[\varphi,\varphi+\Delta\varphi]$ ausbreitende Welle erreicht und im Querschnittsektor $B_m(j,k,R)$ passiert. Die Funktion

$$\kappa_\parallel(\gamma,\varphi,j,k;R,\lambda,\theta_L,\alpha_L,x,y,z) = \frac{\Phi_\parallel(\gamma,\varphi,j,k;R,\lambda,\ldots)}{\sum_{s'}\sum_{u'}\sum_{j'}\sum_{k'}\left(\Phi_\perp(s'\Delta\gamma,u'\Delta\varphi,j',k';R,\lambda,\ldots)+\Phi_\parallel(s'\Delta\gamma,u'\Delta\varphi,j',k';R,\lambda,\ldots)\right)+\Phi_{\text{abs}}(R,\lambda,\ldots)} \tag{4.62}$$

ist der entsprechende Energieanteil für parallel polarisierte Strahlung.

Die Leistungsanteile der Strahlung, die sich nach einer ersten Streuung im Volumenelement ΔV_i in einer Entfernung R von diesem Volumen als senkrecht bzw. parallel polarisierte Wellen in einem Streuwinkel aus $[\gamma,\gamma+\Delta\gamma]$ und in einem Azimutsektor $[\varphi,\varphi+\Delta\varphi]$ über Flächen ausbreitet, die dem Querschnittsektor $B_m(j,k,R)$ zugeordnet werden, können durch eine Konvexkombination der entsprechenden Leistungsanteile aus den Punkten Q_1, Q_2, Q_3 und Q_4 abgeschätzt werden:

$$\overline{\kappa}_\perp(\gamma,\varphi,j,k;R,\lambda,\theta_L,\alpha_L,x_i,y_i,z_i) = \sum_{j=1}^{4}\mu_j\,\kappa_\perp\left(\gamma,\varphi,j,k;R,\lambda,\theta_L,\alpha_L,x_j,y_j,z_j\right) \tag{4.63}$$

$$\overline{\kappa}_\parallel(\gamma,\varphi,j,k;R,\lambda,\theta_L,\alpha_L,x_i,y_i,z_i) = \sum_{j=1}^{4}\mu_j\,\kappa_\parallel\left(\gamma,\varphi,j,k;R,\lambda,\theta_L,\alpha_L,x_j,y_j,z_j\right) \tag{4.64}$$

Die Koeffizienten μ_1, μ_2, μ_3 und μ_4 sind nach Behauptung 4-1 berechnete Gewichte der Konvexkombination.

Die statistisch ermittelten Funktionen $\kappa_\perp$ und $\kappa_\parallel$ sind nur für einige ausgewählte Radien $R_1,\ldots,R_{t_{max}}$ definiert. Die entsprechenden Leistungsanteile für andere Radien r

können durch lineare Interpolation angenähert werden. Im Folgenden bezeichnet κ_q^* mit $q \in \{\perp, \parallel\}$ diese Interpolation:

$$\begin{aligned}
&\kappa_q^*(\gamma,\varphi,j,k;\, r,\lambda,\theta_L,\alpha_L,x_i,y_i,z_i)\\
&\qquad = \overline{\kappa}_q(\gamma,\varphi,j,k;\, R_{t-1},\lambda,\theta_L,\alpha_L,x_i,y_i,z_i)\\
&\qquad + \left(\overline{\kappa}_q(\gamma,\varphi,j,k;\, R_t,\lambda,\theta_L,\alpha_L,x_i,y_i,z_i) - \overline{\kappa}_q(\gamma,\varphi,j,k;\, R_{t-1},\lambda,\theta_L,\alpha_L,x_i,y_i,z_i)\right)\\
&\qquad \cdot \frac{r - R_{t-1}}{R_t - R_{t-1}} \quad \mathit{f\ddot{u}r}\ r \in \left]R_{t-1}, R_t\right].
\end{aligned} \tag{4.65}$$

4.1.3.3 Identifizieren passender Statistiken

Um Statistiken zu finden, die den gesuchten Energiefluss aus dem Volumen ΔV_i zum Punkt P beschreiben, müssen drei Parameter berücksichtigt werden:

- Entfernung zwischen dem Volumen, in dem die Strahlung zum ersten Mal gestreut wurde, und dem betrachteten Punkt P. Für das Volumen ΔV_i ist diese Entfernung gleich r_i;
- Winkel γ^*, um den sich die Ausbreitungsrichtung der Strahlung ändern muss, damit sie im Punkt P aus der geforderten Richtung kommt;
- Querschnittsektor, in dem die Strahlung die Sphäre mit dem Radius r_i passieren muss, um den Punkt P zu treffen;
- Azimut der Ebene, in der das einfallende Licht durch eine einmalige Richtungsänderung in die gleiche Richtung gelenkt werden kann, φ^*.

Die Richtung, aus der das einfallende Licht kommt, wird durch den Azimutwinkel α_L und den Zenitwinkel θ_L angegeben. Im Koordinatensystem (O, x, y, z) wird diese Richtung durch einen Einheitsvektor $\overrightarrow{e}_L = (x_L, y_L, z_L)$ mit

$$\begin{cases} x_L = \cos\alpha_L \sin\theta_L \\ y_L = \sin\alpha_L \sin\theta_L \\ z_L = \cos\theta_L \end{cases} \tag{4.66}$$

beschrieben. Das Multiplizieren dieses Vektors mit der Transformationsmatrix (4.4) ergibt einen äquivalenten Vektor im Koordinatensystem $(P, \overline{x}, \overline{y}, \overline{z})$:

$$\begin{pmatrix} \overline{x}_L \\ \overline{y}_L \\ \overline{z}_L \end{pmatrix} = \begin{pmatrix} \cos(\alpha_L - \alpha_S)\cos\theta_S \sin\theta_L - \sin\theta_S \cos\theta_L \\ \sin(\alpha_L - \alpha_S)\sin\theta_L \\ \cos(\alpha_L - \alpha_S)\sin\theta_S \sin\theta_L + \cos\theta_S \cos\theta_L \end{pmatrix}. \tag{4.67}$$

Ein Teil der einfallenden Strahlung wird im Volumen ΔV_i zum ersten Mal gestreut und kommt im Punkt P aus der Richtung mit dem Azimutwinkel α_S und den Zenitwinkel θ_S an. Diese Richtung entspricht im Koordinatensystem $(P, \overline{x}, \overline{y}, \overline{z})$ dem Vektor $(0, 0, 1)$. Der

Winkel γ^* , um den sich die Richtung der Strahlung verändert, kann deshalb aus dem Skalarprodukt der Vektoren $(\overline{x}_L, \overline{y}_L, \overline{z}_L)$ und $(0, 0, 1)$ bestimmt werden:

$$\gamma^* = \arccos \overline{z}_L. \tag{4.68}$$

Querschnittsektoren wurden im Abschn. 3.4.3.10 definiert. Sie beschreiben Flächen, die gestreute Strahlung mit einer bestimmten Ausbreitungsrichtung in einer Entfernung R von dem Ort der ersten Streuung erreicht, in einem an die Richtungen der gestreuten und einfallenden Strahlen gebundenen Koordinatensystem. In der Abb. 4.8 sind ein solches Koordinatensystem $(N_i, \widetilde{x}, \widetilde{y}, \widetilde{z})$ und das Kugelkoordinatensystem (P, r, ϕ, ϑ) mit dem zugehörigen kartesischen Koordinatensystem $(P, \overline{x}, \overline{\phi}, \overline{\vartheta})$ dargestellt. Im Ursprung des Koordinatensystems $(N_i, \widetilde{x}, \widetilde{y}, \widetilde{z})$ liegt das Volumenelement ΔV_i mit dem Mittelpunkt N_i (der Ort der ersten Streuung). Die Achse $N_i\widetilde{z}$ zeigt die betrachtete Ausbreitungsrichtung der gestreuten Strahlung an . Die Ebene $N_i\widetilde{x}\widetilde{y}$ verläuft senkrecht zu dieser Richtung und ist somit parallel zu der Polarebene $Pr\phi$ (Abb. 4.8). Die Achse $N_i\widetilde{x}$ geht zur Projektion des einfallenden Lichtstrahls auf die Ebene $N_i\widetilde{x}\widetilde{y}$. Diese Richtung wird im Koordinatensystem $(P, \overline{x}, \overline{y}, \overline{z})$ mit dem Vektor $(\overline{x}_L, \overline{y}_L, 0)$ beschrieben. Dies entspricht im Kugelkoordinatensystem (P, r, ϕ, ϑ) der Richtung $\left(\phi_L, \frac{\pi}{2}\right)$ mit

$$\phi_L = \begin{cases} \arctan \frac{\overline{y}_L}{\overline{x}_L}, & falls \quad \overline{x}_L > 0, \\ \pi + \arctan \frac{\overline{y}_L}{\overline{x}_L}, & falls \quad \overline{x}_L < 0, \\ \frac{\pi}{2} \cdot sign(\overline{y}_L), & falls \quad \overline{x}_L = 0. \end{cases} \tag{4.69}$$

Würde sich das Koordinatensystem $(P, \overline{x}, \overline{y}, \overline{z})$ um diesen Winkel ϕ_L um die Achse $P\overline{z}$ drehen, sodass die x-Achse zum einfallenden Licht zeigt, ergäbe dies ein Koordinatensystem $(P, \overline{x}^*, \overline{y}^*, \overline{z}^*)$, dessen Achsen parallel zu den Achsen des Koordinatensystems $(N_i, \widetilde{x}, \widetilde{y}, \widetilde{z})$ verlaufen (Abb. 4.9). Die Achsen $P\overline{x}^*$ und $N_i\widetilde{x}$ gehen in die gleiche Richtung,

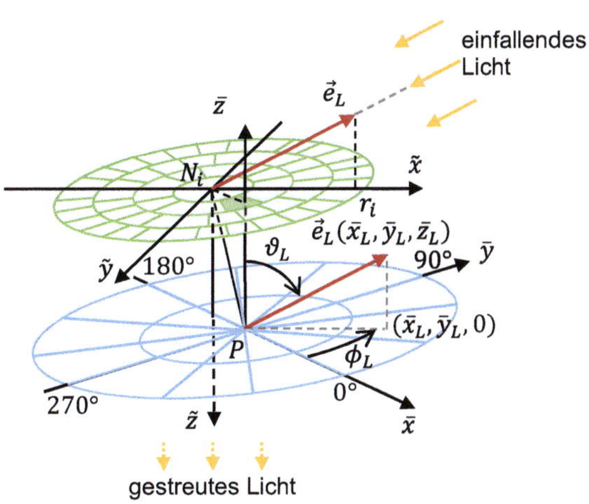

Abb. 4.8 Die Achsen des Koordinatensystems $(N_i, \widetilde{x}, \widetilde{y}, \widetilde{z})$ sind am gestreuten und am einfallenden Licht ausgerichtet. Die Koordinatenebene $N_i\widetilde{x}\widetilde{y}$ ist parallel zu der Polarebene $Pr\phi$. Die Achse $N_i\widetilde{x}$ zeigt in die Richtung $(\overline{x}_L, \overline{y}_L, 0)$ und bildet mit der Achse $P\overline{x}$ einen Winkel ϕ_L

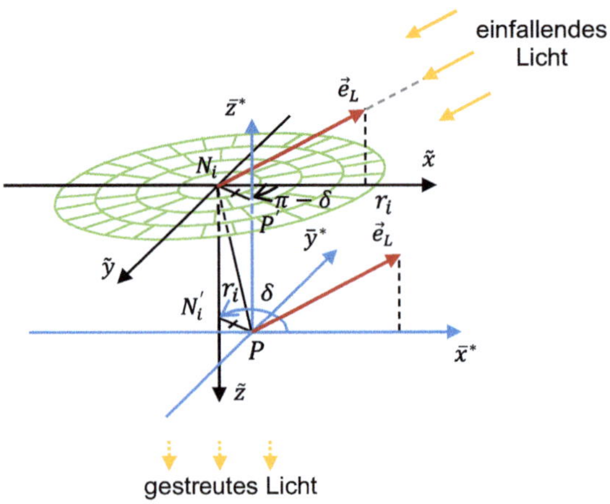

Abb. 4.9 Die Achsen der Koordinatensysteme $(P, \bar{x}^*, \bar{y}^*, \bar{z}^*)$ und $(N_i, \tilde{x}, \tilde{y}, \tilde{z})$ verlaufen parallel zu einander. Der Punkt P' ist die Projektion des Punktes P auf die Ebene $N_i\tilde{x}\tilde{y}$. Der Punkt N_i' ist die Projektion des Punktes N_i auf die Ebene $P\bar{x}^*\bar{y}^*$. Die Strecken N_iP' und PN_i' haben die gleiche Länge. Der Winkel zwischen der Strecke PN_i' und der Achse $P\bar{x}^*$ und der Winkel zwischen der Strecke N_iP' und der Achse $N_i\tilde{x}$ ergeben in Summe 180°

zum einfallenden Licht. Die Achsen $P\bar{y}^*$ und $N_i\tilde{y}$ und die Achsen $P\bar{z}^*$ und $N_i\tilde{z}$ sind jeweils entgegengerichtet (Abb. 4.9).

Sei N_i' die Projektion des Punktes N_i auf die Ebene $P\bar{x}^*\bar{y}^*$ und P' die Projektion des Punktes P auf die Ebene $N_i\tilde{x}\tilde{y}$ (Abb. 4.9). Das Viereck $PN_i'N_iP'$ ist ein Rechteck. Die Strecke PN_i' hat die gleiche Länge wie die Strecke N_iP' . Ihre Länge kann aus Koordinaten des Punktes $N_i'(r_i, \phi_i, \vartheta_i)$ im Kugelkoordinatensystem (P, r, ϕ, ϑ) ermittelt werden:

$$\left|N_iP'\right| = \left|PN_i'\right| = r_i \sin \vartheta_i. \tag{4.70}$$

Der Vektor $\overrightarrow{PN_i'}$ bildet mit der Achse $P\bar{x}^*$ einen Winkel δ, dessen Größe sich ebenfalls aus Koordinaten des Punktes N_i' bestimmen lässt:

$$\delta = \phi_i - \phi_L. \tag{4.71}$$

Der Vektor $\overrightarrow{N_iP'}$ bildet mit der Achse $N_i\tilde{x}$ einen Winkel $\pi - \delta$ (Abb. 4.9). Somit lassen sich die Koordinaten des Punktes P' im Koordinatensystem $(N_i, \tilde{x}, \tilde{y}, \tilde{z})$ aus Koordinaten des Punktes N_i $(r_i, \phi_i, \vartheta_i)$ und aus der Richtung des einfallenden Lichts bestimmen:

$$\begin{cases} \tilde{x}_{P'} = r_i \sin \vartheta_i \cos(\pi - \phi_i + \phi_L), \\ \tilde{y}_{P'} = r_i \sin \vartheta_i \sin(\pi - \phi_i + \phi_L). \end{cases} \tag{4.72}$$

Diese Koordinaten und die Entfernung zwischen den Punkten P und N_i können genutzt werden, um den Punkt P einem Querschnittsektor zuzuordnen.

Nach dem Abschn. 3.4.3.10 liegt der Punkt P aus Sicht eines Beobachters, der den Punkt N_i von der Spitze der Achse $N_i\tilde{z}$ erblickt, genau dann im Querschnittsektor $B_m(j,k,R)$, wenn die Koordinaten des Punktes N_i (r_i,ϕ_i,ϑ_i) die Bedingungen

$$r_i = R, \tag{4.73}$$

$$j = \begin{cases} \lceil m \sin\vartheta_i \rceil, falls \ \sin(\pi - \phi_i + \phi_L) \geq 0, \\ -\lceil m \sin\vartheta_i \rceil, falls \ \sin(\pi - \phi_i + \phi_L) < 0 \end{cases} \tag{4.74}$$

und

$$k = \left\lceil \frac{|\phi_i - \phi_L|}{\pi} \cdot (4|j| - 2) \right\rceil \tag{4.75}$$

erfüllen. Punkte (r_i,ϕ_i,ϑ_i), die diese Bedingungen erfüllen, bilden ein Stück der Sphäre mit dem Mittelpunkt P und dem Radius r_i (Abb. 4.10). Dieses Flächenstück wird durch Kegeloberflächen

$$\arcsin\frac{|j|-1}{m} < \vartheta \leq \arcsin\frac{|j|}{m} \tag{4.76}$$

und Halbebenen

$$\begin{aligned} &\phi_L + \frac{\pi}{4|j|-2}\min\{sign(j)\cdot k, sign(j)\cdot(k+1)\} \leq \phi_i \\ &\leq \phi_L + \frac{\pi}{4|j|-2}\max\{sign(j)\cdot k, sign(j)\cdot(k+1)\} \end{aligned} \tag{4.77}$$

begrenzt. Weil die Grenzflächen von Querschnittsektoren im Kugelkoordinatensystem (P,r,ϕ,ϑ) Koordinatenflächen $\vartheta = const$ und $\phi = const$ darstellen, bietet es sich an, dieses Koordinatensystem zum Berechnen eines Volumenintegrals zu verwenden.

Das Azimut in Ergebnissen der Monte-Carlo-Simulation bezieht sich auf ein Koordinatensystem $(N_i,\hat{x},\hat{y},\hat{z})$. Der Ursprung dieses Koordinatensystems N_i liegt im

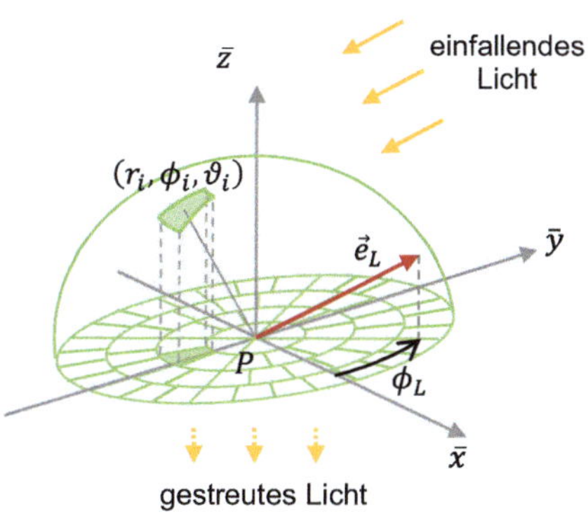

Abb. 4.10 Punkte, für die der Punkt P im Querschnittsektor $B_m(j,k,r_i)$ liegt, bilden ein Stück der Sphäre (P,r_i). Die Projektion dieses Flächenstücks auf die Ebene $P\overline{xy}$ hat die gleiche Form wie dieser Querschnittsektor

Volumenelement, in dem das einfallende Licht zum ersten Mal gestreut wird. Die Achse $N_i\hat{z}$ zeigt die Ausbreitungsrichtung der einfallenden Strahlung an und bildet zusammen mit der Achse $N_i\hat{x}$ eine vertikale Ebene $N_i\hat{z}\hat{x}$ (Abschn. 3.4.1). Das Azimut φ^* ist der Winkel, um den die Ebene $N_i\hat{z}\hat{x}$ um die Achse $N_i\hat{z}$ gedreht werden muss, um die Ebene $N_i\widetilde{z}\widetilde{x}$ zu erhalten (Abschn. 3.4.3.9).

Der Winkel zwischen den Ebenen $N_i\hat{z}\hat{x}$ und $N_i\widetilde{z}\widetilde{x}$ entspricht dem Winkel zwischen den Achsen $N_i\hat{y}$ und $N_i\widetilde{y}$. Die Achse $N_i\hat{y}$ geht in die Richtung mit dem Zenitwinkel $\frac{\pi}{2}$ und dem Azimut $\alpha_L + \frac{\pi}{2}$ (Abschn. 3.4.1). Diese Richtung wird im Koordinatensystem (O, x, y, z) durch einen Einheitsvektor (x_1, y_1, z_1) mit

$$\begin{cases} x_1 = \cos\left(\alpha_L + \frac{\pi}{2}\right), \\ y_1 = \sin\left(\alpha_L + \frac{\pi}{2}\right), \\ z_1 = 0 \end{cases} \tag{4.78}$$

beschrieben. Das Anwenden der Koordinatentransformation (4.3) auf beide Enden dieses Vektors ergibt einen äquivalenten Einheitsvektor $\vec{e}_1 = \left(\overline{x}_1, \overline{y}_1, \overline{z}_1\right)$ im Koordinatensystem $(P, \overline{x}, \overline{y}, \overline{z})$:

$$\begin{pmatrix} \overline{x}_1 \\ \overline{y}_1 \\ \overline{z}_1 \end{pmatrix} = \begin{pmatrix} \cos\left(\alpha_L + \frac{\pi}{2} - \alpha_S\right)\cos\theta_S \\ \sin\left(\alpha_L + \frac{\pi}{2} - \alpha_S\right) \\ \cos\left(\alpha_L + \frac{\pi}{2} - \alpha_S\right)\sin\theta_S \end{pmatrix} = \begin{pmatrix} -\sin\left(\alpha_L - \alpha_S\right)\cos\theta_S \\ \cos\left(\alpha_L - \alpha_S\right) \\ -\sin\left(\alpha_L - \alpha_S\right)\sin\theta_S \end{pmatrix}. \tag{4.79}$$

Die Achse $N_i\widetilde{y}$ geht in die gleiche Richtung wie der Strahl $(\phi, \vartheta) = \left(\phi_L - \frac{\pi}{2}, \pi/2\right)$ (Abb. 4.8). Im Koordinatensystem $(P, \overline{x}, \overline{y}, \overline{z})$ wird diese Richtung durch einen Einheitsvektor $\vec{e}_2 = \left(\overline{x}_2, \overline{y}_2, \overline{z}_2\right)$ mit

$$\begin{cases} \overline{x}_2 = \cos\left(\phi_L - \frac{\pi}{2}\right) \\ \overline{y}_2 = \sin\left(\phi_L - \frac{\pi}{2}\right) \\ \overline{z}_2 = 0 \end{cases}$$

dargestellt. Die Vektoren $\vec{e}_1 = \left(\overline{x}_1, \overline{y}_1, \overline{z}_1\right)$ und $\vec{e}_2 = \left(\overline{x}_2, \overline{y}_2, \overline{z}_2\right)$ sind die Normalen der Ebenen $N_i\hat{z}\hat{x}$ und $N_i\widetilde{z}\widetilde{x}$ und stehen wie diese Ebenen in einem Winkel φ^* zu einander. Die Größe dieses Winkels kann aus einem Skalarprodukt der beiden Vektoren bestimmt werden:

$$\left|\varphi^*\right| = \arccos\frac{\overrightarrow{e}_1 \cdot \overrightarrow{e}_2}{\left|\overrightarrow{e}_1\right| \cdot \left|\overrightarrow{e}_2\right|} = \arccos\left(\overline{x}_1\overline{x}_2 + \overline{y}_1\overline{y}_2 + \overline{z}_1\overline{z}_2\right). \tag{4.80}$$

Die Ebene $N_i\widetilde{z}\widetilde{x}$ ergibt sich aus der Ebene $N_i\hat{z}\hat{x}$ durch eine Rotation um die Achse $N_i\hat{z}$ (Abschn. 3.4.3.9). In welche Richtung die Ebene $N_i\hat{z}\hat{x}$ gedreht werden muss, damit sich ihre Normale $\vec{e}_1$ in einen Vektor $\vec{e}_2$ verwandelt, zeigt die vektorielle Multiplikation der Vektoren $\overrightarrow{e}_1$ und $\overrightarrow{e}_2$. Das Vektorprodukt der Vektoren $\overrightarrow{e}_1 = \left(\overline{x}_1, \overline{y}_1, \overline{z}_1\right)$ und $\overrightarrow{e}_2 = \left(\overline{x}_2, \overline{y}_2, \overline{z}_2\right)$

$$\vec{c} = \vec{e}_1 \times \vec{e}_2 = \begin{vmatrix} \vec{i} & \vec{j} & \vec{k} \\ \overline{x}_1 & \overline{y}_1 & \overline{z}_1 \\ \overline{x}_2 & \overline{y}_2 & \overline{z}_2 \end{vmatrix} = \left(\overline{y}_1\overline{z}_2 - \overline{z}_1\overline{y}_2\right)\vec{i} + (\overline{z}_1\overline{x}_2 - \overline{x}_1\overline{z}_2)\vec{j} + \left(\overline{x}_1\overline{y}_2 - \overline{y}_1\overline{x}_2\right)\vec{k} \tag{4.81}$$

ist ein Vektor $\vec{c}$, der bei $\sin\varphi^* > 0$ die Richtung der Achse $N_i\hat{z}$ und bei $\sin\varphi^* < 0$ die entgegengesetzte Richtung anzeigt. Die Achse $N_i\hat{z}$ zeigt die Richtung der einfallenden Strahlung an. Ihre Richtung wird im Koordinatensystem $(P, \overline{x}, \overline{y}, \overline{z})$ mit einem nach Gl (4.66) definierten Vektor $\left(-\overline{x}_L, -\overline{y}_L, -\overline{z}_L\right)$ dargestellt. Somit lässt sich das Azimut einer äquivalenten einfachen Streuung als

$$\varphi^* = \begin{cases} \arccos\left(\overline{x}_1\overline{x}_2 + \overline{y}_1\overline{y}_2 + \overline{z}_1\overline{z}_2\right), & falls\left(\overline{y}_1\overline{z}_2 - \overline{z}_1\overline{y}_2\right)\overline{x}_L + (\overline{z}_1\overline{x}_2 - \overline{x}_1\overline{z}_2)\overline{y}_L \\ & +\left(\overline{x}_1\overline{y}_2 - \overline{y}_1\overline{x}_2\right)\overline{z}_L < 0 \\ 2\pi - \arccos\left(\overline{x}_1\overline{x}_2 + \overline{y}_1\overline{y}_2 + \overline{z}_1\overline{z}_2\right) & sonst \end{cases} \tag{4.82}$$

berechnen.

Die Entfernung r_i, der Streuwinkel γ^*, das Azimut φ^* und die Nummer des Querschnittsektors $B_m(j(\vartheta_i, \phi_i), k(\vartheta_i, \phi_i), r_i)$ werden genutzt, um passende Statistiken über die Ergebnisse der Monte-Carlo-Simulationen in nahgelegenen Gitterpunkten auszuwählen. Die Entfernung r_i wird genutzt, um ähnliche Entfernungen R' und R'' zu finden, die in diesen Statistiken vorkommen und die Bedingung $r_i \in \left[R', R''\right]$ erfüllen. Aus allen für betroffene Gitterpunkte generierten Statistiken mit Entfernungen R' und R'' werden Statistiken mit einem Streuwinkelintervall

$$[\gamma, \gamma + \Delta\gamma] \quad f\ddot{u}r \quad \gamma = \lfloor \frac{\gamma^*}{\Delta\gamma} \rfloor \cdot \Delta\gamma,$$

einem Azimutsektor

$$[\varphi, \varphi + \Delta\varphi] \quad f\ddot{u}r \quad \varphi = \lfloor \frac{\varphi}{\Delta\varphi} \rfloor \cdot \Delta\varphi$$

und Querschnittsektoren $B_m\left(j(\vartheta_i, \phi_i), k(\vartheta_i, \phi_i), R'\right)$ und $B_m\left(j(\vartheta_i, \phi_i), k(\vartheta_i, \phi_i), R''\right)$ gewählt.

Die Ergebnisse der Simulationen für verschiedene Gitterpunkte und Entfernungen werden nach Abschn. 4.1.3.2 interpoliert, um Abschätzungen für Leistungsanteile ($\kappa_\perp^*$ und $\kappa_\parallel^*$) der senkrecht und parallel polarisierten Strahlung zu erhalten, die sich nach einer ersten Streuung im Volumenelement ΔV_i in einer Entfernung r_i von diesem Ort in Richtungen aus dem Streuwinkelintervall $\left[\lfloor\gamma \cdot \frac{180}{\pi}\rfloor \cdot \frac{\pi}{180}, \left(\lfloor\gamma \cdot \frac{180}{\pi}\rfloor + 1\right) \cdot \frac{\pi}{180}\right]$ und Azimutsektor $\left[\lfloor\frac{\varphi}{\Delta\varphi}\rfloor\Delta\varphi, \left(\lfloor\frac{\varphi}{\Delta\varphi}\rfloor + 1\right)\Delta\varphi\right]$ ausbreitet und die Kugel mit dem Radius r_i durch Flächen verlässt, die bei der jeweiligen Strahlungsrichtung auf den Querschnittsektor $B_m(j(\vartheta_i, \phi_i), k(\vartheta_i, \phi_i), r_i)$ projiziert werden.

4.1.3.4 Intensität der mehrfach gestreuten Strahlung aus einem kleinen Volumen

Das Multiplizieren der nach Abschn. 4.1.3.3 und 4.1.3.2 ermittelten Leistungsanteile $\kappa_\perp^*$ und $\kappa_\parallel^*$ mit einem nach Abschn. 4.1.3.1 berechneten Strahlungsfluss $\Delta\Phi_{\text{sca}}(\lambda, r_i, \phi_i, \vartheta_i)$ liefert eine Abschätzung für den Strahlungsfluss mit Wellenlängen $\lambda \pm \frac{\mathrm{d}\lambda}{2}$, der im Volumenelement ΔV_i aus einer Streuung der einfallenden Strahlung hervorgeht, sich beim Verlassen der Kugel (N_i, r_i) mit dem Zentrum im Volumenelement ΔV_i und dem Radius r_i als senkrecht bzw. parallel polarisierte Strahlung mit Ausbreitungsrichtungen aus dem Streuwinkelsektor $[\gamma, \gamma + \Delta\gamma]$ und dem Azimutsektor $[\varphi, \varphi + \Delta\varphi]$ äußert und die Grenze der Kugel (N_i, r_i) über Flächenstücke passiert, deren Projektion auf eine zur Flussrichtung senkrechte Ebene dem Querschnittsektor $B_m(j, k, r_i)$ entspricht:

$$\begin{aligned}\Delta\Phi_{\text{q}}(\lambda, r_i, \phi_i, \vartheta_i, \gamma, \varphi, j, k) &= \kappa_q^*(\gamma, \varphi, j, k; r_i, \lambda, \theta_L, \alpha_L, x_i, y_i, z_i)\\ &\quad \cdot F\left(\lambda, \theta_L, \alpha_L, r_i, \phi_i, \vartheta_i; x^*, y^*\right) K_{ext}(\lambda, r_i, \phi_i, \vartheta_i)\Delta V_i \quad \textit{für } q \in \{\perp, \parallel\}.\end{aligned} \tag{4.83}$$

Die Strahlung, die in der Umgebung des Punktes P aus der Richtung mit dem Zenitwinkel θ_S und dem Azimut α_S ankommt, ist ein Teil dieses Flusses.

Die Energie dieses Strahlungsflusses $\Delta\Phi_{\text{q}}(\lambda, r_i, \phi_i, \vartheta_i, \gamma, \varphi, j, k)$ verteilt sich auf Lichtstrahlen mit allen Azimutrichtungen von φ bis $\varphi + \Delta\varphi$ und mit allen Streuwinkeln von γ bis $\gamma + \Delta\gamma$. Der Raumwinkel, über den sich diese Strahlen verteilen, hat die Größe

$$\Omega\left(\gamma + \frac{\Delta\gamma}{2}, \Delta\gamma, \Delta\varphi\right) = \int_{\varphi}^{\varphi+\Delta\varphi} \int_{\gamma}^{\gamma+\Delta\gamma} \sin\gamma \, d\gamma \, d\varphi = \Delta\varphi(\cos\gamma - \cos(\gamma + \Delta\gamma)). \tag{4.84}$$

Das Dividieren des Strahlungsflusses $\Delta\Phi_{\text{sca}}(\lambda, r_i, \phi_i, \vartheta_i, \gamma, \varphi, j, k)$ durch den Raumwinkel $\Omega\left(\gamma + \frac{\Delta\gamma}{2}, \Delta\gamma, \Delta\varphi\right)$ ergibt nach (Gerthsen et al. 1986) die monochromatische Strahlungsstärke der Strahlung mit Wellenlängen $\lambda \pm \frac{\mathrm{d}\lambda}{2}$, die im Volumen ΔV_i zum ersten Mal gestreut wird, sich bei Verlassen der Kugel (N_i, r_i) in Richtungen mit Zenitwinkeln $\pi - \theta_S \pm \frac{d\theta}{2}$ und Azimut $\alpha_S - \pi \pm \frac{d\alpha}{2}$ ausbreitet und die Grenze der Kugel (N_i, r_i) über ein Flächenstück passiert, dessen Projektion auf eine zur Flussrichtung senkrechte Ebene dem Querschnittsektor $B_m(j, k, r_i)$ entspricht:

$$\Delta J_q(\lambda, r_i, \phi_i, \vartheta_i, \theta_L, \alpha_L, \theta_S, \alpha_S, j, k) = \frac{\Delta\Phi_{\text{q}}(\lambda, r_i, \phi_i, \vartheta_i, \gamma, \varphi, j, k)}{\Omega\left(\gamma + \frac{\Delta\gamma}{2}, \Delta\gamma, \Delta\varphi\right)} \quad \textit{für } q \in \{\perp, \parallel\}. \tag{4.85}$$

Die Strahlung mit der Strahlungsstärke $\Delta J_q(\lambda, r_i, \phi_i, \vartheta_i, \theta_L, \alpha_L, \theta_S, \alpha_S, j, k)$ verteilt sich auf die Fläche des Querschnittsektors $B_m(j, k, r_i)$. Diese Fläche beträgt nach Behauptung 3–1 für alle $j > 0$

$$\mathrm{A}(r_i, \mathrm{m}) = \frac{\pi \mathrm{r}_\mathrm{i}^2}{4\mathrm{m}^2}. \tag{4.86}$$

Der Quotient der Strahlungsstärke zu der durchströmten Fläche ergibt nach (Gerthsen et al. 1986) eine Approximation für die monochromatische Intensität der Strahlung mit Wellenlängen $\lambda \pm \frac{\mathrm{d}\lambda}{2}$, die im Volumen ΔV_i zum ersten Mal gestreut wird und im Punkt P als senkrecht bzw. parallel polarisierte Strahlung aus Richtungen mit Zenitwinkeln $\theta_S \pm \frac{d\theta}{2}$ und Azimut $\alpha_S \pm \frac{d\alpha}{2}$ ankommt:

$$\Delta I_q(\lambda, r_i, \phi_i, \vartheta_i, \theta_L, \alpha_L, \theta_S, \alpha_S) = \frac{\Delta J_q(\lambda, r_i, \phi_i, \vartheta_i, \theta_L, \alpha_L, \theta_S, \alpha_S, j, k)}{\mathrm{A}(r_i, \mathrm{m})} \quad f\ddot{u}r\ q \in \{\perp, \|\}. \tag{4.87}$$

Das Zusammenfassen der Gl (4.83), (4.85) und (4.87) ergibt den folgenden Ausdruck für diese Strahlungsintensität:

$$\begin{aligned} &\Delta I_q(\lambda, r_i, \phi_i, \vartheta_i, \theta_L, \alpha_L, \theta_S, \alpha_S) \\ &\quad = \frac{\kappa_q^*(\gamma, \varphi, j, k; r_i, \lambda, \theta_L, \alpha_L, x_i, y_i, z_i)}{\mathrm{A}(r_i, \mathrm{m})\Omega\left(\gamma + \frac{\Delta\gamma}{2}, \Delta\gamma, \Delta\varphi\right)} \\ &\quad \cdot F\left(\lambda, \theta_L, \alpha_L, r_i, \phi_i, \vartheta_i; x^*, y^*\right) K_{ext}(\lambda, r_i, \phi_i, \vartheta_i) \Delta V_i \quad f\ddot{u}r\ q \in \{\perp, \|\} \end{aligned} \tag{4.88}$$

4.1.3.5 Intensität der einfach gestreuten Strahlung aus einem kleinen Volumen

Einfach gestreute Strahlung, die in einer Entfernung $r \pm \frac{\mathrm{d}r}{2}$ vom Punkt P zum ersten Mal gestreut wird und aus einer Richtung mit dem Zenitwinkel $\theta_S \pm \frac{d\theta}{2}$ und dem Azimut $\alpha_S \pm \frac{d\alpha}{2}$ zu diesem Punkt kommt, entsteht in einem Volumen mit einer infinitesimal kleinen Größe

$$dV = r^2 \sin\theta_S dr d\theta d\alpha. \tag{4.89}$$

Strahlung, die in diesem Volumen in den Raumsektor mit dem Zenitwinkel $\theta_S \pm \frac{d\theta}{2}$ und dem Azimut $\alpha_S \pm \frac{d\alpha}{2}$ gestreut wird, und ohne erneute Streuung eine Entfernung r zurücklegt, verteilt sich auf eine Fläche

$$dA = r^2 \sin\theta_S d\theta d\alpha. \tag{4.90}$$

Einfach gestreute Strahlung aus dem Punkt N_i verlässt die Kugel (N_i, r_i) im Querschnittsektor $B_m(0, 0, r_i)$. Die Strahlungsstärke der Strahlung, die in einem kleinen Volumen dV mit dem Mittelpunkt N_i durch Streuen eines aus dem Raumwinkel $\left(\theta_L \pm \frac{\Delta\theta}{2}, \alpha_L \pm \frac{\Delta\alpha}{2}\right)$ kommenden Lichts entsteht, um anschließend die Grenze der Kugel (N_i, r_i) als senkrecht bzw. parallel polarisierte Strahlung aus der Richtung $\left(\theta_S \pm \frac{d\theta}{2}, \alpha_S \pm \frac{d\alpha}{2}\right)$ im Querschnittsektor $B_m(0, 0, r_i)$ zu durchqueren, kann nach (4.85) und (4.83) als

$$dJ_q(\lambda, r_i, \phi_i, \vartheta_i, \theta_L, \alpha_L, \theta_S, \alpha_S, 0, 0)$$
$$= \frac{\kappa_q^*(\gamma, \varphi, 0, 0; r_i, \lambda, \theta_L, \alpha_L, x_i, y_i, z_i)}{\Omega\left(\gamma + \frac{\Delta\gamma}{2}, \Delta\gamma, \Delta\varphi\right)}$$
$$\cdot F\left(\lambda, \theta_L, \alpha_L, r_i, \phi_i, \vartheta_i; x^*, y^*\right) K_{ext}(\lambda, r_i, \phi_i, \vartheta_i) dV \quad \mathit{für}\ q \in \{\perp, \|\} \tag{4.91}$$

berechnet werden. Die Strahlung mit dieser Strahlungsstärke verteilt sich auf die Fläche dA und hat im Punkt P wegen

$$\frac{dV}{dA} = dr \tag{4.92}$$

die Intensität

$$\mathrm{d}I_q(\lambda, r_i, \phi_i, \vartheta_i, \theta_L, \alpha_L, \theta_S, \alpha_S)$$
$$= \frac{\kappa_q^*(\gamma, \varphi, 0, 0; r_i, \lambda, \theta_L, \alpha_L, x_i, y_i, z_i)}{\Omega\left(\gamma + \frac{\Delta\gamma}{2}, \Delta\gamma, \Delta\varphi\right)} \cdot F\left(\lambda, \theta_L, \alpha_L, r_i, \phi_i, \vartheta_i; x^*, y^*\right)$$
$$\cdot K_{ext}(\lambda, r_i, \phi_i, \vartheta_i) \mathrm{d}r \quad \mathit{für}\ q \in \{\perp, \|\}. \tag{4.93}$$

4.1.4 Intensität der mehrfach gestreuten Strahlung

Um die Intensitäten der im Punkt P ankommenden, mehrfach gestreuten Strahlung zu bestimmen, müssen Strahlungsintensitäten aus allen Volumenelementen ΔV_i summiert werden. Hierfür wird der betrachtete Teil der Atmosphärenschicht in Gebiete aufgeteilt, in denen die Strahlungsintensität jeweils mit einer analytischen Funktion beschrieben wird und integriert werden kann.

4.1.4.1 Aufteilen des Volumens in Integrationsgebiete

Das betrachtete Volumen zwischen der oberen und unteren Grenze der Atmosphärenschicht wird nach Statistiken aufgeteilt, die zur Berechnung der Strahlungsintensität verwendet werden müssen. Seien $R_0, R_1, \ldots, R_{t_{max}}$ Entfernungen, für die zuvor mithilfe der Monte-Carlo-Simulation die Verteilung der mehrfach gestreuten Strahlung in verschiedenen Punkten der Atmosphärenschicht berechnet wurde. Sei $4m^2 + 1$ die Anzahl der Querschnittsektoren, die in Ergebnissen der Monte-Carlo-Simulation unterschieden werden (Abschn. 3.4.3.10).

Der Halbraum $\vartheta \leq \pi/2$ des Koordinatensystems (P, r, ϕ, ϑ) wird durch Sphären $r = r_t$ mit Radien

$$r_t = R_t \quad \mathit{für\ alle}\ t = 0, 1, \ldots, t_{max} \tag{4.94}$$

und durch Kegeloberflächen $\vartheta = \vartheta_j$ mit Öffnungswinkeln

$$\vartheta_j = \arcsin \frac{j}{m} \quad \textit{für alle } j = 0, 1, \ldots m \tag{4.95}$$

aufgeteilt. Die Räume zwischen benachbarten Kegeloberflächen $\vartheta = \vartheta_{j-1}$ und $\vartheta = \vartheta_j$ werden durch Halbebenen $\phi = \phi_{s,k}$ mit Azimutwinkeln

$$\phi_{s,k} = \phi_L + \frac{s \cdot k}{4j-2}\pi \quad \textit{mit} \quad k = 0, \ldots, 4j-2 \quad \textit{und} \quad s \in \{1, -1\} \tag{4.96}$$

in $8j + 4$ Sektoren geteilt. Der Winkel ϕ_L bezeichnet hierbei das Azimut eines entgegen dem einfallenden Licht gerichteten Strahls im Koordinatensystem (P, r, ϕ, ϑ). Die Berechnung dieses Winkels wurde im Abschn. 4.1.3.3 behandelt.

Die Kegeloberflächen (4.95) und die Halbebenen (4.96) teilen den Raum an den Grenzen der Querschnittsektoren. Der Punkt P liegt für alle Punkte (r, ϕ, ϑ) mit

$$\vartheta_{j-1} < \vartheta \le \vartheta_j \quad \textit{und} \quad \min\left\{\phi_{s,k}, \phi_{s,k+1}\right\} < \phi < \max\left\{\phi_{s,k}, \phi_{s,k+1}\right\}$$

im Querschnittsektor $B_m(s \cdot j, k, r)$ (Abschn. 4.1.3.3). Die Sphären (4.94) teilen den Halbraum $\vartheta \le \pi/2$ an den Stellen auf, an denen sich die lineare Interpolation (4.65) verändert.

Das Aufteilen des Raums an Koordinatenflächen $r = r_t$, $\vartheta = \vartheta_j$ und $\phi = \phi_{s,k}$ ergibt ein vergleichsweise einfaches Integral. Andere Grenzflächen, wie die obere und untere Grenze der Atmosphärenschicht oder die Grenzen eines Tetraeders aus dem Abschn. 4.1.3.2, machen die Berechnung eines Integrals deutlich komplizierter. Deshalb werden diese Grenzen im Folgenden nicht exakt eingehalten, sondern nur angenähert.

Betrachtet wird ein Volumen $V_{[t,j,k,s]}$ mit $t \in \{1, \ldots, t_{max}\}$, $j \in \{1, \ldots m\}$, $k = \{0, \ldots, 4j-3\}$ und $s \in \{1, -1\}$. Die Grenzen dieses Volumens werden durch folgende Ungleichungen definiert:

$$V_{[t,j,k,s]} : \begin{cases} r_{t-1} < r \le r_t, \\ \vartheta_{j-1} < \vartheta \le \vartheta_j, \\ \min\left\{\phi_{s,k}, \phi_{s,k+1}\right\} < \phi < \max\left\{\phi_{s,k}, \phi_{s,k+1}\right\}. \end{cases} \tag{4.97}$$

Um herauszufinden, ob das Volumen $V_{[t,j,k,s]}$ zur betrachteten Atmosphärenschicht gehört, werden seine Eckpunkte mittels Koordinatentransformationen (4.7) und (4.5) ins Koordinatensystem (O, x, y, z) übertragen und mit den Grenzen der Atmosphärenschicht verglichen. Liegen alle Eckpunkte innerhalb der Atmosphärenschicht, wird das gesamte Volumen $V_{[t,j,k,s]}$ zu dieser Schicht gezählt. Liegen einige Eckpunkte außerhalb, so gibt es drei Möglichkeiten:

- das gesamte Volumen $V_{[t,j,k,s]}$ dazu zu zählen;
- das gesamte Volumen $V_{[t,j,k,s]}$ zu verwerfen;
- das Volumen $V_{[t,j,k,s]}$ an einer Koordinatenfläche $r = const$, $\phi = const$ oder $\vartheta = const$ aufzuteilen und die Teile getrennt zu betrachten.

4.1.4.2 Volumenintegral zur Berechnung der Strahlungsintensität

Für Volumen V , die nach dem oben beschriebenen Test zur betrachteten Atmosphärenschicht gezählt werden, werden ausgehend von der Gleichung (4.88) die Intensitäten der senkrecht und parallel polarisierten Strahlung berechnet, die in diesen Volumen zum ersten Mal gestreut wird und im Punkt P aus Richtungen mit Zenitwinkeln $\theta_S \pm \frac{d\theta}{2}$ und Azimutrichtungen $\alpha_S \pm \frac{d\alpha}{2}$ ankommt:

$$I_q(V) = \iiint\limits_V \frac{\kappa_q^*(\gamma, \varphi, s \cdot j, k; r, \lambda, \theta_L, \alpha_L, x, y, z)}{\mathrm{A}(r, \mathrm{m})\Omega\left(\gamma + \frac{\Delta\gamma}{2}, \Delta\gamma, \Delta\varphi\right)} \cdot F\left(\lambda, \theta_L, \alpha_L, r, \phi, \vartheta; x^*, y^*\right) K_{ext}(\lambda, r, \phi, \vartheta) dV \quad \textit{für } q \in \{\perp, \|\}. \tag{4.98}$$

Die Funktion $\kappa_q^*(\gamma, \varphi, s \cdot j, k; r, \lambda, \theta_L, \alpha_L, x, y, z)$ wurde im Abschn. 4.1.3.2 definiert. Sie ordnet einem Volumenelement (x, y, z) eine aus mehreren Monte-Carlo-Simulationen gewonnene Abschätzung für das Größenverhältnis der Energie, die in diesem Volumenelement von der einfallenden Strahlung an Teilchen abgegeben wird, und der Energie, die hierbei verstreut wird und in der Umgebung des Punktes P als senkrecht bzw. parallel polarisierte Strahlung aus einer passenden Richtung ankommt. Die Auswahl der Statistiken, die für diese Abschätzung genutzt werden, hängt von den Koordinaten des Volumenelements ab. Eine genaue Abbildung dieser Abhängigkeit würde die Berechnung des Volumenintegrals erschweren, weil das Integrationsgebiet gegebenenfalls an den Grenzen eines an Gitterpunkten aufgespannten Tetraeders (Abschn. 4.1.3.2) aufgeteilt werden müsste. Für eine statistisch ermittelte Funktion wäre dies kein gerechtfertigter Aufwand.

Aus diesem Grund wird die Funktion $\kappa_q^*(\gamma, \varphi, s \cdot j, k; r, \lambda, \theta_L, \alpha_L, x, y, z)$ nur für den Punkt $N_1\left(\frac{r_{min}+r_{max}}{2}, \frac{\phi_{min}+\phi_{max}}{2}, \frac{\vartheta_{min}+\vartheta_{max}}{2}\right)$ in der Mitte des Volumens V exakt berechnet. Hierfür wird dieser Punkt mittels Koordinatentransformationen (4.7) und (4.5) ins Koordinatensystem (O, x, y, z) übertragen. Für den Punkt $N_1(x_1, y_1, z_1)$ werden nach Abschn. 4.1.3.2 die Koeffizienten der Funktionen $\kappa_\perp^*$ und $\kappa_\|^*$ berechnet. Die ermittelten Koeffizienten werden für alle Punkte des Volumens V genutzt. Die Funktion $\kappa_q^*(\gamma, \varphi, s \cdot j, k; r, \lambda, \theta_L, \alpha_L, x, y, z)$ verwandelt sich auf diese Weise in eine einfache lineare Abhängigkeit von r :

$$\frac{\kappa_q^*(\gamma, \varphi, s \cdot j, k; r, \lambda, \theta_L, \alpha_L, x, y, z)}{\Omega\left(\gamma + \frac{\Delta\gamma}{2}, \Delta\gamma, \Delta\varphi\right)} \approx \left(\mathrm{S}_{q,0} + \mathrm{S}_{q,1}\mathrm{r}\right) \quad \textit{für } q \in \{\perp, \|\} \tag{4.99}$$

mit Konstanten

$$S_{q,0} = \frac{R_t \cdot \overline{\kappa}_q(\gamma, \varphi, s \cdot j, k; R_{t-1}, \lambda, \theta_L, \alpha_L, x_1, y_1, z_1)}{(R_t - R_{t-1}) \cdot \Omega\left(\gamma + \frac{\Delta\gamma}{2}, \Delta\gamma, \Delta\varphi\right)} - \frac{R_{t-1} \cdot \overline{\kappa}_q(\gamma, \varphi, s \cdot j, k; R_t, \lambda, \theta_L, \alpha_L, x_1, y_1, z_1)}{(R_t - R_{t-1}) \cdot \Omega\left(\gamma + \frac{\Delta\gamma}{2}, \Delta\gamma, \Delta\varphi\right)}, \tag{4.100}$$

$$\mathrm{S_{q,1}} = \frac{\overline{\kappa}_q(\gamma,\varphi,s\cdot j,k;R_t,\lambda,\theta_L,\alpha_L,x_1,y_1,z_1)}{(R_t - R_{t-1})\cdot\Omega\big(\gamma+\frac{\Delta\gamma}{2},\Delta\gamma,\Delta\varphi\big)} - \frac{\overline{\kappa}_q(\gamma,\varphi,s\cdot j,k;R_{t-1},\lambda,\theta_L,\alpha_L,x_1,y_1,z_1)}{(R_t - R_{t-1})\cdot\Omega\big(\gamma+\frac{\Delta\gamma}{2},\Delta\gamma,\Delta\varphi\big)}. \tag{4.101}$$

Das Intervall $[R_{t-1}, R_t]$ ist hierbei entweder identisch mit dem Integrationsintervall $[r_{min}, r_{max}]$ oder umschließt dieses Intervall. Der Raumwinkel $\Omega\big(\gamma + \frac{\Delta\gamma}{2}, \Delta\gamma, \Delta\varphi\big)$ wurde im Abschn. 4.1.3.4 definiert.

Die Funktion $F(\lambda, \theta_L, \alpha_L, r, \phi, \vartheta; x^*, y^*)$ stellt die Strahlungsflussdichte im Volumenelement (r, ϕ, ϑ) dar. Sie berechnet sich aus der Strahlungsintensität an der oberen Grenze der Atmosphärenschicht, dem Raumwinkel, aus dem die Strahlung kommt, und aus dem Transmissionsgrad des Weges von der oberen Grenze der Atmosphärenschicht zum Volumenelement (r, ϕ, ϑ) (Abschn. 4.1.2 und 4.1.3.1). Die Strahlungsintensität an der oberen Schichtgrenze und der Transmissionsgrad der zurückgelegten Strecke werden in dieser Funktion jeweils mit einer ganzrationallen Funktion angenähert.

Für die Approximation des Transmissionsgrades (Abschn. 4.1.2.1) wird hierbei der Gradient des Transmissionsgrades im Punkt $N_1\big(\frac{r_{min}+r_{max}}{2}, \frac{\phi_{min}+\phi_{max}}{2}, \frac{\vartheta_{min}+\vartheta_{max}}{2}\big)$ verwendet. Die Strahlungsintensität an der oberen Schichtgrenze wird in der Umgebung des Punktes

$$\begin{cases} x^* = x_1 + z_1 \cos\alpha_L \tan(\pi - \theta_L) \\ y^* = y_1 + z_1 \sin\alpha_L \tan(\pi - \theta_L) \end{cases} \tag{4.102}$$

linearisiert (Abschn. 4.1.2.2).

Das Volumenelement dV hat im Kugelkoordinatensystem (P, r, ϕ, ϑ) die Größe

$$dV = r^2 \sin\vartheta dr\, d\vartheta\, d\phi. \tag{4.103}$$

Das Einsetzen der Funktionen (4.43), (4.56), (4.86) und (4.99), der Größe des Volumenelements und der Integrationsgrenzen (4.97) ins Volumenintegral (4.98) ergibt das folgende Dreifachintegral:

$$\begin{aligned} I_q(V) = &\int_{\phi_{min}}^{\phi_{max}}\int_{\vartheta_{min}}^{\vartheta_{max}}\int_{r_{min}}^{r_{max}} \frac{4\mathrm{m}^2}{\pi}\cdot\big(\mathrm{S_{q,0}}+\mathrm{S_{q,1}r}\big)\cdot\Omega(\theta_L,\Delta\theta,\Delta\alpha) \\ &\cdot\big(E_P + E_{\overline{x}}\cdot \mathrm{r}\ \cos\phi\sin\vartheta + E_{\overline{y}}\cdot r\sin\phi\sin\vartheta + E_{\overline{z}}\cdot r\cos\vartheta\big) \\ &\cdot\sum_{\mathrm{k}=0}^{3}\big(Q_P + Q_{\overline{x}}\cdot r\cos\phi\sin\vartheta + Q_{\overline{y}}\cdot r\sin\phi\sin\vartheta + Q_{\overline{z}}\cdot r\cos\vartheta\big)^{\mathrm{k}}\mathrm{W_k} \\ &\cdot\sum_{n=0}^{3}\big(\big(G_{n,P} + G_{n,\overline{x}}\cdot r\cos\phi\sin\vartheta + G_{n,\overline{y}}\cdot r\sin\phi\sin\vartheta + G_{n,\overline{z}}\cdot r\cos\vartheta\big) \\ &\cdot(\mathrm{z_P} - \mathrm{z_0} - \sin\theta_S\cdot r\cos\phi\sin\vartheta + \cos\theta_S\cdot r\cos\vartheta)^{\mathbf{n}}\big) \\ &\cdot\sin\vartheta\ dr\ d\vartheta\ d\phi \quad \mathit{f\ddot{u}r}\ q\in\{\perp,\|\}. \end{aligned} \tag{4.104}$$

4.1.4.3 Rückführung auf einfache Volumenintegrale

Um das Integral (4.104) lösen zu können, ist es hilfreich, den Integranden in die Form

$$\sum a_{n,ij} r^n \sin^{\mathrm{i}} \phi \cos^{\mathrm{j}} \phi \sin^{\mathrm{i+j+1}} \vartheta \cos^{\mathrm{n-i-j}} \vartheta$$

zu bringen. Zur Reduktion des Rechenaufwands bei einer wiederholten Lösung solcher Integrale, ist es sinnvoll ein Lösungsverfahren zu haben, das die mitwirkenden Faktoren – Geometrie des streuenden Volumens, Teilchenverteilung, Strahlungsrichtung, Streueigenschaften – von einander trennt und es erlaubt, häufig wiederkehrende Aufgaben nur einmal auszuführen. Dieser Abschnitt befasst sich mit der Aufgabe, diese Zielsetzungen zu erfüllen.

Bezeichne $\Gamma : \mathbb{R}^3 \rightarrow \mathbb{R}$ die Funktion, die im Integral (4.104) die Extinktion des einfallenden Lichts auf dem Weg zum Punkt (r, ϕ, ϑ) beschreibt:

$$\Gamma(r, \phi, \vartheta) = \sum_{n=0}^{3} \left(Q_P + Q_{\overline{x}} \cdot r \cos \phi \sin \vartheta + Q_{\overline{y}} \cdot r \sin \phi \sin \vartheta + Q_{\overline{z}} \cdot r \cos \vartheta\right)^{\mathrm{n}} \cdot \mathrm{W_n}. \tag{4.105}$$

Diese Funktion kann mithilfe des Binomischen Satzes (Bronstein et al. 1997) in Summanden mit verschiedenen Potenzen der Entfernung r aufgeteilt werden

$$\begin{aligned}
\Gamma(r, \phi, \vartheta) &= \sum_{\mathrm{n}=0}^{3} \left(Q_P + Q_{\overline{x}} \cdot r \cos \phi \sin \vartheta + Q_{\overline{y}} \cdot r \sin \phi \sin \vartheta + Q_{\overline{z}} \cdot r \cos \vartheta\right)^{\mathrm{n}} \cdot W_n \\
&= \sum_{n=0}^{3} \sum_{k=0}^{n} \binom{n}{k} \cdot \left(Q_{\overline{x}} \cdot r \cos \phi \sin \vartheta + Q_{\overline{y}} \cdot r \sin \phi \sin \vartheta + Q_{\overline{z}} \cdot r \cos \vartheta\right)^k \cdot Q_P^{n-k} W_n \\
&= \sum_{k=0}^{3} \left(\sum_{n=k}^{3} \binom{n}{k} \cdot Q_P^{n-k} W_n \right) \cdot r^k \left(Q_{\overline{x}} \cos \phi \sin \vartheta + Q_{\overline{y}} \sin \phi \sin \vartheta + Q_{\overline{z}} \cos \vartheta\right)^k.
\end{aligned} \tag{4.106}$$

Hierbei bezeichnet $\binom{n}{k}$ die Binomialkoeffizienten. Die Binomialkoeffizienten können nach der Formel

$$\binom{n}{k} = \frac{n!}{(n-k)!k!} \tag{4.107}$$

bestimmt oder aus dem Pascalschen Dreieck abgelesen werden (Bronstein et al. 1997).

Der Ausdruck $\left(Q_{\overline{x}} \cos \phi \sin \vartheta + Q_{\overline{y}} \sin \phi \sin \vartheta + Q_{\overline{z}} \cos \vartheta\right)^k$ in der Gleichung (4.106) lässt sich zu einer Summe

$$\sum_{i=0}^{k} \sum_{j=0}^{k-i} a_{k,ij} \sin^{\mathrm{i}} \phi \cos^{\mathrm{j}} \phi \sin^{\mathrm{i+j}} \vartheta \cos^{\mathrm{k-i}-j} \vartheta$$

umformen. Die Indizes der Koeffizienten $a_{k,ij}$ haben die folgende Bedeutung:

- Der erste Index k entspricht der Summe der Potenzen von $\overline{x} = \cos\phi \sin\vartheta$, $\overline{y} = \sin\phi \sin\vartheta$ und $\overline{z} = \cos\vartheta$ im Ausdruck $r^k \sin^{\mathrm{i}}\phi \cos^{\mathrm{j}}\phi \sin^{\mathrm{i+j}}\vartheta \cos^{\mathrm{k-i-j}}\vartheta$;
- Der zweite Index i gibt die Potenz von $\overline{y} = \sin\phi \sin\vartheta$ an;
- Der dritte Index j ist die Potenz von $\overline{x} = \cos\phi \sin\vartheta$.

Die Koeffizienten $a_{k,ij}$ mit $k \leq 1$ entsprechen

$$a_{0,00} = 1, \quad a_{1,00} = Q_z, \quad a_{1,01} = Q_x, \quad a_{1,10} = Q_y. \tag{4.108}$$

Die Koeffizienten für höhere Potenzen $k \in \{2, 3\}$ ergeben sich aus der Multiplikation der Koeffizienten mit kleineren Werten k :

$$a_{k,pq} = \sum_{i=\max\{0,p-k+1\}}^{\min\{1,p\}} \sum_{j=\max\{0,p+q-i-k+1\}}^{\min\{1-i,q\}} a_{1,ij} a_{k-1,(p-i)(q-j)} \quad \textit{für } p, q \in \mathbb{N}_0 \textit{ mit } p+q \leq k. \tag{4.109}$$

Mit einer weiteren Koeffizientendefinition

$$U_k = \sum_{n=k}^{3} \binom{n}{k} \cdot Q_P^{n-k} W_n \quad \textit{für} \quad k = 0, \ldots, 3 \tag{4.110}$$

lässt sich die Gleichung (4.106) als

$$\Gamma(r, \phi, \vartheta) = \sum_{k=0}^{3} U_k r^k \sum_{i=0}^{k} \sum_{j=0}^{k-i} a_{k,ij} \sin^{\mathrm{i}}\phi \cos^{\mathrm{j}}\phi \sin^{\mathrm{i+j}}\vartheta \cos^{\mathrm{k-i-j}}\vartheta \tag{4.111}$$

darstellen.

Das Austauschen des Terms (4.105) gegen die äquivalente Formulierung (4.111) verleiht dem Integral (4.104) die folgende Form:

$$\begin{aligned}
I_q(V) = & \int_{\phi_{min}}^{\phi_{max}} \int_{\vartheta_{min}}^{\vartheta_{max}} \int_{r_{min}}^{r_{max}} \frac{4\mathrm{m}^2}{\pi} \cdot \left(\mathrm{S}_{\mathrm{q},0} + \mathrm{S}_{\mathrm{q},1}\mathrm{r}\right) \cdot \Omega(\theta_L, \Delta\theta, \Delta\alpha) \\
& \cdot \left(E_P + E_{\overline{x}} \cdot r\cos\phi\sin\vartheta + E_{\overline{y}} \cdot r\sin\phi\sin\vartheta + E_{\overline{z}} \cdot r\cos\vartheta\right) \\
& \cdot \left(\sum_{k=0}^{3} U_k r^k \sum_{i=0}^{k} \sum_{j=0}^{k-i} a_{k,ij} \sin^{\mathrm{i}}\phi \cos^{\mathrm{j}}\phi \sin^{\mathrm{i+j}}\vartheta \cos^{\mathrm{k-i-j}}\vartheta\right) \\
& \cdot \sum_{n=0}^{3} \left(\left(G_{n,P} + G_{n,\overline{x}} \cdot r\cos\phi\sin\vartheta + G_{n,\overline{y}} \cdot r\sin\phi\sin\vartheta + G_{n,\overline{z}} \cdot r\cos\vartheta\right)\right. \\
& \left. \cdot (z_P - z_0 - \sin\theta_S \cdot r\cos\phi\sin\vartheta + \cos\theta_S \cdot r\cos\vartheta)^n\right) \\
& \cdot \sin\vartheta \, dr \, d\vartheta \, d\phi \quad \textit{für } q \in \{\perp, \|\}.
\end{aligned} \tag{4.112}$$

Bezeichne $F : \mathbb{R}^3 \to \mathbb{R}$ die Funktion, die im Volumenintegral (4.112) die monochromatische Energieflussdichte der einfallenden Strahlung im Punkt (r, ϕ, ϑ) beschreibt:

$$\begin{aligned} F(r, \phi, \vartheta) &= \Omega(\theta_L, \Delta\theta, \Delta\alpha) \cdot \left(E_P + E_{\overline{x}} \cdot r\cos\phi\sin\vartheta + E_{\overline{y}} \cdot r\sin\phi\sin\vartheta + E_{\overline{z}} \cdot r\cos\vartheta\right) \\ &\cdot \left(\sum_{k=0}^{3} U_k r^k \sum_{i=0}^{k}\sum_{j=0}^{k-i} a_{k,ij} \sin^i\phi\cos^j\phi\sin^{i+j}\vartheta\cos^{k-i-j}\vartheta\right). \end{aligned} \tag{4.113}$$

Mit einer Koeffizientendefinition

$$\begin{pmatrix} e_{0,00} \\ e_{1,00} \\ e_{1,01} \\ e_{1,10} \end{pmatrix} = \begin{pmatrix} E_P \\ E_{\overline{z}} \\ E_{\overline{x}} \\ E_{\overline{y}} \end{pmatrix} \cdot \Omega(\theta_L, \Delta\theta, \Delta\alpha) \tag{4.114}$$

lässt sich diese Funktion als

$$\begin{aligned} F(r, \phi, \vartheta) &= \left(e_{0,00} + r\sum_{i=0}^{1}\sum_{j=0}^{1-i} e_{1,ij} \sin^i\phi\cos^j\phi\sin^{i+j}\vartheta\cos^{1-i-j}\vartheta\right) \\ &\cdot \left(\sum_{k=0}^{3} U_k r^k \sum_{i=0}^{k}\sum_{j=0}^{k-i} a_{k,ij} \sin^i\phi\cos^j\phi\sin^{i+j}\vartheta\cos^{k-i-j}\vartheta\right) \end{aligned} \tag{4.115}$$

darstellen. Das Multiplizieren der beiden Klammern verwandelt diese Funktion in eine Summe

$$F(r, \phi, \vartheta) = \sum_{k=0}^{4} r^k \sum_{i=0}^{k}\sum_{j=0}^{k-i} b_{k,ij} \sin^i\phi\cos^j\phi\sin^{i+j}\vartheta\cos^{k-i-j}\vartheta \tag{4.116}$$

deren Koeffizienten sich als

$$b_{0,00} = e_{0,00}U_0 a_{0,00}, \tag{4.117}$$

$$\begin{aligned} b_{k,pq} = e_{0,00}U_k a_{k,pq} + U_{k-1} \cdot \sum_{i=\max\{0,p-k+1\}}^{\min\{1,p\}} \sum_{j=\max\{0,p+q-i-k+1\}}^{\min\{1-i,q\}} e_{1,ij} a_{k-1,(p-i)(q-j)} \quad \forall k \\ \in \{1,2,3\}, \forall\, p, q \in \mathbb{N}_0 \; mit\; p+q \leq k, \end{aligned} \tag{4.118}$$

$$b_{4,pq} = U_3 \cdot \sum_{i=\max\{0,p-3\}}^{\min\{1,p\}} \sum_{j=\max\{0,p+q-i-3\}}^{\min\{1-i,q\}} e_{1,ij} a_{3,(p-i)(q-j)} \quad \forall p, q \in \mathbb{N}_0 \; mit\; p+q \leq 4 \tag{4.119}$$

berechnen lassen.

Das Volumenintegral (4.112) nimmt nach dem Austauschen des Ausdrucks (4.113) durch eine äquivalente Funktion (4.116) die Gestalt

$$
\begin{aligned}
I_q(V) = \int\limits_{\phi_{\min}}^{\phi_{\max}} \int\limits_{\vartheta_{\min}}^{\vartheta_{\max}} \int\limits_{r_{\min}}^{r_{\max}} & \frac{4\mathrm{m}^2}{\pi} \cdot \left(\mathrm{S}_{\mathrm{q},0} + \mathrm{S}_{\mathrm{q},1}\mathrm{r}\right) \\
& \cdot \left(\sum_{k=0}^{4} r^k \sum_{i=0}^{k} \sum_{j=0}^{k-i} b_{k,ij} \sin^i \phi \cos^j \phi \sin^{i+j} \vartheta \cos^{k-i-j} \vartheta \right) \\
& \cdot \sum_{n=0}^{3} \left(\left(G_{n,P} + G_{n,\overline{x}} \cdot r \cos\phi \sin\vartheta + G_{n,\overline{y}} \cdot r \sin\phi \sin\vartheta + G_{n,\overline{z}} \cdot r \cos\vartheta\right) \right. \\
& \left. \cdot (z_P - z_0 - \sin\theta_S \cdot r \cos\phi \sin\vartheta + \cos\theta_S \cdot r \cos\vartheta)^n \right) \\
& \cdot \sin\vartheta \; dr \; d\vartheta \; d\phi \quad \mathit{für} \; q \in \{\perp, \parallel\}
\end{aligned}
\tag{4.120}
$$

an. Die Koeffizienten $b_{k,ij}$ in diesem Volumenintegral beschreiben die Strahlungsflussdichte im Punkt $(\mathrm{r}, \phi, \vartheta)$. Sie hängen von mehreren Faktoren ab:

1. Richtung der einfallenden Strahlung;
2. Variieren der Strahlungsintensität;
3. Verteilung der streuenden und absorbierenden Teilchen;
4. Wellenlänge des Lichts;
5. Form und Position des Integrationsgebiets;
6. Ausrichtung des Koordinatensystems $(\mathrm{P}, \mathrm{r}, \phi, \vartheta)$.

Die Koeffizienten $\mathrm{S}_{\mathrm{q},0}$ und $\mathrm{S}_{\mathrm{q},1}$ beschreiben den Anteil des Strahlungsflusses, der aus dem Punkt $(\mathrm{r}, \phi, \vartheta)$ zum Punkt $(0, 0, 0)$ fließt. Alle oben genannten Faktoren außer der Strahlungsintensität beeinflussen auch diese Koeffizienten. Die letzte Summe im Volumenintegral (4.120) stellt den Extinktionskoeffizienten im Punkt (r, ϕ, ϑ) dar. Ihre Koeffizienten $G_{n,P}, G_{n,\overline{x}}, G_{n,\overline{y}}$ und $G_{n,\overline{z}}$ hängen nur von den letzten vier Faktoren ab. Die Richtung und die Intensität der einfallenden Strahlung haben keinen Einfluss auf diese Koeffizienten.

Um die Wiederverwendbarkeit der berechneten Ergebnisse zu erhöhen, ist es sinnvoll, die Faktoren, die von der Richtung und der Intensität der einfallenden Strahlung abhängen, aus der Berechnung des Volumenintegrals herauszuhalten. Hierzu bietet es sich an, die Reihenfolge der Summierung und Integration zu vertauschen:

$$
\begin{aligned}
I_q(V) = \frac{4\mathrm{m}^2}{\pi} \cdot \sum_{k=0}^{4} \sum_{i=0}^{k} \sum_{j=0}^{k-i} b_{k,ij} \\
\cdot \Bigg(\mathrm{S}_{q,0} \int_{\phi_{min}}^{\phi_{max}} \int_{\vartheta_{min}}^{\vartheta_{max}} \int_{r_{min}}^{r_{max}} r^k \sin^{\mathrm{i}} \phi \cos^{\mathrm{j}} \phi \sin^{\mathrm{i+j+1}} \vartheta \cos^{\mathrm{k-i-j}} \vartheta \\
\cdot \sum_{n=0}^{3} \big(\big(G_{n,P} + G_{n,\overline{x}} \cdot r \cos\phi \sin\vartheta + G_{n,\overline{y}} \cdot r \sin\phi \sin\vartheta + G_{n,\overline{z}} \cdot r \cos\vartheta \big) \\
\cdot (\mathrm{z_P} - \mathrm{z_0} - \sin\theta_S \cdot r \cos\phi \sin\vartheta + \cos\theta_S \cdot r \cos\vartheta)^n \big) dr\, d\vartheta\, d\phi \\
+ \mathrm{S}_{q,1} \int_{\phi_{min}}^{\phi_{max}} \int_{\vartheta_{min}}^{\vartheta_{max}} \int_{r_{min}}^{r_{max}} r^{k+1} \sin^{\mathrm{i}} \phi \cos^{\mathrm{j}} \phi \sin^{\mathrm{i+j+1}} \vartheta \cos^{\mathrm{k-i-j}} \vartheta \\
\cdot \sum_{n=0}^{3} \big(\big(G_{n,P} + G_{n,\overline{x}} \cdot r \cos\phi \sin\vartheta + G_{n,\overline{y}} \cdot r \sin\phi \sin\vartheta + G_{n,\overline{z}} \cdot r \cos\vartheta \big) \\
\cdot (z_P - z_0 - \sin\theta_S \cdot r \cos\phi \sin\vartheta + \cos\theta_S \cdot r \cos\vartheta)^n \big) dr d\vartheta d\phi \Bigg) \quad \textit{für } q \in \{\perp, \|\}.
\end{aligned}
\tag{4.121}
$$

Das Volumenintegral verwandelt sich in eine Summe aus siebzig ähnlichen Volumenintegralen:

$$
I_q(V) = \frac{4\mathrm{m}^2}{\pi} \cdot \sum_{k=0}^{4} \sum_{i=0}^{k} \sum_{j=0}^{k-i} \big(b_{k,ij} S_{q,0} I(V,i,j,k,0) + b_{k,ij} S_{q,1} I(V,i,j,k,1) \big) \quad \textit{für } q \in \{\perp, \|\}.
\tag{4.122}
$$

Jedes dieser Volumenintegrale hat die Form:

$$
\begin{aligned}
I(V,i,j,k,s) = \int_{\phi_{min}}^{\phi_{max}} \int_{\vartheta_{min}}^{\vartheta_{max}} \int_{r_{min}}^{r_{max}} r^{k+s} \sin^{\mathrm{i}} \phi \cos^{\mathrm{j}} \phi \sin^{\mathrm{i+j+1}} \vartheta \cos^{\mathrm{k-i-j}} \vartheta \\
\cdot \sum_{n=0}^{3} \big(\big(G_{n,P} + G_{n,\overline{x}} \cdot r \cos\phi \sin\vartheta + G_{n,\overline{y}} \cdot r \sin\phi \sin\vartheta + G_{n,\overline{z}} \cdot r \cos\vartheta \big) \\
\cdot (\mathrm{z_P} - \mathrm{z_0} - \sin\theta_S \cdot r \cos\phi \sin\vartheta + \cos\theta_S \cdot r \cos\vartheta)^{\mathrm{n}} \big) dr\, d\vartheta\, d\phi.
\end{aligned}
\tag{4.123}
$$

Das Volumenintegral $I(V,i,j,k,s)$ kann als eine Summe von sechszehn Volumenintegralen dargestellt werden, die weder von der Verteilung der Teilchen, noch von der Wellenlänge abhängen, sondern nur von der Ausrichtung des Koordinatensystems und von der Form und Position des Integrationsgebiets:

$$
\begin{aligned}
I(V,i,j,k,s) = \sum_{n=0}^{3} \Big(G_{n,P} \cdot I_{[i,j,k,s,n]}(\theta_S, r_{min}, r_{max}, \vartheta_{min}, \vartheta_{max}, \phi_{min}, \phi_{max}) + G_{n,\overline{x}} \\
\cdot I_{[i,j+1,k+1,s,n]}(\theta_S, r_{min}, r_{max}, \vartheta_{min}, \vartheta_{max}, \phi_{min}, \phi_{max}) + G_{n,\overline{y}} \\
\cdot I_{[i+1,j,k+1,s,n]}(\theta_S, r_{min}, r_{max}, \vartheta_{min}, \vartheta_{max}, \phi_{min}, \phi_{max}) + G_{n,\overline{z}} \\
\cdot I_{[i,j,k+1,s,n]}(\theta_S, r_{min}, r_{max}, \vartheta_{min}, \vartheta_{max}, \phi_{min}, \phi_{max}) \Big).
\end{aligned}
\tag{4.124}
$$

Das Volumenintegral $I_{[i,j,k,s,n]}$ hat die folgende Definition:

$$\begin{aligned} &I_{[i,j,k,s,n]}(\theta_S, r_{min}, r_{max}, \vartheta_{min}, \vartheta_{max}, \phi_{min}, \phi_{max}) \\ &\quad= \int\limits_{\phi_{min}}^{\phi_{max}} \int\limits_{\vartheta_{min}}^{\vartheta_{max}} \int\limits_{r_{min}}^{r_{max}} r^{k+s} \sin^{\mathrm{i}} \phi \cos^{\mathrm{j}} \phi \sin^{\mathrm{i+j+1}} \vartheta \cos^{\mathrm{k-i-j}} \vartheta \\ &\quad\cdot (\mathrm{z_P} - \mathrm{z_0} - \sin\theta_S \cdot r\cos\phi \sin\vartheta + \cos\theta_S \cdot r\cos\vartheta)^n \cdot dr\, d\vartheta\, d\phi. \end{aligned} \tag{4.125}$$

Das Anwenden des Binomischen Satzes

$$\begin{aligned} &I_{[i,j,k,s,n]}(\theta_S, r_{min}, r_{max}, \vartheta_{min}, \vartheta_{max}, \phi_{min}, \phi_{max}) \\ &\quad= \int\limits_{\phi_{min}}^{\phi_{max}} \int\limits_{\vartheta_{min}}^{\vartheta_{max}} \int\limits_{r_{min}}^{r_{max}} r^{k+s} \sin^{\mathrm{i}} \phi \cos^{\mathrm{j}} \phi \sin^{\mathrm{i+j+1}} \vartheta \cos^{\mathrm{k-i-j}} \vartheta \\ &\quad\cdot \sum_{m=0}^{n} \begin{pmatrix} \mathrm{n} \\ \mathrm{m} \end{pmatrix} \cdot (\mathrm{z_P} - \mathrm{z_0})^{\mathrm{n-m}} (-r\sin\theta_S \cos\phi \sin\vartheta + r\cos\theta_S \cos\vartheta)^m \cdot dr d\vartheta d\phi \end{aligned} \tag{4.126}$$

verwandelt dieses Volumenintegral in eine Summe von $n + 1$ Volumenintegralen mit verschiedenen Potenzen von r:

$$\begin{aligned} &I_{[i,j,k,s,n]}(\theta_S, r_{min}, r_{max}, \vartheta_{min}, \vartheta_{max}, \phi_{min}, \phi_{max}) \\ &\quad= \sum_{m=0}^{n} \begin{pmatrix} \mathrm{n} \\ \mathrm{m} \end{pmatrix} \cdot (\mathrm{z_P} - \mathrm{z_0})^{\mathrm{n-m}} \\ &\quad\cdot \int\limits_{\phi_{min}}^{\phi_{max}} \int\limits_{\vartheta_{min}}^{\vartheta_{max}} \int\limits_{r_{min}}^{r_{max}} r^{k+m+s} \sin^{\mathrm{i}} \phi \cos^{\mathrm{j}} \phi \sin^{\mathrm{i+j+1}} \vartheta \cos^{\mathrm{k-i-j}} \vartheta \\ &\quad\cdot (-\sin\theta_S \cos\phi \sin\vartheta + \cos\theta_S \cos\vartheta)^m \cdot dr d\vartheta d\phi. \end{aligned} \tag{4.127}$$

Ein zweiter Einsatz des Binomischen Satzes

$$\begin{aligned} &I_{[i,j,k,s,n]}(\theta_S, r_{min}, r_{max}, \vartheta_{min}, \vartheta_{max}, \phi_{min}, \phi_{max}) \\ &\quad= \sum_{\mathrm{m=0}}^{\mathrm{n}} \begin{pmatrix} \mathrm{n} \\ \mathrm{m} \end{pmatrix} \cdot (\mathrm{z_P} - \mathrm{z_0})^{\mathrm{n-m}} \\ &\quad\cdot \int\limits_{\phi_{min}}^{\phi_{max}} \int\limits_{\vartheta_{min}}^{\vartheta_{max}} \int\limits_{r_{min}}^{r_{max}} r^{k+m+s} \sin^{\mathrm{i}} \phi \cos^{\mathrm{j}} \phi \sin^{\mathrm{i+j+1}} \vartheta \cos^{\mathrm{k-i-j}} \vartheta \\ &\quad\cdot \sum_{p=0}^{m} \begin{pmatrix} \mathrm{m} \\ \mathrm{p} \end{pmatrix} (-\sin\theta_S \cos\phi \sin\vartheta)^{m-p} (\cos\theta_S \cos\vartheta)^p \cdot dr\, d\vartheta\, d\phi \end{aligned} \tag{4.128}$$

ergibt schließlich die gewünschte Form des Integrals:

$$
\begin{aligned}
&I_{[i,j,k,s,n]}(\theta_S, r_{min}, r_{max}, \vartheta_{min}, \vartheta_{max}, \phi_{min}, \phi_{max}) \\
&\quad = \sum_{\mathrm{m}=0}^{\mathrm{n}} \binom{\mathrm{n}}{\mathrm{m}} \cdot (\mathrm{z_P} - \mathrm{z_0})^{\mathrm{n-m}} \\
&\quad \cdot \int_{\phi_{min}}^{\phi_{max}} \int_{\vartheta_{min}}^{\vartheta_{max}} \int_{r_{min}}^{r_{max}} r^{k+m+s} \\
&\quad \cdot \sum_{\mathrm{p}=0}^{\mathrm{m}} \binom{\mathrm{m}}{\mathrm{p}} (-\sin\theta_\mathrm{S})^{\mathrm{m-p}} \cos^{\mathrm{p}}\theta_\mathrm{S} \sin^{\mathrm{i}}\phi \cos^{\mathrm{j+m-p}}\phi \sin^{\mathrm{i+j+1+m-p}}\vartheta \cos^{\mathrm{k-i-j+p}}\vartheta \\
&\quad \cdot dr\, d\vartheta\, d\phi.
\end{aligned}
\tag{4.129}
$$

4.1.4.4 Berechnen des Volumenintegrals

Die Integration über die Koordinate r verwandelt das Volumenintegral (4.129) in eine Summe von ähnlichen Doppelintegralen:

$$
\begin{aligned}
&I_{[i,j,k,s,n]}(\theta_S, r_{min}, r_{max}, \vartheta_{min}, \vartheta_{max}, \phi_{min}, \phi_{max}) \\
&\quad = \sum_{\mathrm{m}=0}^{\mathrm{n}} \binom{\mathrm{n}}{\mathrm{m}} \cdot (\mathrm{z_P} - \mathrm{z_0})^{\mathrm{n-m}} \cdot \frac{r_{max}^{k+m+s+1} - r_{min}^{k+m+s+1}}{k+m+s+1} \\
&\quad \cdot \sum_{p=0}^{m} \binom{\mathrm{m}}{\mathrm{p}} (-\sin\theta_S)^{\mathrm{m-p}} \cos^{\mathrm{p}}\theta_S \\
&\quad \cdot \int_{\phi_{min}}^{\phi_{max}} \int_{\vartheta_{min}}^{\vartheta_{max}} \sin^{\mathrm{i}}\phi \cos^{\mathrm{j+m-p}}\phi \sin^{\mathrm{i+j+1+m-p}}\vartheta \cos^{\mathrm{k-i-j+p}}\vartheta\, d\vartheta\, d\phi.
\end{aligned}
\tag{4.130}
$$

Wird bei der Beschreibung des Extinktionskoeffizienten die Höhe des Punktes P als Bezugshöhe gewählt

$$z_0 = z_P,$$

so vereinfacht sich die Gleichung (4.130) zu

$$
\begin{aligned}
&I_{[i,j,k,s,n]}(\theta_S, r_{min}, r_{max}, \vartheta_{min}, \vartheta_{max}, \phi_{min}, \phi_{max}) \\
&\quad = \frac{r_{max}^{k+n+s+1} - r_{min}^{k+n+s+1}}{k+n+s+1} \cdot \sum_{p=0}^{n} \binom{\mathrm{n}}{\mathrm{p}} (-\sin\theta_S)^{\mathrm{n-p}} \cos^{\mathrm{p}}\theta_S \\
&\quad \cdot \int_{\phi_{min}}^{\phi_{max}} \int_{\vartheta_{min}}^{\vartheta_{max}} \sin^{\mathrm{i}}\phi \cos^{\mathrm{j+n-p}}\phi \sin^{\mathrm{i+j+1+n-p}}\vartheta \cos^{\mathrm{k-i-j+p}}\vartheta\, d\vartheta\, d\phi.
\end{aligned}
\tag{4.131}
$$

Weil das Integrationsgebiet V an Koordinatenflächen $\vartheta = \vartheta_{min}$ und $\vartheta = \vartheta_{max}$ endet, können Doppelintegrale in (4.130) jeweils als Produkt von zwei einfachen Integralen berechnet werden:

$$\int_{\phi_{min}}^{\phi_{max}} \int_{\vartheta_{min}}^{\vartheta_{max}} \sin^{\mathrm{i}} \phi \cos^{\mathrm{j}} \phi \sin^{\mathrm{m}} \vartheta \cos^{n} \vartheta \, d\vartheta \, d\phi = \int_{\phi_{min}}^{\phi_{max}} \sin^{\mathrm{i}} \phi \cos^{\mathrm{j}} \phi \, d\phi \cdot \int_{\vartheta_{min}}^{\vartheta_{max}} \sin^{\mathrm{m}} \vartheta \cos^{n} \vartheta \, d\vartheta . \tag{4.132}$$

Auf diese Weise wird das Lösen des Integrals (4.130) auf die Berechnung mehrerer Integrale der Form

$$\int_{\vartheta_{min}}^{\vartheta_{max}} \sin^{\mathrm{m}} \vartheta \cos^{n} \vartheta \, d\vartheta \tag{4.133}$$

zurückgeführt.

Bei der Berechnung des Integrals (4.133) muss zwischen geraden und ungeraden Potenzen unterschieden werden. Integrale, in denen der Sinus oder der Kosinus mit einer ungeraden Potenz vorkommen, können direkt berechnet werden:

Behauptung 4.2 Integrale der Funktionen $sin^{2n+1}\vartheta cos^m \vartheta$ und $cos^{2n+1}\vartheta sin^m \vartheta$
Sei $n \in \mathbb{N}_0$ und $m \in \mathbb{R}$. Es gilt:

a) $\int \cos^{2n+1} \vartheta \sin^{\mathrm{m}} \vartheta d\vartheta = \sum_{k=0}^{n} (-1)^{k} \binom{n}{k} \frac{\sin^{m+2k+1} \vartheta}{m+2k+1};$

b) $\int \sin^{2n+1} \vartheta \cos^{\mathrm{m}} \vartheta d\vartheta = -\sum_{k=0}^{n} (-1)^{k} \binom{n}{k} \frac{\cos^{m+2k+1} \vartheta}{m+2k+1}.$

Beweis:

a) Das Ableiten der angegebenen Stammfunktion ergibt:

$$\begin{aligned} \frac{d}{d\vartheta}\left(\sum_{k=0}^{n}(-1)^{k}\binom{n}{k}\frac{\sin^{m+2k+1}\vartheta}{m+2k+1}\right) &= \sum_{k=0}^{n}(-1)^{k}\binom{n}{k}\sin^{m+2k}\vartheta\cos\vartheta \\ &= \sin^{m}\vartheta\cos\vartheta\sum_{k=0}^{n}(-1)^{k}\binom{n}{k}\sin^{2k}\vartheta = \sin^{m}\vartheta\cos\vartheta\sum_{k=0}^{n}\binom{n}{k}\left(-\sin^{2}\vartheta\right)^{k}. \end{aligned}$$

Nach dem Binomischen Satz ist dieser Ausdruck gleich

$$\begin{aligned} \sin^{m}\vartheta\cos\vartheta\sum_{k=0}^{n}\binom{n}{k}\left(-\sin^{2}\vartheta\right)^{k} &= \sin^{m}\vartheta\cos\vartheta\left(1-\sin^{2}\vartheta\right)^{n} = \sin^{m}\vartheta\cos\vartheta\cos^{2n}\vartheta \\ &= \cos^{2n+1}\vartheta\sin^{m}\vartheta. \end{aligned}$$

b) Das Differenzieren der genannten Stammfunktion ergibt:

$$\frac{d}{d\vartheta}\left(-\sum_{k=0}^{n}(-1)^{k}\binom{n}{k}\frac{\cos^{m+2k+1}\vartheta}{m+2k+1}\right) = \sum_{k=0}^{n}(-1)^{k}\binom{n}{k}\cos^{m+2k}\vartheta\sin\vartheta.$$

Hieraus folgt analog zu a) die Behauptung b. ∎

Integrale, in denen sowohl der Sinus als auch der Kosinus gerade Potenzen haben, können durch Halbieren der Summe der beiden Potenzen schrittweise vereinfacht werden, bis nur noch eine Konstante integriert werden muss[3].

Behauptung 4-3 Integral der Funktion $\boldsymbol{sin^{2n}\vartheta cos^{2m}\vartheta}$

Seien $\mathrm{n, m} \in \mathbb{N}_0$ *mit* $\mathrm{n + m > 0}$. *Sei* $\mathrm{a} \in \mathbb{R}$.

a) *Ist* $\mathrm{n \leq m}$ *und* $\mathrm{m - n}$ *gerade, so gilt:*

$$\begin{aligned}
&\int \sin^{2n}(a\vartheta)\cos^{2m}(a\vartheta)d\vartheta \\
&\quad = \sum_{k=1}^{(m-n)/2} \frac{\prod_{i=1}^{k-1}(2m-2i+1)}{a\prod_{j=1}^{k}(2n+2j-1)} \sin^{2n+2k-1}(a\vartheta)\cos^{2m-2k+1}(a\vartheta) \\
&\quad + \frac{\prod_{i=1}^{(m-n)/2}(2m-2i+1)}{2^{n+m}\prod_{j=1}^{(m-n)/2}(2n+2j-1)} \int \sin^{n+m}(2a\vartheta)d\vartheta.
\end{aligned} \tag{4.134}$$

b) *Ist* $\mathrm{n \leq m}$ *und* $\mathrm{m - n}$ *ungerade, so gilt:*

$$\begin{aligned}
&\int \sin^{2n}(a\vartheta)\cos^{2m}(a\vartheta)d\vartheta \\
&\quad = \sum_{k=1}^{(m-n-1)/2} \frac{\prod_{i=1}^{k-1}(2m-2i+1)}{a\prod_{j=1}^{k}(2n+2j-1)} \sin^{2n+2k-1}(a\vartheta)\cos^{2m-2k+1}(a\vartheta) \\
&\quad + \frac{\prod_{i=1}^{(m-n-1)/2}(2m-2i+1)}{2^{n+m+1}a\cdot(n+m)\cdot\prod_{j=1}^{(m-n-1)/2}(2n+2j-1)} \sin^{n+m}(2a\vartheta) \\
&\quad + \frac{\prod_{i=1}^{(m-n-1)/2}(2m-2i+1)}{2^{n+m}\prod_{j=1}^{(m-n-1)/2}(2n+2j-1)} \int \sin^{n+m-1}(2a\vartheta)d\vartheta.
\end{aligned} \tag{4.135}$$

c) *Ist* $\mathrm{n \geq m}$ *und* $\mathrm{n - m}$ *gerade, so gilt:*

$$\begin{aligned}
&\int \sin^{2n}(a\vartheta)\cos^{2m}(a\vartheta)d\vartheta \\
&\quad = -\sum_{k=1}^{(n-m)/2} \frac{\prod_{i=1}^{k-1}(2n-2i+1)}{a\prod_{j=1}^{k}(2m+2j-1)} \sin^{2n-2k+1}(a\vartheta)\cos^{2m+2k-1}(a\vartheta) \\
&\quad + \frac{\prod_{i=1}^{(n-m)/2}(2n-2i+1)}{2^{n+m}\prod_{j=1}^{(n-m)/2}(2m+2j-1)} \int \sin^{n+m}(2a\vartheta)d\vartheta.
\end{aligned}$$

[3] Die Idee für die hier gezeigte Rekursion entstand nach der Einsicht ins Nachschlagewerk von Abramowitz und Stegun (Abramowitz und Stegun 1970). In ihrem Buch wird eine (fehlerhafte) Formel für die partielle Integration von $\sin^m z \cos^n z$ angegeben.

d) *Ist* n ≥ m *und* n − m *ungerade, so gilt:*

$$\int \sin^{2n}(a\vartheta)\cos^{2m}(a\vartheta)d\vartheta$$

$$= -\sum_{k=1}^{(n-m-1)/2} \frac{\prod_{i=1}^{k-1}(2n-2i+1)}{a\prod_{j=1}^{k}(2m+2j-1)} \sin^{2n-2k+1}(a\vartheta)\cos^{2m+2k-1}(a\vartheta)$$

$$- \frac{\prod_{i=1}^{(n-m-1)/2}(2n-2i+1)}{2^{n+m+1}a\cdot(n+m)\cdot\prod_{j=1}^{(n-m-1)/2}(2m+2j-1)}\sin^{n+m}(2a\vartheta)$$

$$+ \frac{\prod_{i=1}^{(n-m-1)/2}(2n-2i+1)}{2^{n+m}\prod_{j=1}^{(n-m-1)/2}(2m+2j-1)}\int \sin^{n+m-1}(2a\vartheta)d\varphi.$$

Beweis: Die Gültigkeit der Aussagen kann durch vollständige Induktion bewiesen werden.

a) *Induktionsanfang*: Seien $n, m \in \mathbb{N}_0$ mit $m - n = 0$ und $m + n > 0$. Wegen $1 > (m-n)/2$ gilt in diesem Fall

$$\sum_{k=1}^{(m-n)/2} \frac{\prod_{i=1}^{k-1}(2m-2i+1)}{\prod_{j=1}^{k}(2n+2j-1)} \sin^{2n+2k-1}(a\vartheta)\cos^{2m-2k+1}(a\vartheta)$$

$$+ \frac{\prod_{i=1}^{(m-n)/2}(2m-2i+1)}{2^{n+m}\prod_{j=1}^{(m-n)/2}(2n+2j-1)}\int \sin^{n+m}(2a\vartheta)d\vartheta = 0 + \frac{1}{2^{n+m}}\int \sin^{n+m}(2a\vartheta)d\vartheta$$

$$= \frac{1}{2^{n+m}}\int (2\sin(a\vartheta)\cos(a\vartheta))^{n+m}d\vartheta = \int \sin^{n+m}(a\vartheta)\cos^{n+m}(a\vartheta)d\vartheta$$

$$= \int \sin^{2n}(a\vartheta)\cos^{2m}(a\vartheta)d\vartheta.$$

Folglich ist die Gleichung (4.134) für alle $n, m \in \mathbb{N}_0$ mit $m - n = 0$ und $m + n > 0$ erfüllt.

Induktionsvoraussetzung: Sei $l \in \mathbb{N}_0$ eine gerade Zahl mit der Eigenschaft, dass die Gleichung (4.134) für alle $n, m \in \mathbb{N}_0$ mit $m - n = l$ erfüllt ist.

Induktionsschritt: Seien $\hat{n}, \hat{m} \in \mathbb{N}_0$ beliebige nicht negative ganze Zahlen mit $\hat{m} - \hat{n} = l + 2$.

Das Integral $\int \sin^{2\hat{n}}(a\vartheta)\cos^{2\hat{m}}(a\vartheta)d\vartheta$ kann durch partielle Integration in

$$\int \sin^{2\hat{n}}(a\vartheta)\cos^{2\hat{m}}(a\vartheta)d\vartheta$$

$$= \frac{1}{a\cdot(2\hat{n}+1)}\sin^{2\hat{n}+1}(a\vartheta)\cos^{2\hat{m}-1}(a\vartheta) + \frac{2\hat{m}-1}{2\hat{n}+1}\int \sin^{2\hat{n}+2}(a\vartheta)\cos^{2\hat{m}-2}(a\vartheta)d\vartheta$$

umgewandelt werden. Wegen $\hat{m} - \hat{n} = l + 2$ ist das Integral auf der rechten Seite dieser Gleichung identisch zu

$$\int \sin^{2\hat{n}+2}(a\vartheta)\cos^{2\hat{m}-2}(a\vartheta)d\vartheta = \int \sin^{2\hat{n}+2}(a\vartheta)\cos^{2(\hat{n}+l+2)-2}(a\vartheta)d\vartheta$$

$$= \int \sin^{2\hat{n}+2}(a\vartheta)\cos^{2\hat{n}+2l+2}(a\vartheta)d\vartheta = \int \sin^{2(\hat{n}+1)}(a\vartheta)\cos^{2(\hat{n}+1+l)}(a\vartheta)d\vartheta.$$

Die halbierten Potenzen von Kosinus und Sinus unterscheiden sich in diesem Integral um

$$\left(\hat{n}+1+l\right)-\left(\hat{n}+1\right)=l.$$

Nach der Induktionsvoraussetzung gilt deshalb

$$\int \sin^{2\hat{n}}(a\vartheta)\cos^{2\hat{m}}(a\vartheta)d\vartheta$$

$$= \frac{1}{a\cdot\left(2\hat{n}+1\right)}\sin^{2\hat{n}+1}(a\vartheta)\cos^{2\hat{m}-1}(a\vartheta)+\frac{2\hat{m}-1}{2\hat{n}+1}\int \sin^{2(\hat{n}+1)}(a\vartheta)\cos^{2(\hat{m}-1)}(a\vartheta)d\vartheta$$

$$= \frac{1}{a\cdot\left(2\hat{n}+1\right)}\sin^{2\hat{n}+1}(a\vartheta)\cos^{2\hat{m}-1}(a\vartheta)+\frac{2\hat{m}-1}{2\hat{n}+1}$$

$$\cdot\left(\sum_{k=1}^{((\hat{m}-1)-(\hat{n}+1))/2}\frac{\prod_{i=1}^{k-1}(2(\hat{m}-1)-2i+1)}{a\prod_{j=1}^{k}(2(\hat{n}+1)+2j-1)}\sin^{2(\hat{n}+1)+2k-1}(a\vartheta)\cos^{2(\hat{m}-1)-2k+1}(a\vartheta)+\right.$$

$$\left.+\frac{\prod_{i=1}^{((\hat{m}-1)-(\hat{n}+1))/2}(2(\hat{m}-1)-2i+1)}{2^{(\hat{n}+1)+(\hat{m}-1)}\prod_{j=1}^{((\hat{m}-1)-(\hat{n}+1))/2}(2(\hat{n}+1)+2j-1)}\int \sin^{(\hat{n}+1)+(\hat{m}-1)}(2a\vartheta)d\vartheta\right)$$

$$= \frac{1}{a\cdot\left(2\hat{n}+1\right)}\sin^{2\hat{n}+1}(a\vartheta)\cos^{2\hat{m}-1}(a\vartheta)+\frac{2\hat{m}-1}{2\hat{n}+1}\cdot$$

$$\left(\sum_{k=1}^{(\hat{m}-\hat{n})/2-1}\frac{\prod_{i=1}^{k-1}(2\hat{m}-2(i+1)+1)}{a\prod_{j=1}^{k}(2\hat{n}+2(j+1)-1)}\sin^{2\hat{n}+2(k+1)-1}(a\vartheta)\cos^{2\hat{m}-2(k+1)+1}(a\vartheta)+\right.$$

$$\left.+\frac{\prod_{i=1}^{(\hat{m}-\hat{n})/2-1}(2\hat{m}-2(i+1)+1)}{2^{\hat{n}+\hat{m}}\prod_{j=1}^{(\hat{m}-\hat{n})/2-1}(2\hat{n}+2(j+1)-1)}\int \sin^{\hat{n}+\hat{m}}(2a\vartheta)d\vartheta\right).$$

Das Multiplizieren der Klammerinhalte mit dem Bruch $\frac{2\hat{m}-1}{2\hat{n}+1}$ fügt jedem Produkt jeweils einen Faktor mit der Nummer Null hinzu:

$$\int \sin^{2\hat{n}}(a\vartheta)\cos^{2\hat{m}}(a\vartheta)d\vartheta = \frac{1}{a\cdot\left(2\hat{n}+1\right)}\sin^{2\hat{n}+1}(a\vartheta)\cos^{2\hat{m}-1}(a\vartheta)+$$

$$\sum_{k=1}^{(\hat{m}-\hat{n})/2-1}\frac{\prod_{i=0}^{k-1}(2\hat{m}-2(i+1)+1)}{a\prod_{j=0}^{k}(2\hat{n}+2(j+1)-1)}\sin^{2\hat{n}+2(k+1)-1}(a\vartheta)\cos^{2\hat{m}-2(k+1)+1}(a\vartheta)+$$

$$\frac{\prod_{i=0}^{(\hat{m}-\hat{n})/2-1}(2\hat{m}-2(i+1)+1)}{2^{\hat{n}+\hat{m}}\prod_{j=0}^{(\hat{m}-\hat{n})/2-1}(2\hat{n}+2(j+1)-1)}\int \sin^{\hat{n}+\hat{m}}(2a\vartheta)d\vartheta.$$

Werden die Terme $(k+1)$, $(i+1)$ und $(j+1)$ jeweils durch eine neue Zählvariable $k' = k+1$, $i' = i+1$ und $j' = j+1$ ersetzt, ergibt sich:

$$\int \sin^{2\hat{n}}(a\vartheta)\cos^{2\hat{m}}(a\vartheta)d\vartheta = \frac{1}{a\cdot\left(2\hat{n}+1\right)}\sin^{2\hat{n}+1}(a\vartheta)\cos^{2\hat{m}-1}(a\vartheta) +$$

$$\sum_{k'=2}^{(\hat{m}-\hat{n})/2}\frac{\prod_{i'=1}^{k'-1}(2\hat{m}-2i'+1)}{a\prod_{j'=1}^{k'}(2\hat{n}+2j'-1)}\sin^{2\hat{n}+2k'-1}(a\vartheta)\cos^{2\hat{m}-2k'+1}(a\vartheta) +$$

$$\frac{\prod_{i'=1}^{(\hat{m}-\hat{n})/2}(2\hat{m}-2i'+1)}{2^{\hat{n}+\hat{m}}\prod_{j'=1}^{(\hat{m}-\hat{n})/2}(2\hat{n}+2j'-1)}\int \sin^{\hat{n}+\hat{m}}(2a\vartheta)d\vartheta.$$

Der erste Summand auf der rechten Seite dieser Gleichung kann als

$$\frac{1}{a\cdot\left(2\hat{n}+1\right)}\sin^{2\hat{n}+1}(a\vartheta)\cos^{2\hat{m}-1}(a\vartheta)$$
$$= \frac{\prod_{j'=1}^{k'-1}\left(2\hat{m}-2j'+1\right)}{a\prod_{j'=1}^{k'}\left(2\hat{n}+2j'-1\right)}\sin^{2\hat{n}+2k'-1}(a\vartheta)\cos^{2\hat{m}-2k'+1}(a\vartheta) \quad \text{mit } k'=1$$

dargestellt werden. Hieraus folgt

$$\int \sin^{2\hat{n}}(a\vartheta)\cos^{2\hat{m}}(a\vartheta)d\vartheta = \sum_{k'=1}^{(\hat{m}-\hat{n})/2}\frac{\prod_{i'=1}^{k'-1}(2\hat{m}-2i'+1)}{a\prod_{j'=1}^{k'}(2\hat{n}+2j'-1)}\sin^{2\hat{n}+2k'-1}(a\vartheta)\cos^{2\hat{m}-2k'+1}(a\vartheta) +$$
$$\frac{\prod_{i'=1}^{(\hat{m}-\hat{n})/2}(2\hat{m}-2i'+1)}{2^{\hat{n}+\hat{m}}\prod_{j'=1}^{(\hat{m}-\hat{n})/2}(2\hat{n}+2j'-1)}\int \sin^{\hat{n}+\hat{m}}(2a\vartheta)d\vartheta.$$

b) *Induktionsanfang*: Seien $n, m \in \mathbb{N}_0$ mit $m-n=1$. In diesem Fall ist die linke Seite der Gleichung (4.135) gleich

$$\int \sin^{2n}(a\vartheta)\cos^{2m}(a\vartheta)d\vartheta = \int \sin^{2n}(a\vartheta)\cos^{2(n+1)}(a\vartheta)d\vartheta = \int \sin^{2n}(a\vartheta)\cos^{2n}(a\vartheta)\cos^{2}(a\vartheta)d\vartheta$$
$$= \frac{1}{2^{2n}}\int \left(2\sin(a\vartheta)\cos(a\vartheta)\right)^{2n}\left(\frac{1}{2}\cos^2(a\vartheta)+\frac{1}{2}-\frac{1}{2}\sin^2(a\vartheta)\right)d\vartheta$$
$$= \frac{1}{2^{2n}}\int \sin^{2n}(2a\vartheta)\left(\frac{1}{2}\cos(2a\vartheta)+\frac{1}{2}\right)d\vartheta$$
$$= \frac{\sin^{2n+1}(2a\vartheta)}{2^{2n+2}a\cdot(2n+1)} + \frac{1}{2^{2n+1}}\int \sin^{2n}(2a\vartheta)d\vartheta$$
$$= \frac{\sin^{n+m}(2a\vartheta)}{2^{n+m+1}a\cdot(n+m)} + \frac{1}{2^{n+m}}\int \sin^{n+m-1}(2a\vartheta)d\vartheta$$

Auf der rechten Seite der Gleichung (4.135) haben die Summe und die Produkte mit den Grenzwerten 1 und $(m-n-1)/2$ wegen

$$1 > (m - n - 1)/2$$

keine Summanden bzw. Faktoren, sodass die rechte Seite den Wert

$$\begin{aligned}
&\sum_{k=1}^{(m-n-1)/2} \frac{\prod_{i=1}^{k-1}(2m-2i+1)}{\prod_{j=1}^{k}(2n+2j-1)} \sin^{2n+2k-1}(a\vartheta)\cos^{2m-2k+1}(a\vartheta)\\
&\quad + \frac{\prod_{i=1}^{(m-n-1)/2}(2m-2i+1)}{2^{n+m+1}(n+m)\cdot\prod_{j=1}^{(m-n-1)/2}(2n+2j-1)} \sin^{n+m}(2a\vartheta)\\
&\quad + \frac{\prod_{i=1}^{(m-n-1)/2}(2m-2i+1)}{2^{n+m}\prod_{j=1}^{(m-n-1)/2}(2n+2j-1)} \int \sin^{n+m-1}(2a\vartheta)d\vartheta\\
&\quad = \frac{\sin^{n+m}(2a\vartheta)}{2^{n+m+1}(n+m)} + \frac{1}{2^{n+m}} \int \sin^{n+m-1}(2a\vartheta)d\vartheta
\end{aligned}$$

annimmt. Dies entspricht dem oben gezeigten Wert von $\int \sin^{2n}(a\vartheta)\cos^{2m}(a\vartheta)d\vartheta$. Somit ist die Behauptung b) für alle $n, m \in \mathbb{N}_0$ mit $m - n = 1$ erfüllt.

Die Gültigkeit der Behauptung b) für größere Differenzen $m - n$ kann analog zu a) durch partielle Integration von $\int \sin^{2n}(a\vartheta)\cos^{2m}(a\vartheta)d\vartheta$ bewiesen werden.

c) Seien $n, m \in \mathbb{N}_0$ mit $n \geq m$ und einer geraden Differenz $n - m$. Das Integral $\int \sin^{2n}(a\vartheta)\cos^{2m}(a\vartheta)d\vartheta$ kann mit einer Substitution

$$a\varphi + \frac{\pi}{2} = a\vartheta, \quad d\varphi = d\vartheta$$

so umgeformt werden, dass der Sinus zu Kosinus und der Kosinus zu Sinus werden:

$$\begin{aligned}
\int \sin^{2n}(a\vartheta)\cos^{2m}(a\vartheta)d\vartheta &= \int \sin^{2n}\left(a\varphi + \tfrac{\pi}{2}\right)\cos^{2m}\left(a\varphi + \tfrac{\pi}{2}\right)d\varphi\\
&= \int \cos^{2n}(a\varphi)\sin^{2m}(a\varphi)d\varphi.
\end{aligned} \tag{4.136}$$

Mit dieser Änderung hat der Sinus entweder eine kleinere Potenz als der Kosinus oder ihre Potenzen sind gleich. Nach Behauptung a) gilt für das Integral $\int \cos^{2n}(a\varphi)\sin^{2m}(a\varphi)d\varphi$:

$$\begin{aligned}
&\int \cos^{2n}(a\varphi)\sin^{2m}(a\varphi)d\varphi\\
&\quad = \sum_{k=1}^{(n-m)/2} \frac{\prod_{i=1}^{k-1}(2n-2i+1)}{a\prod_{j=1}^{k}(2m+2j-1)} \sin^{2m+2k-1}(a\varphi)\cos^{2n-2k+1}(a\varphi)\\
&\quad + \frac{\prod_{i=1}^{(n-m)/2}(2n-2i+1)}{2^{n+m}\prod_{j=1}^{(n-m)/2}(2m+2j-1)} \int \sin^{n+m}(2a\varphi)d\varphi.
\end{aligned}$$

Die Rückkehr zum Parameter ϑ ergibt:

$$\int \cos^{2n}\left(a\vartheta - \frac{\pi}{2}\right)\sin^{2m}\left(a\vartheta - \frac{\pi}{2}\right)d\vartheta =$$
$$\sum_{k=1}^{(n-m)/2} \frac{\prod_{i=1}^{k-1}(2n-2i+1)}{a\prod_{j=1}^{k}(2m+2j-1)} \sin^{2m+2k-1}\left(a\vartheta - \frac{\pi}{2}\right)\cos^{2n-2k+1}\left(a\vartheta - \frac{\pi}{2}\right)$$
$$+ \frac{\prod_{i=1}^{(n-m)/2}(2n-2i+1)}{2^{n+m}\prod_{j=1}^{(n-m)/2}(2m+2j-1)} \int \sin^{n+m}(2a\vartheta - \pi)d\vartheta.$$

Dies ist wegen

$$\sin\left(a\vartheta - \frac{\pi}{2}\right) = -\cos(a\vartheta), \quad \cos\left(a\vartheta - \frac{\pi}{2}\right) = \sin(a\vartheta), \quad \sin(2a\vartheta - \pi) = -\sin(2a\vartheta) \tag{4.137}$$

und aufgrund eines geraden Wertes n + m äquivalent zu

$$\int \sin^{2n}(a\vartheta)\cos^{2m}(a\vartheta)d\vartheta$$
$$= -\sum_{k=1}^{(n-m)/2} \frac{\prod_{i=1}^{k-1}(2n-2i+1)}{a\prod_{j=1}^{k}(2m+2j-1)} \cos^{2m+2k-1}(a\vartheta)\sin^{2n-2k+1}(a\vartheta)$$
$$+ \frac{\prod_{i=1}^{(n-m)/2}(2n-2i+1)}{2^{n+m}\prod_{j=1}^{(n-m)/2}(2m+2j-1)} \int \sin^{n+m}(2a\vartheta)d\vartheta.$$

d) Seien $n, m \in \mathbb{N}_0$ mit $n \geq m$ und einer ungeraden Differenz $n - m$. Die Substitution

$$a\varphi + \frac{\pi}{2} = a\vartheta, \quad d\varphi = d\vartheta$$

verändert die Form des Integrals $\int \sin^{2n}(a\vartheta)\cos^{2m}(a\vartheta)d\vartheta$ gemäß (4.136). In dem äquivalenten Integral $\int \cos^{2n}(a\varphi)\sin^{2m}(a\varphi)d\varphi$ hat $\sin(a\varphi)$ eine kleinere oder gleiche Potenz wie $\cos(a\varphi)$. Dieses Integral erfüllt nach Behauptung b) die Gleichung

$$\int \cos^{2n}(a\varphi)\sin^{2m}(a\varphi)d\vartheta$$
$$= \sum_{k=1}^{(n-m-1)/2} \frac{\prod_{i=1}^{k-1}(2n-2i+1)}{a\prod_{j=1}^{k}(2m+2j-1)} \sin^{2m+2k-1}(a\varphi)\cos^{2n-2k+1}(a\varphi)$$
$$+ \frac{\prod_{i=1}^{(n-m-1)/2}(2n-2i+1)}{2^{n+m+1}a\cdot(n+m)\cdot\prod_{j=1}^{(n-m-1)/2}(2m+2j-1)} \sin^{n+m}(2a\varphi)$$
$$+ \frac{\prod_{i=1}^{(n-m-1)/2}(2n-2i+1)}{2^{n+m}\prod_{j=1}^{(n-m-1)/2}(2m+2j-1)} \int \sin^{n+m-1}(2a\varphi)d\varphi.$$

Das Ersetzen von $\mathrm{a}\varphi$ durch $\mathrm{a}\vartheta - \frac{\pi}{2}$ ergibt

$$\int \cos^{2n}\left(a\vartheta - \frac{\pi}{2}\right)\sin^{2m}\left(a\vartheta - \frac{\pi}{2}\right)d\vartheta$$
$$= \sum_{k=1}^{(n-m-1)/2} \frac{\prod_{i=1}^{k-1}(2n-2i+1)}{a\prod_{j=1}^{k}(2m+2j-1)} \sin^{2m+2k-1}\left(a\vartheta - \frac{\pi}{2}\right)\cos^{2n-2k+1}\left(a\vartheta - \frac{\pi}{2}\right)$$
$$+ \frac{\prod_{i=1}^{(n-m-1)/2}(2n-2i+1)}{2^{n+m+1}a\cdot(n+m)\cdot\prod_{j=1}^{(n-m-1)/2}(2m+2j-1)} \sin^{n+m}(2a\vartheta-\pi)$$
$$+ \frac{\prod_{i=1}^{(n-m-1)/2}(2n-2i+1)}{2^{n+m}\prod_{j=1}^{(n-m-1)/2}(2m+2j-1)} \int \sin^{n+m-1}(2a\vartheta-\pi)d\varphi.$$

Dies ist wegen einem ungeraden Wert $\mathrm{n}+\mathrm{m}$ und aufgrund von Gleichungen (4.137) äquivalent zu

$$\int \sin^{2n}(a\vartheta)\cos^{2m}(a\vartheta)d\vartheta$$
$$= -\sum_{k=1}^{(n-m-1)/2} \frac{\prod_{i=1}^{k-1}(2n-2i+1)}{a\prod_{j=1}^{k}(2m+2j-1)} \cos^{2m+2k-1}(a\vartheta)\sin^{2n-2k+1}(a\vartheta)$$
$$- \frac{\prod_{i=1}^{(n-m-1)/2}(2n-2i+1)}{2^{n+m+1}a\cdot(n+m)\cdot\prod_{j=1}^{(n-m-1)/2}(2m+2j-1)} \sin^{n+m}(2a\vartheta)$$
$$+ \frac{\prod_{i=1}^{(n-m-1)/2}(2n-2i+1)}{2^{n+m}\prod_{j=1}^{(n-m-1)/2}(2m+2j-1)} \int \sin^{n+m-1}(2a\vartheta)d\varphi.$$

∎

Weil für die Berechnung der Strahlungsintensität Integrale

$$\int_{\vartheta_{min}}^{\vartheta_{max}} \sin^{m}\vartheta\cos^{n}\vartheta\, d\vartheta$$

mit allen Kombinationen von

$$n \in \{0,\ldots,8\}, m \in \{0,\ldots,9\} \quad mit \quad n+m \leq 9 \tag{4.138}$$

gelöst werden müssen, bedeutet die Rückführung auf Integrale mit kleineren Werten $n+m$ keinen hohen Rechenaufwand. In der Abb. 4.11 sind die Funktion $\sin^6\vartheta\cos^2\vartheta$ und ihr Integral dargestellt.

4.1.5 Intensität der einfach gestreuten Strahlung

Das Volumenintegral $I_q(V)$ aus dem Abschn. 4.1.4 berechnet die Intensität der mehrfach gestreuten Strahlung, die in einem Volumen V durch das Streuen der primären, aus

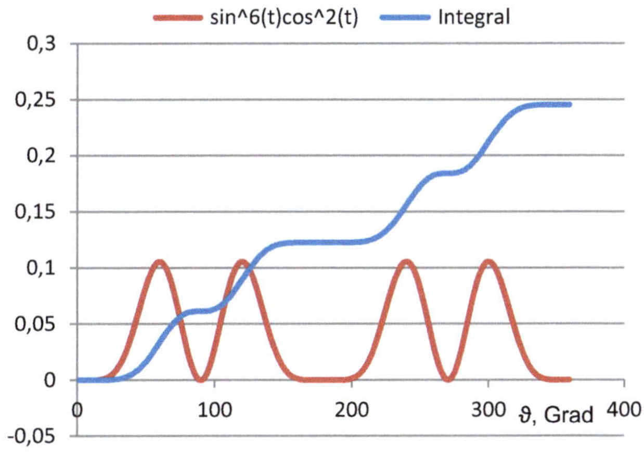

Abb. 4.11 Funktion $sin^6\vartheta \cos^2 \vartheta$ und ihr Integral im Intervall $[0, \vartheta]$

einem Raumwinkel $\left(\alpha_L \pm \frac{\Delta\alpha}{2}, \theta_L \pm \frac{\Delta\theta}{2}\right)$ kommenden Strahlung entsteht und im Punkt P als Strahlung mit der Polarisation $q \in \{\perp, \|\}$ aus einem Raumwinkel $\left(\alpha_S \pm \frac{d\alpha}{2}, \theta_S \pm \frac{d\theta}{2}\right)$ ankommt. Das Volumen V wird in diesem Integral durch einen Raumwinkel

$$\phi_{min} \le \phi \le \phi_{max}, \vartheta_{min} \le \vartheta \le \vartheta_{max} \tag{4.139}$$

und durch die minimale und maximale Entfernung

$$r_{min} \le r \le r_{max} \tag{4.140}$$

vorgegeben.

Bei einer einfachen Streuung wird die Strahlung aus dem Raumwinkel $\left(\alpha_L \pm \frac{\Delta\alpha}{2}, \theta_L \pm \frac{\Delta\theta}{2}\right)$ bereits bei der ersten Streuung in den Raumwinkel $\left(\alpha_S \pm \frac{d\alpha}{2}, \theta_S \pm \frac{d\theta}{2}\right)$ gelenkt. Diese Strahlung verändert nicht mehr ihre Richtung und erreicht den Punkt P als Strahlungsfluss aus der Richtung

$$\vartheta = 0. \tag{4.141}$$

Das heißt, dass die Streuzentren bei einer einfachen Streuung auf dem Strahl $\vartheta = 0$ liegen und das Volumen V zu einer Strecke

$$\theta = 0, r_{min} \le r \le r_{max} \tag{4.142}$$

degradiert.

Um die Intensität der einfach gestreuten Strahlung zu berechnen, muss deshalb kein Volumenintegral, sondern ein einfaches Integral gelöst werden. Dieses Integral hat nach Abschn. 4.1.3.5 die folgende Form:

$$\begin{aligned} I_q^*(r_{min}, r_{max}) = \int_{r_{min}}^{r_{max}} & \frac{\kappa_q^*(\gamma,\varphi,0,0;r,\lambda,\theta_L,\alpha_L,x(r),y(r),z(r))}{\Omega\left(\gamma+\frac{\Delta\gamma}{2},\Delta\gamma,\Delta\varphi\right)} \cdot F(\lambda, \theta_L, \alpha_L, r, 0, 0; x^*, y^*) \\ & \cdot K_{ext}(\lambda, r, 0, 0)\mathrm{d}r \quad f\ddot{u}r\ q \in \{\perp, \|\}. \end{aligned} \tag{4.143}$$

Dieses Integral kann analog zum Abschn. 4.1.4.2 als

$$\begin{aligned}
I_q^*(r_{min}, r_{max}) = \int\limits_{r_{min}}^{r_{max}} & \left(\mathrm{S}_{\mathrm{q},0} + \mathrm{S}_{\mathrm{q},1}\mathrm{r}\right) \cdot \Omega(\theta_L, \Delta\theta, \Delta\alpha) \\
& \cdot \left(E_P + E_{\overline{x}} \cdot r\cos\phi\sin\vartheta + E_{\overline{y}} \cdot r\sin\phi\sin\vartheta + E_{\overline{z}} \cdot r\cos\vartheta\right) \\
& \cdot \sum_{\mathrm{k}=0}^{3}\left(Q_P + Q_{\overline{x}} \cdot r\cos\phi\sin\vartheta + Q_{\overline{y}} \cdot r\sin\phi\sin\vartheta + Q_{\overline{z}} \cdot r\cos\vartheta\right)^{\mathrm{k}}\mathrm{W}_{\mathrm{k}} \\
& \cdot \sum_{n=0}^{3}\Big(\left(G_{n,P} + G_{n,\overline{x}} \cdot r\cos\phi\sin\vartheta + G_{n,\overline{y}} \cdot r\sin\phi\sin\vartheta + G_{n,\overline{z}} \cdot r\cos\vartheta\right) \\
& \cdot (\mathrm{z_P} - \mathrm{z_0} - \sin\theta_S \cdot r\cos\phi\sin\vartheta + \cos\theta_S \cdot r\cos\vartheta)^{\mathrm{n}}\Big)dr \quad \textit{für } q \in \{\perp, \parallel\} \quad \textit{und} \quad \vartheta = 0
\end{aligned} \tag{4.144}$$

dargestellt werden. Die Umformung des Integranden nach Abschn. 4.1.4.3 ergibt in Analogie zu (4.121):

$$\begin{aligned}
I_q^*(r_{min}, r_{max}) = & \sum_{k=0}^{4}\sum_{i=0}^{k}\sum_{j=0}^{k-i} b_{k,ij} \\
& \cdot \left(\mathrm{S}_{\mathrm{q},0}\int\limits_{r_{min}}^{r_{max}} r^k \sin^{\mathrm{i}}\phi\cos^{\mathrm{j}}\phi\sin^{\mathrm{i+j}}\vartheta\cos^{\mathrm{k-i-j}}\vartheta\right. \\
& \cdot \sum_{n=0}^{3}\Big(\left(G_{n,P} + G_{n,\overline{x}} \cdot r\cos\phi\sin\vartheta + G_{n,\overline{y}} \cdot r\sin\phi\sin\vartheta + G_{n,\overline{z}} \cdot r\cos\vartheta\right) \\
& \cdot (\mathrm{z_P} - \mathrm{z_0} - \sin\theta_S \cdot r\cos\phi\sin\vartheta + \cos\theta_S \cdot r\cos\vartheta)^{\mathrm{n}}\Big)dr \\
& + \mathrm{S}_{\mathrm{q},1}\int\limits_{r_{\mathrm{min}}}^{r_{\mathrm{max}}} r^{k+1}\sin^{\mathrm{i}}\phi\cos^{\mathrm{j}}\phi\sin^{\mathrm{i+j}}\vartheta\cos^{\mathrm{k-i-j}}\vartheta \\
& \cdot \sum_{n=0}^{3}\Big(\left(G_{n,P} + G_{n,\overline{x}} \cdot r\cos\phi\sin\vartheta + G_{n,\overline{y}} \cdot r\sin\phi\sin\vartheta + G_{n,\overline{z}} \cdot r\cos\vartheta\right) \\
& \left.\cdot (\mathrm{z_P} - \mathrm{z_0} - \sin\theta_S \cdot r\cos\phi\sin\vartheta + \cos\theta_S \cdot r\cos\vartheta)^{n}\Big)dr\right) \textit{für } q \\
& \in \{\perp, \parallel\}\ \textit{und}\ \vartheta = 0.
\end{aligned} \tag{4.145}$$

Diese Gleichung ist wegen $\sin\vartheta = 0$ und $\cos\vartheta = 1$ äquivalent zu

$$\begin{aligned}
I_q^*(r_{min}, r_{max}) = & \sum_{k=0}^{4} b_{k,00} \\
& \cdot \left(\mathrm{S}_{\mathrm{q},0}\int\limits_{r_{\mathrm{min}}}^{r_{\mathrm{max}}} r^k \sum_{n=0}^{3}\Big(\left(G_{n,P} + G_{n,\overline{z}}r\right) \cdot (\mathrm{z_P} - \mathrm{z_0} + \cos\theta_S \cdot r)^{\mathrm{n}}\Big)dr\right. \\
& + S_{q,1}\int\limits_{r_{\mathrm{min}}}^{r_{\mathrm{max}}} r^{k+1}\sum_{n=0}^{3}\Big(\left(G_{n,P} + G_{n,\overline{z}}r\right) \\
& \left.\cdot (\mathrm{z_P} - \mathrm{z_0} + \cos\theta_S \cdot r)^{\mathrm{n}}\Big)dr\right) \\
& \textit{für } q \in \{\perp, \parallel\}.
\end{aligned} \tag{4.146}$$

Das Integral $I_q^*(r_{min}, r_{max})$ lässt sich somit als eine gewichtete Summe der Integrale

$$I^*(r_{min}, r_{max}, k) = \int_{r_{min}}^{r_{max}} r^k \sum_{n=0}^{3} \left(\left(G_{n,P} + G_{n,\bar{z}} r\right) \cdot (\mathrm{z_P} - \mathrm{z_0} + \cos\theta_S \cdot r)^{\mathrm{n}} \right) dr \quad (4.147)$$

ausdrücken:

$$I_q^*(r_{min}, r_{max}) = \sum_{k=0}^{4} b_{k,00} \cdot \left(\mathrm{S_{q,0}} I^*(r_{min}, r_{max}, k) + \mathrm{S_{q,1}} I^*(r_{min}, r_{max}, k+1) \right) \quad \textit{für } q \in \{\perp, \|\}. \quad (4.148)$$

Die Integrale $I^*(r_{min}, r_{max}, k)$ hängen nicht von der Intensität und der Richtung der einfallenden Strahlung ab, sondern werden durch die Verteilung der streuenden Teilchen, sowie durch die Länge und die Position der streuenden Strecke bestimmt.

Das Anwenden des Binomischen Satzes vereinfacht das Integral (4.147) zu

$$I^*(r_{min}, r_{max}, k) = \int_{r_{min}}^{r_{max}} r^k \sum_{n=0}^{3} \left(\left(G_{n,P} + G_{n,\bar{z}} r\right) \cdot \sum_{m=0}^{n} \binom{n}{m} \cdot (\mathrm{z_P} - \mathrm{z_0})^{n-m} (\cos\theta_S \cdot r)^{\mathrm{m}} \right) dr. \quad (4.149)$$

Das Verändern der Reihenfolge von Summierung und Integration verwandelt dieses Integral in eine gewichtete Summe von einfachen Integralen:

$$I^*(r_{min}, r_{max}, k) = \sum_{m=0}^{3} \sum_{n=m}^{3} \binom{n}{m} \cdot (\mathrm{z_P} - \mathrm{z_0})^{n-m} \cos^{\mathrm{m}}\theta_S \cdot \int_{r_{min}}^{r_{max}} r^{k+m} \cdot \left(G_{n,P} + G_{n,\bar{z}} r\right) dr. \quad (4.150)$$

Die Lösung dieses Integrals ist

$$\begin{aligned} I^*(r_{min}, r_{max}, k) = & \sum_{m=0}^{3} \sum_{n=m}^{3} \binom{n}{m} \cdot (\mathrm{z_P} - \mathrm{z_0})^{n-m} \cos^m \theta_S \\ & \cdot \left(G_{n,P} \cdot \frac{r_{max}^{k+m+1} - r_{min}^{k+m+1}}{k+m+1} + G_{n,\bar{z}} \cdot \frac{r_{max}^{k+m+2} - r_{min}^{k+m+2}}{k+m+2} \right). \end{aligned} \quad (4.151)$$

4.1.6 Beispielrechnung

Zum Testen des oben beschriebenen Verfahrens wurde die gleiche Verteilung der streuenden Teilchen vorausgesetzt, die im Abschn. 3.5.6 zum Simulieren der mehrfachen Streuung in einer nicht homogenen Umgebung verwendet wurde. Die obere und die untere Grenze der betrachteten Atmosphärenschicht wurden so festgelegt, dass der Punkt, für den zuvor die Monte-Carlo-Simulation ausgeführt wurde (s. Abschn. 3.5.6), auf halber Höhe zwischen den beiden Schichtgrenzen liegt. Die Dicke der Atmosphärenschicht betrug 70 m.

In der Abb. 4.12 ist der Versuchsaufbau dargestellt. Die horizontale Koordinatenebene Oxy bildet die obere Grenze der betrachteten Atmosphärenschicht. Ihre untere Grenze ist die Ebene $z = -70$. Die Ebene $P_0P_1P_2$ liegt in der Höhe $z = -145$. Die Strecken P_0Q_0, P_1Q_1 und P_2Q_2 werden zum Festlegen der Teilchenanzahldichte verwendet. Die Veränderung des Extinktionskoeffizienten auf diesen Strecken ist in der Abb. 3.21 (Seite 99) dargestellt. Die Veränderung des Extinktionskoeffizienten in einer horizontalen Ebene wird als linear angenommen (Abschn. 2.8.2).

Die einfallende Strahlung kommt wie im Abschn. 3.5.6 aus der Richtung mit dem Zenitwinkel $\theta_L = 40°$ und dem Azimut $\alpha_L = 0$. Die Größe des Raumwinkels, aus dem die einfallende Strahlung kommt, und die Intensität dieser Strahlung in der Höhe $z = 0$ wurden so gewählt, dass ihr Produkt einer monochromatischen Energieflussdichte von $1000\ W/m^2 \cdot \mu m^{-1}$ entsprach. Zum Berechnen der Strahlungsintensität an der unteren Grenze der Atmosphärenschicht wurde der Punkt $P(-30, -30, -70)$ ausgewählt. Die Achse $P\overline{z}$ wurde wie in der Abb. 4.12 in die Richtung $(\alpha_S, \theta_S) = (70°, 40°)$ gedreht.

Weil in der vorangegangenen Simulation der mehrfachen Streuung nur Distanzen bis 108 m betrachtet wurden, wurden auch zur Berechnung der Strahlungsintensität nur solche Volumen berücksichtigt, die maximal 108 m vom Punkt P entfernt liegen. Aus die-

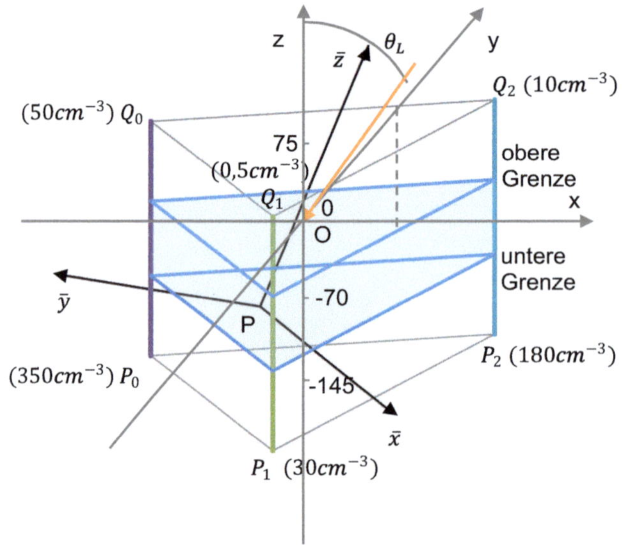

Abb. 4.12 Versuchsaufbau zur Berechnung der Strahlungsintensität. Die betrachtete Atmosphärenschicht liegt zwischen den Ebenen z = 0 und z = −70. Die Anzahldichte der Wassertröpfchen wird durch drei vertikale Profile P_0Q_0, P_1Q_1 und P_2Q_2 vorgegeben. Für den Punkt (0,0,−35) wurde zuvor eine Monte-Carlo-Simulation durchgeführt. Die einfallende Strahlung kommt aus der Richtung $(\alpha_L,\theta_L) = (0,40°)$. Die gestreute Strahlung kommt im Punkt P (−30,−30,−70) aus der Richtung $(\alpha_S,\theta_S) = (70°,40°)$ an

sem Grund fallen die nachfolgend genannten Werte etwas geringer aus als bei einer Integration über die gesamte Atmosphärenschicht.

In der Abb. 4.14 ist die Intensität der gestreuten Strahlung dargestellt, die in verschiedenen Teilen des Volumens aus einer Streuung der einfallenden Strahlung hervorgeht und den Punkt P aus der Richtung (α_S, θ_S) erreicht. Zum Interpretieren dieser Graphik ist es hilfreich, die Abb. 4.14 mit der Abb. 4.13 zu vergleichen. Die Abb. 4.13 zeigt die Aufteilung des streuenden Volumens. Das Volumen wird durch Kegeloberflächen $\vartheta = const$, Halbebenen $\phi = const$ und Sphären $r = const$ geteilt. Die Bereiche zwischen zwei Kegeloberflächen $\vartheta = \vartheta_j$ und $\vartheta = \vartheta_{j-1}$ werden in der Abb. 4.14 jeweils durch eine Kurve repräsentiert. Die Grenzen der Sektoren $[\phi_k, \phi_{k+1}]$ sind die Stellen, an denen diese Kurven ihre Werte verändern. Die Grenzen der Sphären $r = R_t$ sind in der Abb. 4.14 nicht erkennbar, weil die Strahlung aus unterschiedlichen Entfernungen aufsummiert wurde.

Das Volumen ist so geteilt, dass der Punkt P (Mittelpunkt der Kugel) für alle Punkte eines Teilvolumens im gleichen Querschnittbereich und im gleichen Querschnittsektor liegt (vgl. Abb. 3.12, S. 83). Deshalb werden im Folgenden die Volumen zwischen den Flächen $\vartheta = \vartheta_j$ und $\vartheta = \vartheta_{j-1}$ als Querschnittbereiche und ihre Teile als Querschnittsektoren bezeichnet. Die Achse $P\bar{z}$ und ein vom Punkt P zum einfallenden Licht gehender Strahl liegen in der Ebene, die die Querschnittbereiche mit positiven Nummern von den Querschnittbereichen mit negativen Nummern trennt. In der Abb. 4.13 sind Volumen, deren Punkte Querschnittbereiche mit negativen Nummern bilden, gestrichelt dargestellt. Die Richtungen der einfallenden und gestreuten Strahlen unterscheiden

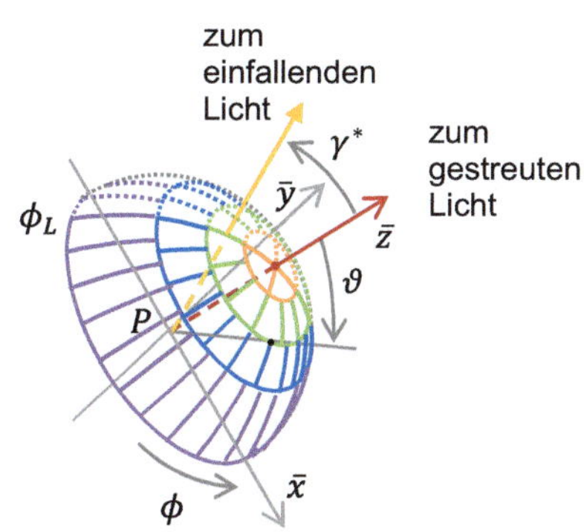

Abb. 4.13 Aufteilung des streuenden Volumens am Beispiel einer Halbkugel mit dem Mittelpunkt P. Gestreute Strahlung fließt bei Erreichen des Punktes P entgegen der Achse $P\bar{z}$. Der Halbraum $\bar{z} > 0$ wird durch Flächen $\vartheta = const$, $\phi = const$ und $r = const$ in mehrere kleine Volumen aufgeteilt. Die Projektion dieser Volumen auf eine Sphäre mit dem Mittelpunkt P ähnelt der ebenen Projektion von Querschnittsektoren aus der Abb. 3.12

sich um einen Winkel $\gamma^* = 43,3°$. Das bedeutet nach Abschn. 3.4.3.10, dass die einfallende Strahlung, die ohne Streuung im Punkt P ankommt, auf dem Weg zu diesem Punkt einem Strahl folgt, der die Sphäre $r = R$ an der Grenze der Querschnittbereiche $B_4^*(-2, R)$ und $B_4^*(2, R)$ passiert (Abb. 4.13).

Die Abb. 4.14 ordnet jedem Querschnittsektor die Intensität der Strahlung zu, die in einem mit diesem Querschnittsektor assoziierten Volumen zum ersten Mal gestreut wird und anschließend als einfach oder mehrfach gestreute Strahlung aus der Richtung $(\alpha_S, \theta_S) = (70°, 40°)$ im Punkt P ankommt. Die Kurven in dieser Graphik sind so skaliert, dass die Fläche zwischen der Kurve und der horizontalen Achse die jeweilige Strahlungsintensität anzeigt. Die größte Fläche von $25,4\frac{W}{(m^2 sr \cdot \mu m)}$ wird von der Kurve $B_4^*(0, R)$ umschlossen. Diese Kurve stellt die Intensität der einfach gestreuten Strahlung dar.

Die Intensität der mehrfach gestreuten Strahlung beträgt $46,4\frac{W}{(m^2 sr \cdot \mu m)}$ oder 65 % der Gesamtintensität. Davon kommen $22,1\frac{W}{(m^2 sr \cdot \mu m)}$ aus den Querschnittbereichen $B_4^*(-1, R)$ und $B_4^*(1, R)$. Diese Bereiche bilden einen Kegel mit dem Öffnungswinkel 14,5°. In der Abb. 4.13 ist die Grenze dieses Kegels mit einem kleinen Kreis um die Achse $P\overline{z}$ dargestellt. Die Querschnittbereiche $B_4^*(-2, R)$ und $B_4^*(2, R)$ – der zweitkleinste Kegel aus der Abb. 4.13 – tragen $13,6\frac{W}{(m^2 sr \cdot \mu m)}$ zur Strahlungsintensität bei. 67 % der Strahlung aus diesen Bereichen kommen aus Querschnittsektoren mit der Nummer 0. Diese Sektoren haben jeweils den geringsten Winkelabstand zum einfallenden Licht. Die Strahlung aus

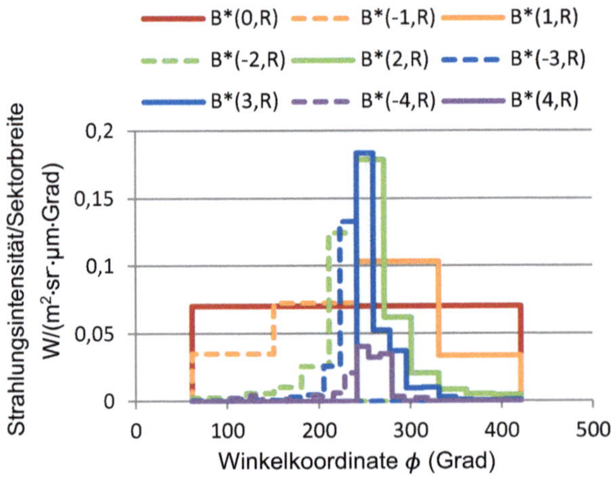

Abb. 4.14 Intensität der einfach und mehrfach gestreuten Strahlung aufgeteilt nach Querschnittsektoren. Die Abszisse gibt die Position eines Querschnittsektors an. Die Fläche zwischen einer Kurve und der horizontalen Achse entspricht der Intensität der Strahlung, die in einem auf diesen Querschnittsektor projizierten Volumen zum ersten Mal gestreut wird und im Punkt P aus der Richtung $(\alpha_S, \theta_S) = (40°, 70°)$ ankommt. Die Lichtquelle befindet sich in der Azimutrichtung ϕ_L =241,8°

den Querschnittbereichen $B_4^*(-3,R)$ und $B_4^*(3,R)$ hat eine Intensität von $8,6\frac{W}{(m^2 sr\cdot\mu m)}$ und kommt zu 67 % aus Sektoren mit den Nummer 0.

Die Abb. 4.14 zeigt eine deutliche Differenz zwischen den Querschnittbereichen mit positiven und negativen Nummern. 60 % der gesamten mehrfach gestreuten Strahlung kommen aus Bereichen mit positiven Nummern. Diese Differenz erklärt sich durch die Form des betrachteten Volumens. Das Koordinatensystem $(P,\overline{x},\overline{y},\overline{z})$ ist so geneigt, dass der positive Teil der Achse $P\overline{x}$ nach unten zeigt. Bei festen Werten r und ϑ liegen Punkte mit $\phi = 0°$ tiefer als Punkte mit $\phi = 180°$. Weil der betrachtete Teil der Atmosphäre von oben und unten begrenzt ist, werden oben liegende Punkte um $\phi = 180°$ und unten liegende Punkte um $\phi = 0°$ von der Betrachtung ausgeschlossen. Deshalb sind Querschnittsektoren mit negativen Bereichsnummern und $\phi \in [90°, 270°]$ kleiner als entsprechende Sektoren mit positiven Nummern. Dem entsprechend kleiner ist auch ihr Beitrag zu der Strahlungsintensität.

Um den Einfluss der Teilchendichte auf den Strahlungsfluss zu demonstrieren, wird die Fläche, für die die Strahlungsintensität berechnet werden soll, um die vertikale Ebene Oxz gespiegelt. Hierzu wird die y-Koordinate des Punktes P von -30 auf 30 und der Azimutwinkel der Richtung, aus der die gestreute Strahlung kommt, von $\alpha_S = 70°$ auf $\alpha_S = -70°$ geändert. Der Winkel zwischen der einfallenden und gestreuten Strahlung bleibt bei dieser Änderung des Versuchsaufbaus gleich, aber die Anzahldichte der streuenden Partikel nimmt zu. Befand sich der Punkt P beim ersten Versuch in der Nähe der Strecke P_1Q_1 mit der geringsten Anzahldichte, rückt er nun näher zur Strecke P_0Q_0, an deren unterem Ende die höchste Anzahldichte herrscht (s. Abb. 3.21, Seite 99). Der Extinktionskoeffizient im Punkt P verändert sich von 0,022 m^{-1} auf 0,026 m^{-1}.

Das Berechnen der Volumenintegrale für diese Situation zeigt eine um 4 % geringere Strahlungsintensität von $69,1\frac{W}{(m^2 sr\cdot\mu m)}$. Der Anteil der mehrfach gestreuten Strahlung ist mit 69 % höher als im Versuch mit einem geringeren Streukoeffizient. Die Abb. 4.15 gibt

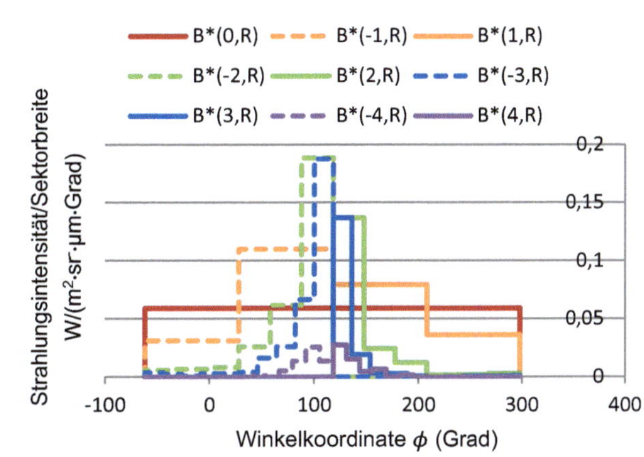

Abb. 4.15 Intensität der einfach und mehrfach gestreuten Strahlung bei einer höheren Teilchendichte. Während die Abb. 4.14 einen Strahlungsfluss zeigt, der am Rand einer Wolke nach außen gestreut wird, geht der Strahlungsfluss in diesem Bild in die Wolke hinein. Die Lichtquelle befindet sich in der Azimutrichtung $\phi_L = 118{,}2°$

zu jedem Querschnittsektor die Intensität der Strahlung an, die in diesem Querschnittsektor zum ersten Mal gestreut wird und entgegen der Achse $P\overline{z}$ zum Punkt P fließt. In diesem Fall kommt aus Bereichen mit negativen Nummern mehr Strahlung als aus Querschnittbereichen mit positiven Nummern. Dies liegt daran, dass diesmal die Querschnittbereiche mit positiven Nummern höher liegen und von der oberen Grenze der Atmosphärenschicht stärker abgeschnitten werden.

In den beiden oben betrachteten Fällen unterscheiden sich die Richtungen der einfallenden und gestreuten Strahlung um einen Winkel $\gamma^* = 43,3°$. Zum Vergleich soll nun eine Richtung mit einem kleineren Streuwinkel betrachtet werden. Hierfür wird die y-Koordinate des Punktes P auf -3 und der Azimut der Richtung, aus der gestreute Strahlung kommt, auf $\alpha_S = 5°$ gesetzt. Der Streuwinkel beträgt in diesem Fall $\gamma^* = 5,6°$. In der Abb. 4.16 sind die Intensitäten der gestreuten Strahlung mit dieser Richtung dargestellt. Die Strahlungsintensität ist mit $4119 \frac{W}{(m^2 sr \cdot \mu m)}$ um das 60-fache höher als in der Abb. 4.14. Die Strahlung ist zu 58,7 % einfach gestreut. 99 % der mehrfach gestreuten Strahlung kommen aus den Querschnittbereichen $B_4^*(-1,R)$ und $B_4^*(1,R)$.

4.1.7 Variieren der Einfallsrichtung

Das im Abschn. 4.1.4 beschriebene Verfahren zur Berechnung der Strahlungsintensität des mehrfach gestreuten Lichts setzt eine Aufteilung der betrachteten Atmosphärenschicht in kleine Volumen V_n mit statistisch ermittelter Lichtstreuung voraus. Im Abschn. 4.1.4.1 wurde hierzu eine Aufteilung der Atmosphärenschicht an den Grenzen von Querschnittsektoren vorgeschlagen.

Die Intensität der Strahlung, die in der betrachteten Atmosphärenschicht durch mehrfache Streuung einer aus einem Raumwinkel $\Omega_L = (\alpha_L \pm \Delta\alpha, \theta_L \pm \Delta\theta)$ einfallenden Strahlung entsteht und aus der Richtung $\vartheta = 0$ zum Punkt P fließt, kann als eine Summe über alle zu dieser Schicht gehörenden diskreten Volumen V_n berechnet werden. Diese Summe hat nach (4.122) die folgende Form:

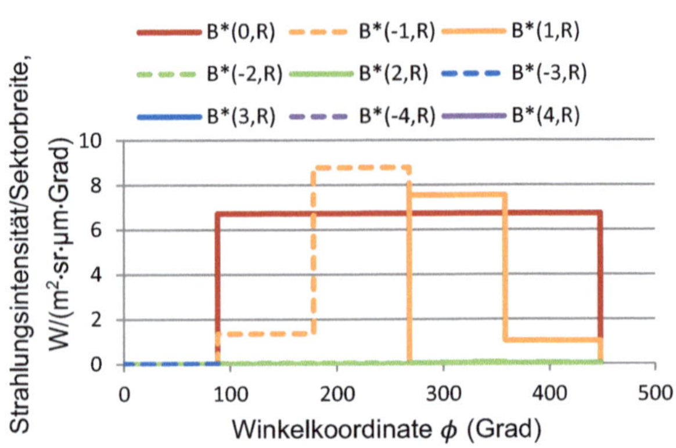

Abb. 4.16 Intensität der einfach und mehrfach gestreuten Strahlung bei einem Streuwinkel von 5,6°. Die Lichtquelle befindet sich in der Azimutrichtung $\phi_L = 268{,}1\,°$

$$
\begin{aligned}
\sum_{\mathrm{n}} I_q(V_n, \Omega_{\mathrm{L}}) =& \frac{4\mathrm{m}^2}{\pi} \\
&\cdot \sum_{\mathrm{n}} \sum_{k=0}^{4} \sum_{i=0}^{k} \sum_{j=0}^{k-i} \big(b_{k,ij}(V_n, \Omega_{\mathrm{L}}) \mathrm{S}_{\mathrm{q},0}(\mathrm{V}_{\mathrm{n}}, \Omega_{\mathrm{L}}) I(V_n, i, j, k, 0) \\
&+ b_{k,ij}(V_n, \Omega_{\mathrm{L}}) \mathrm{S}_{\mathrm{q},1}(V_n, \Omega_L) I(V_n, i, j, k, 1)\big) \quad \mathit{f\ddot{u}r}\ q \in \{\perp, \parallel\}.
\end{aligned} \tag{4.152}
$$

Hierbei beschreiben die Faktoren $b_{k,ij}(V_n, \Omega_{\mathrm{L}})$ die Energieflussdichte der einfallenden Strahlung im Volumen V_n . Die Faktoren $\mathrm{S}_{\mathrm{q,c}}(\mathrm{V}_{\mathrm{n}}, \Omega_{\mathrm{L}})$ beschreiben die Lichtstreuung aus dem Volumen V_n zum Punkt P . Die Integrale $I(V_n, i, j, k, \mathrm{c})$ beschreiben die Fähigkeit des Volumens V_n Strahlungsenergie aufzunehmen.

Da sich die einfallende Strahlung in der Realität nicht nur aus direkter Sonnenstrahlung, sondern auch aus gestreuter Strahlung zusammensetzt, ist es zur Berechnung der Strahlungsintensität notwendig, einfallende Strahlung aus vielen verschiedenen Raumwinkeln Ω_{a} zu betrachten. Das Anwenden des Verfahrens aus dem Abschn. 4.1.4 auf mehrere Raumwinkel Ω_{a} offenbart einen Nachteil der gewählten Atmosphärenaufteilung. Die Position der Querschnittsektoren auf der Polarebene $Pr\phi$ hängt von der Richtung der einfallenden Strahlung ab (Abb. 4.17). Wird die lichtstreuende Schicht zur Berechnung der Strahlungsintensität an den Grenzen der Querschnittsektoren geteilt, ergeben sich Volumen V_n , die je nach Richtung der einfallenden Strahlung unterschiedliche Teile der streuenden Schicht umfassen und unterschiedliche Werte $I(V_n, i, j, k, \mathrm{c})$ haben. Das heißt, dass das Berücksichtigen der einfallenden Strahlung aus mehreren Raumwinkeln Ω_{a} das Berechnen von vielen Integralen $I(V_n, i, j, k, 0)$ und $I(V_n, i, j, k, 1)$ erfordert.

Dieser Aufwand kann eingespart werden, wenn die Ergebnisse der Monte-Carlo-Simulationen nicht in Form einer Häufigkeitsverteilung über einige große Querschnittsektoren, sondern mit einer deutlich feineren Sektorenaufteilung (Abb. 4.18 a) angegeben werden. Das Aufzeichnen von Simulationsergebnissen für kleine Sektoren er-

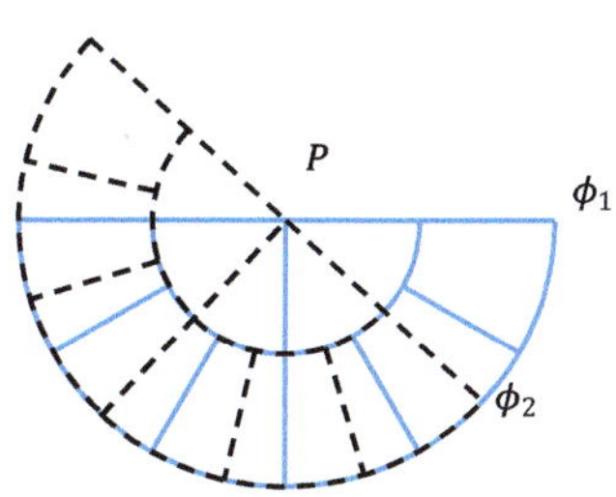

Abb. 4.17 Aufteilen der Querschnittbereiche $B_4^*(-1, R)$ und $B_4^*(-2, R)$ in Querschnittsektoren (Blick auf die Polarebene $Pr\phi$ aus der Richtung $\vartheta = 0$). Die durchgezogenen Linien zeigen die Sektorenaufteilung für eine aus der Azimutrichtung ϕ_1 einfallende Strahlung. Die gestrichelten Linien zeigen die gleiche Aufteilung für die Strahlung aus der Azimutrichtung ϕ_2

möglicht eine einfache Berechnung entsprechender Ergebnisse für größere Sektoren (Abb. 4.18 b). Damit wird es möglich, eine feste Aufteilung der Atmosphärenschicht für alle Einfallsrichtungen zu nutzen.

Die Intensität der Strahlung, die in der betrachteten Atmosphärenschicht mehrfach gestreut wird und aus der Richtung $\vartheta = 0$ zum Punkt P fließt, kann bei einer festen Aufteilung der Atmosphärenschicht mit einer Summe über alle Volumen V_n und alle Raumwinkel Ω_a ausgedrückt werden:

$$
\begin{aligned}
&\sum_n \sum_\mathrm{a} I_q(V_n, \Omega_\mathrm{a}) \\
&\quad = \frac{4\mathrm{m}^2}{\pi} \\
&\quad \cdot \sum_n \sum_{k=0}^{4} \sum_{i=0}^{k} \sum_{j=0}^{k-i} \left(I(V_n, i, j, k, 0) \sum_\mathrm{a} b_{k,ij}(V_n, \Omega_\mathrm{a}) \mathrm{S}_{\mathrm{q},0}(\mathrm{V_n}, \Omega_\mathrm{a}) \right. \\
&\quad \left. + I(V_n, i, j, k, 1) \sum_\mathrm{a} b_{k,ij}(V_n, \Omega_\mathrm{a}) \mathrm{S}_{\mathrm{q},1}(V_n, \Omega_\mathrm{a}) \right) \quad \mathit{für}\; q \in \{\perp, \|\}.
\end{aligned}
$$

Die Koeffizienten $\mathrm{S}_{\mathrm{q},0}(\mathrm{V_n}, \Omega_\mathrm{a})$ und $\mathrm{S}_{\mathrm{q},1}(\mathrm{V_n}, \Omega_\mathrm{a})$ berechnen sich in diesem Fall aus der Summe der Leistungsanteile, die laut Monte-Carlo-Simulation aus verschiedenen Sektoren des Volumens V zum Punkt P fließen (vgl. Abschn. 4.1.3.3, Abschn. 4.1.4.2).

Das Ermitteln von Koeffizienten $\mathrm{S}_{\mathrm{q},0}(\mathrm{V_n}, \Omega_\mathrm{a})$ und $\mathrm{S}_{\mathrm{q},1}(\mathrm{V_n}, \Omega_\mathrm{a})$ erfordert das Durchführen von vielen Monte-Carlo-Simulationen. Diese müssen für verschiedene Wellenlängen, Teilchenverteilungen und Einfallsrichtungen ausgeführt werden. Die Ergebnisse der Monte-Carlo-Simulationen können gespeichert und wiederverwendet werden, um den Aufwand der späteren Berechnungen zu reduzieren.

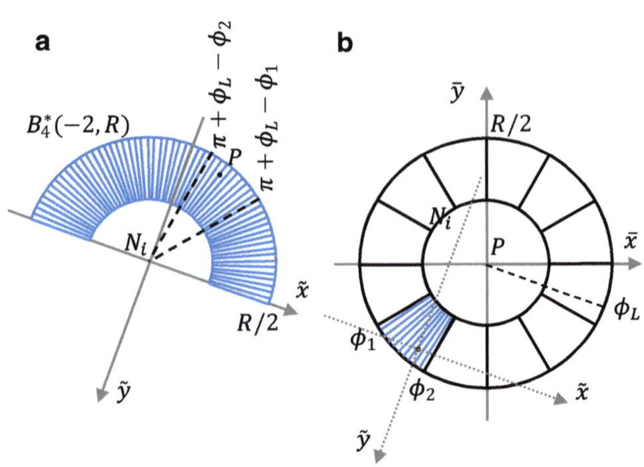

Abb. 4.18 Querschnittbereich $B_4^*(-2, R)$ aufgeteilt in schmale Querschnittsektoren (a) und ein Stück der Kugeloberfläche (P, R) aufgeteilt in zwölf Sektoren (b). Der Strahlungsfluss aus dem Sektor $[\phi_1, \phi_2]$ zum Punkt P entspricht dem Strahlungsfluss, der in einer Entfernung R von dem Ort der ersten Streuung O den Querschnittsektor $[\pi + \phi_L - \phi_1, \pi + \phi_L - \phi_2]$ erhellt

4.2 Anwendbarkeit des Verfahrens zum Berechnen atmosphärischer Strahlung

Im Abschn. 4.1 wurde die Berechnung des Strahlungsflusses betrachtet, der im Inneren einer Atmosphärenschicht einfach oder mehrfach gestreut wird und diese Schicht über bestimmte Flächen in eine festgelegte Richtung verlässt. Dieser Strahlungsfluss ist nur ein Teil eines komplexen Strahlungsflusses, der alle Ausbreitungsrichtungen und verschiedene Flächen umfasst.

Das beschriebene Verfahren kann verwendet werden, um die Verteilung der Strahlung in der gesamten Erdatmosphäre zu berechnen. Hierzu kann die Atmosphäre in Schichten aufgeteilt werden. Die Informationen über die gemessene oder vermutete Verteilung der Partikel in einzelnen Schichten können verwendet werden, um mithilfe von Monte-Carlo-Simulationen die Lichtsteuung in einzelnen Schichten zu berechnen (Abschn. 3.5). Die Ergebnisse dieser Simulationen können genutzt werden, um ausgehend von monochromatischen Strahlungsintensitäten in der oberen Atmosphäre Strahlungsintensitäten an den Grenzen aller darunter liegenden Schichten zu bestimmen (Abschn. 4.1). Hierbei werden in jeder Atmosphärenschicht drei Teile des Strahlungsflusses unterschieden:

- Strahlung, die in einer Atmosphärenschicht mehrmals gestreut wird (Abschn. 4.1.4);
- Strahlung, die in einer Atmosphärenschicht einfach gestreut wird (Abschn. 4.1.5);
- Strahlung, die eine Atmosphärenschicht ohne Streuung passiert (Abschn. 4.1.2).

In Atmosphärenschichten mit einer horizontal variierenden Verteilung der lichtstreuenden Partikel muss die Strahlungsverteilung an mehreren Punkten untersucht werden. Weil die Strahlung nicht nur von oben nach unten, sondern auch von unten nach oben fließt, muss auch dieser Strahlungsfluss berücksichtigt werden.

Die Berechnung der Strahlungsverteilung in der gesamten Erdatmosphäre geht über den Rahmen dieses Buches hinaus. Das Ziel dieses Buches ist es, ein mathematisches Werkzeug zum Berechnen der Strahlungsverteilung zu entwickeln. Die Anwendung dieses Werkzeugs liegt in den Händen der Leser!

Literatur

Abramowitz, Milton, und Irene A. Stegun. *Handbook of Mathematical Functions with Formulas, Graphs and Mathematical Tables.* New York: Dover Publications, 1970.

Bronstein, Ilja N., Konstantin A. Semendjajew, Gerhard Musiol, und Heiner Mühlig. *Taschenbuch der Mathematik.* Frankfurt am Main: Verlag Harri Deutsch, 1997.

Chandrasekhar, S. *Radiative Transfer.* New York: Dover Publications Inc., 1960.

Foley, James D., Andries van Dam, Steven K. Feiner, und John F. Hughes. *Computer Graphics: Principles and Practice.* USA: Addison-Wesley Publishing Company, Inc., 1990.

Gerthsen, Christian, Hans Kneser, und Helmut Vogel. *Physik.* Berlin Heidelberg: Springer-Verlag, 1986.

Roedel, Walter. *Physik unserer Umwelt: Die Atmosphäre.* Berlin Heidelberg New York: Springer-Verlag, 2000.

Selder, Helmut. *Einführung in die Numerische Mathematik für Ingenieure.* München: Carl Hanser Verlag, 1973.

Teil II
Bahndynamik

5 Berechnen der Sonnenposition

Inhaltsverzeichnis

In dem vorliegenden Kapitel wird die exakte Lösung für die Bahndynamik eines Planeten bei einer periodischen Bahnbewegung präsentiert und ein auf dieser Lösung basierendes Verfahren zur Berechnung der Sonnenposition beschrieben. Die Berechnung der Bahndynamik basiert auf dem zweiten Keplerschen Gesetz, nach dem die Verbindungslinie zwischen einem Planet und seiner Sonne in gleichen Zeiteinheiten gleiche Fläche überstreicht. Im Abschn. 5.1 werden die Charakteristiken der Erdbahn zusammengefasst, die bei der Berechnung der Sonnenposition Verwendung finden. Im Abschn. 5.2 wird eine exakte trigonometrische Formel zum Berechnen der Fläche eines Ellipsensektors abgeleitet. Im Abschn. 5.3 wird gezeigt, dass die abgeleitete Formel genutzt werden kann, um mit einem sehr kleinen Aufwand und einer nur durch Bahnstörungen geminderten Genauigkeit die Position der Erde auf der Erdbahn zu berechnen. Im Abschn. 5.4 wird ein Verfahren beschrieben, das aus der Position der Erde auf der Erdbahn die Position der Sonne im Horizontsystem eines auf der Erdoberfläche stehenden Beobachters berechnet.

L. Hille, *Methodenvorschlag zur Berechnung der Sonneneinstrahlung für Prognosen*,
https://doi.org/10.1007/978-3-658-43176-1_5

5.1 Bahndynamik der Erde

Die Intensität der Sonneneinstrahlung hängt von der Sonnenposition und den Wetterverhältnissen ab. Während das Wetter durch starke zufällige Einflüsse geprägt wird und nur wenige Tage im Voraus ermittelt werden kann, ist der Lauf der Sonne sehr beständig.

Die Zeit, die Erde und Mond zum Umkreisen der Sonne brauchen, kann durch Anziehungskräfte anderer Planeten nur um etwa 15 min verkürzt oder verlängert werden. Die Rotationsachse der Erde verändert sich zwar durch die wechselnden Anziehungskräfte des Mondes und der Sonne, doch diese Veränderung erfolgt sehr langsam. Die Schiefe der Ekliptik verringert sich um etwa $47''$ pro Jahrhundert und der Frühlingspunkt verschiebt sich um etwa $5000''$ pro Jahrhundert (siehe (Erdbahn - Wikipedia 2020)).

In der Fachliteratur zur Himmelsmechanik wird die Berechnung der Planetenbewegung auf das Lösen von Differenzialgleichungen zurückgeführt (Guthmann 2000). Das Lösen dieser Gleichungen erfordert numerische Integration und ist sehr aufwendig. Für eine Bahn, die so stabil ist wie die Erdbahn, gibt es eine einfache Alternative zum Lösen von Differentialgleichungen.

Wird die Bahn als eine feste Ellipse betrachtet, so kann die Berechnung der Planetenbewegung auf die Berechnung der Fläche eines Ellipsensektors zurückgeführt werden. Mit diesem Ansatz kann die Position der Erde auf der Erdbahn und die Position der Sonne auf der Himmelsphäre mit einem kleinen Rechenaufwand bestimmt werden, mit einer Genauigkeit, die nur durch Bahnstörungen gemindert wird.

5.1.1 Erdbahn

Die Erde bewegt sich um die Sonne auf einer elliptischen Bahn (Abb. 5.1). Die Sonne befindet sich in einem Brennpunkt der Ellipse. Im Januar ist der Abstand zwischen der Erde und der Sonne am geringsten (Perihel), im Juli am größten (Aphel). Die Verbindungslinie zwischen der Erde und der Sonne überstreicht nach dem zweiten Keplerschen Gesetz in jeder Sekunde dieselbe Fläche. Deshalb bewegt sich die Erde im Winter schneller um die Sonne als im Sommer.

Die Schnittlinie der Himmelsphäre mit der Bahnebene ist die Ekliptik – die Linie, entlang der die Sonne von der Erde aus gesehen einmal im Jahr um den Fixsternhimmel wandert. Die Bahnebene wird auch als Ekliptikebene bezeichnet. Die Rotationsebene der Erde ist gegenüber der Bahnebene um einen Winkel von etwa $\varepsilon = 23{,}44°$ geneigt. Von der Erde aus betrachtet bildet die Ekliptikebene den gleichen Winkel ε zu der Äquatorebene. Dieser Winkel wird als die *Schiefe der Ekliptik* bezeichnet.

Die Schnittlinie der Äquatorebene mit der Ekliptikebene hat eine besondere Bedeutung für die irdische Zeitrechnung. Wenn die Sonne auf ihrem Weg über die Ekliptik diese Linie passiert, sind auf der Erde der Tag und die Nacht gleich lang. Das geschieht zwei Mal im Jahr: zum Frühlingsbeginn und zum Herbstbeginn. Der Punkt, den die Sonne zum Frühlingsbeginn passiert, wird als Frühlingspunkt bezeichnet. Der Früh-

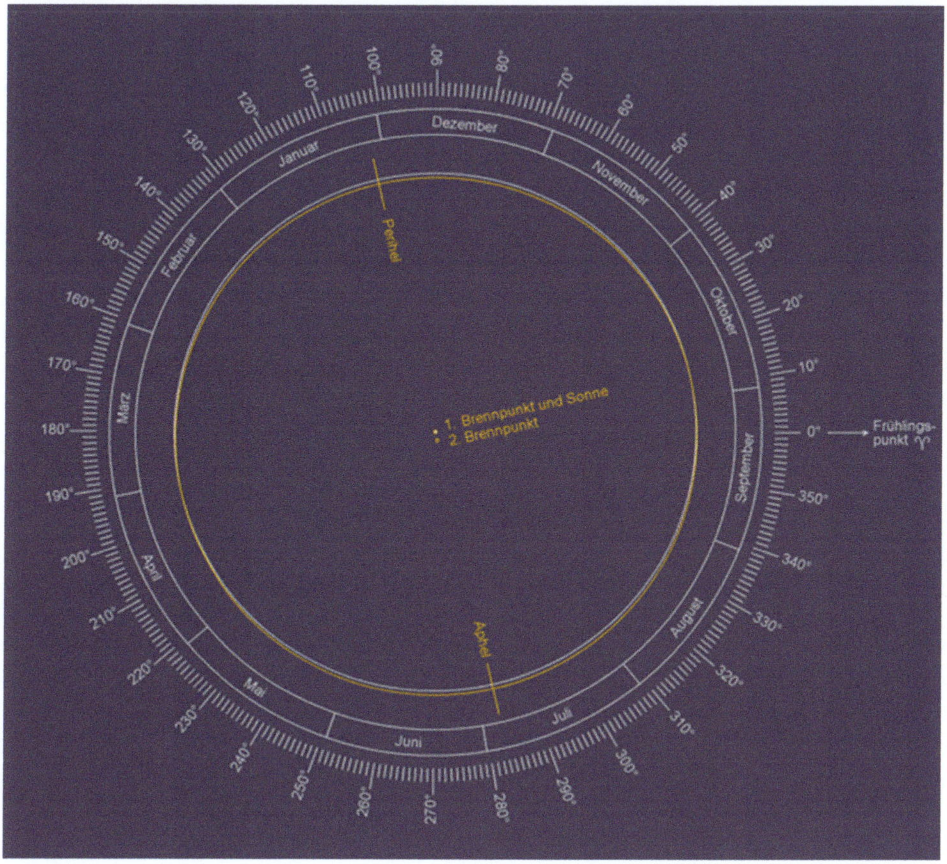

Abb. 5.1 Erdbahn. (Quelle: https://commons.wikimedia.org/wiki/File:EarthsOrbit_de.png)

lingspunkt dient als Nullpunkt für astronomische Koordinatensysteme. Die Zeitpunkte, in denen die Sonne den Frühlingspunkt passiert, werden als *Äquinoktien* bezeichnet.

Die Rotationsachse der Erde führt eine langsame Präzessionsbewegung aus, die dazu führt, dass sich der Frühlingspunkt verschiebt. Die Zeitspanne, die die Sonne benötigt, um zu einem unendlich weit entfernten und „unbeweglichen“ Fixstern zurückzukehren, wird als *siderisches Jahr* bezeichnet und beträgt im Mittel 365,256363 Tage. Die Zeitspanne, die die Sonne nach dem Passieren des Frühlingspunkts benötigt, um wieder zu einem Frühlingspunkt zu kommen, wird als das *tropische Jahr* bezeichnet. Das tropische Jahr ist um etwa 20 min kürzer als das siderische Jahr und beträgt zurzeit etwa 365,242190 Tage.

Die Ellipse der Erdbahn verändert langsam ihre Ausrichtung in Bezug auf Fixsterne. Die Umlaufdauer, die die Erde benötigt, um nach einem Periheldurchgang erneut zu einem Perihel zu kommen beträgt derzeit etwa 365,259636 Tage (siehe (Erdbahn - Wikipedia 2020)). Diese Zeitspanne wird als *anomalistisches Jahr* bezeichnet.

5.2 Fläche eines Ellipsensektors

Die Verbindungslinie zwischen der Erde und der Sonne überstreicht nach dem zweiten Keplerschen Gesetz in jeder Sekunde dieselbe Fläche. Um die Bewegung der Erde auf der Umlaufbahn berechnen zu können, wird im Folgenden die Flächenberechnung für einen Ellipsensektor betrachtet.

Eine Ellipse ist die Menge aller Punkte einer Ebene, für die die Summe der Abstände zu zwei gegebenen Punkten F_1 und F_2 gleich einer gegebenen Konstante ist (Abb. 5.2). Die Punkte F_1 und F_2 werden als Brennpunkte bezeichnet.

Betrachten wir eine Ellipse, deren Brennpunkt F_1 den Ursprung eines kartesischen Koordinatensystems (F_1, x, y) bildet. Dieser Brennpunkt entspricht der Sonne. Der zweite Brennpunkt F_2 liegt auf der x-Achse im Punkt $(2ea, 0)$. Die Summe der Abstände zwischen einem beliebigen Punkt der Ellipse und den Punkten F_1 und F_2 beträgt 2a. Die Entfernung a wird als die Länge der großen Halbachse bezeichnet. Die dimensionslose Zahl e mit $0 \leq e \leq 1$ ist die Exzentrizität der Ellipse. Für alle Punkte dieser Ellipse gilt:

$$\sqrt{(x - 2ea)^2 + y^2} + \sqrt{x^2 + y^2} = 2a. \tag{5.1}$$

Nun wird in der gleichen Ebene ein Polarkoordinatensystem (F_1, ρ, φ) definiert. Die Koordinate ρ gibt die Entfernung eines Punktes von dem Brennpunkt F_1 an. Die Koordinate φ entspricht dem Winkel zwischen der Achse F_1x und einem von dem Brennpunkt F_1 zum Punkt (ρ, φ) zeigenden Vektor. Die Winkelkoordinate φ wird im mathematisch positiven Sinn von x über y gemessen. Ein Punkt (x, y) kann als

$$x = \rho \cdot \cos(\varphi), \quad y = \rho \cdot \sin(\varphi) \tag{5.2}$$

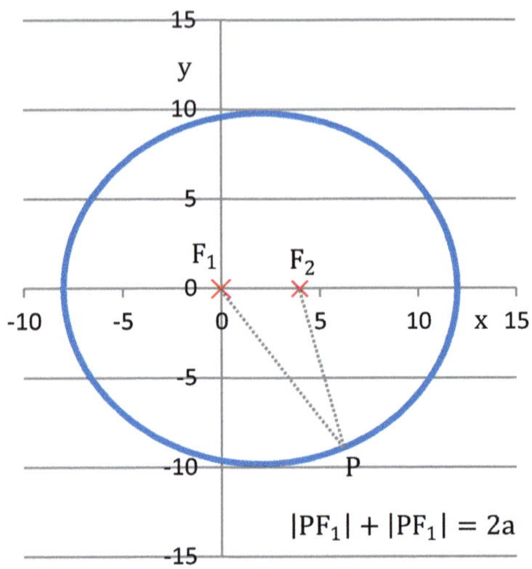

Abb. 5.2 Ellipse mit Brennpunkten F_1 (0,0) und F_2 (4,0)

beschrieben werden. Die Ellipsengleichung entspricht im Polarkoordinatensystem

$$\sqrt{(\rho \cdot \cos(\varphi) - 2ea)^2 + \rho^2 \cdot \sin^2(\varphi)} + \sqrt{\rho^2 \cdot \cos^2(\varphi) + \rho^2 \cdot \sin^2(\varphi)} = 2a. \quad (5.3)$$

Diese Gleichung ist äquivalent zu:

$$\sqrt{(\rho \cdot \cos(\varphi) - 2ea)^2 + \rho^2 \cdot \sin^2(\varphi)} + \rho = 2a,$$

$$(\rho \cdot \cos(\varphi) - 2ea)^2 + \rho^2 \cdot \sin^2(\varphi) = (2a - \rho)^2,$$

$$\rho^2 \cdot \left(\cos^2(\varphi) + \sin^2(\varphi)\right) - 4ea\rho \cdot \cos(\varphi) + 4e^2a^2 = 4a^2 - 4a\rho + \rho^2,$$

$$4a\rho - 4ea\rho \cdot \cos(\varphi) = 4a^2 - 4e^2a^2,$$

$$\rho \cdot (1 - e \cdot \cos(\varphi)) = a \cdot \left(1 - e^2\right).$$

Somit lässt sich die Ellipsengleichung im Polarkoordinatensystem als

$$\rho(\varphi) = \frac{a \cdot \left(1 - e^2\right)}{1 - e \cdot \cos(\varphi)} \quad (5.4)$$

ausdrücken. Der Punkt mit der größten Entfernung von der Sonne (Aphel) ist

$$\varphi = 0, \quad \rho(0) = \frac{a \cdot \left(1 - e^2\right)}{1 - e \cdot \cos(0)} = a \cdot (1 + e). \quad (5.5)$$

Der Punkt mit der kleinsten Entfernung von der Sonne (Perihel) ist

$$\varphi = \pi, \quad \rho(\pi) = \frac{a \cdot \left(1 - e^2\right)}{1 - e \cdot \cos(\pi)} = a \cdot (1 - e). \quad (5.6)$$

Die Fläche, die die Verbindungslinie zwischen der Erde und der Sonne überstreicht, wenn die Erde sich vom Aphel zu einem Punkt $(\rho(\varphi^*), \varphi^*)$ bewegt, entspricht der Fläche des Ellipsensektors zwischen der Kurve $\rho = \rho(\varphi)$ und den Geraden $\varphi = 0$ und $\varphi = \varphi^*$ (Abb. 5.3).

Wird dieser Ellipsensektor in viele kleine Sektoren unterteilt (Abb. 5.4), so kann die Fläche eines Sektors

$$0 \leq \rho \leq \rho(\varphi), \quad \varphi_i \leq \varphi \leq \varphi_{i+1} \quad (5.7)$$

mit der Fläche eines Kreissektors angenähert werden. Dieser Kreissektor hat einen Radius

$$R_i = \rho(\varphi_i) \quad (5.8)$$

und eine Winkelbreite

$$\Delta\varphi_i = \varphi_{i+1} - \varphi_i. \quad (5.9)$$

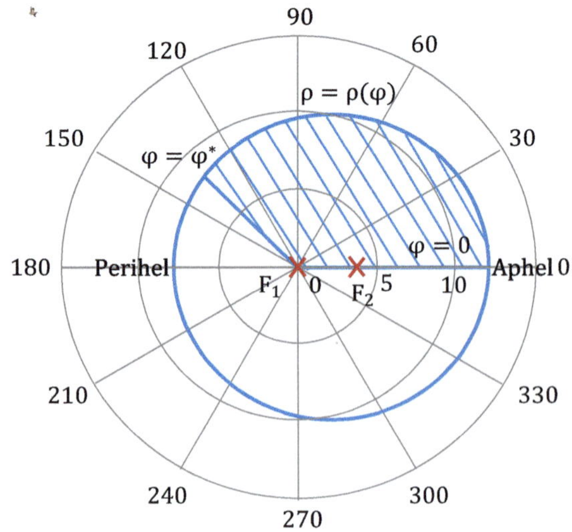

Abb. 5.3 Ellipsensektor im Polarkoordinatensystem

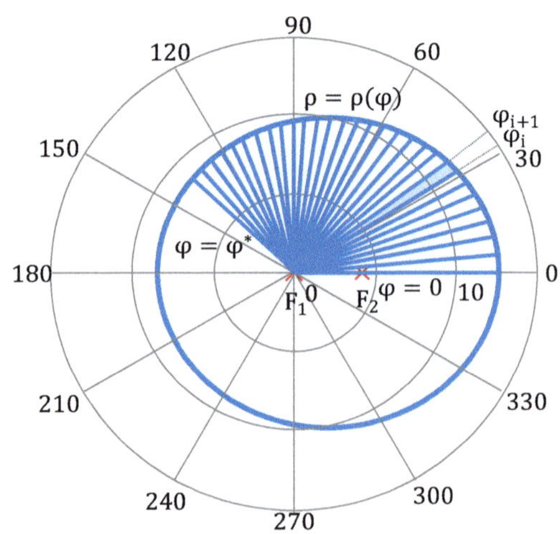

Abb. 5.4 Unterteilen des Ellipsensektors in kleine Sektoren

Die Fläche dieses Kreissektors kann als Bruchteil einer Kreisfläche πR_i^2 berechnet werden

$$S_i = \pi R_i^2 \cdot \frac{\Delta\varphi_i}{2\pi} = \frac{1}{2} R_i^2 \cdot \Delta\varphi_i = \frac{1}{2}\rho^2(\varphi_i) \cdot \Delta\varphi_i. \tag{5.10}$$

Somit lässt sich die Fläche des Ellipsensektors als eine Summe

$$S = \frac{1}{2} \sum_{i} \rho^2(\varphi_i) \cdot \Delta\varphi_i \tag{5.11}$$

ausdrücken. Lässt man nun die Breite des größten Sektors gegen Null streben

$$\max \cdot \varphi_i \to 0,$$

wird diese Summe zum Integral

$$S(\varphi^*) = \frac{1}{2} \int_0^{\varphi^*} \rho^2(\varphi) d\varphi = \frac{1}{2} \int_0^{\varphi^*} \left(\frac{a \cdot (1 - e^2)}{1 - e \cdot \cos(\varphi)} \right)^2 d\varphi. \tag{5.12}$$

5.2.1 Berechnen des Integrals für die Fläche eines Ellipsensektors

Um das Integral (5.12) zu berechnen, wird die universelle trigonometrische Substitution verwendet:

$$\alpha = \tan \frac{\varphi}{2}, \quad d\varphi = \frac{2}{1 + \alpha^2} d\alpha. \tag{5.13}$$

Der Kosinus des Winkels φ wird mit

$$\cos \varphi = \cos \frac{\varphi}{2} \cdot \cos \frac{\varphi}{2} - \sin \frac{\varphi}{2} \cdot \sin \frac{\varphi}{2} = \frac{\cos^2 \frac{\varphi}{2} - \sin^2 \frac{\varphi}{2}}{\cos^2 \frac{\varphi}{2} + \sin^2 \frac{\varphi}{2}} = \frac{1 - \tan^2 \frac{\varphi}{2}}{1 + \tan^2 \frac{\varphi}{2}} = \frac{1 - \alpha^2}{1 + \alpha^2} \tag{5.14}$$

ersetzt. Das Ergebnis dieser Substitution ist ein äquivalentes Integral einer gebrochen rationalen Funktion

$$\begin{aligned} S(\varphi^*) &= \frac{1}{2} \int_0^{\tan \frac{(\varphi^*)}{2}} \left(\frac{a \cdot (1 - e^2)}{1 - e \cdot \frac{1-\alpha^2}{1+\alpha^2}} \right)^2 \frac{2}{1 + \alpha^2} d\alpha \\ &= \int_0^{\tan \frac{\varphi^*}{2}} \frac{a^2 \cdot (1 - e^2)^2 \cdot (1 + \alpha^2)}{(1 + \alpha^2 - e \cdot (1 - \alpha^2))^2} d\alpha \\ &= \int_0^{\tan \frac{\varphi^*}{2}} \frac{a^2 \cdot (1 - e)^2 \cdot (1 + e)^2 \cdot (1 + \alpha^2)}{(1 - e + (1 + e)\alpha^2)^2} d\alpha \\ &= \int_0^{\tan \frac{\varphi^*}{2}} \frac{a^2 \cdot (1 - e)^2 \cdot (1 + \alpha^2)}{\left(\frac{1-e}{1+e} + \alpha^2\right)^2} d\alpha. \end{aligned} \tag{5.15}$$

Zum Lösen dieses Integrals wird eine Partialbruchzerlegung des Integranden ausgeführt. Der Bruch $\frac{1+\alpha^2}{\left(\frac{1-e}{1+e}+\alpha^2\right)^2}$ wird hierzu als Summe einfacher Brüche

$$\frac{1+\alpha^2}{\left(\frac{1-e}{1+e}+\alpha^2\right)^2}=\frac{A_1}{\left(\frac{1-e}{1+e}+\alpha^2\right)^2}+\frac{A_2}{\left(\frac{1-e}{1+e}+\alpha^2\right)} \tag{5.16}$$

mit unbekannten Koeffizienten A_1 und A_2 dargestellt. Um die Werte der Koeffizienten A_1 und A_2 zu bestimmen, werden die rechte und die linke Seite der Gleichung (5.16) mit $\left(\frac{1-e}{1+e}+\alpha^2\right)^2$ multipliziert, so dass sich eine äquivalente Gleichung

$$1+\alpha^2=A_1+A_2\cdot\left(\frac{1-e}{1+e}+\alpha^2\right) \tag{5.17}$$

ergibt. Diese Gleichung ist erfüllt, wenn die Koeffizienten A_1 und A_2 die Bedingungen

$$1=A_1+A_2\cdot\frac{1-e}{1+e},\quad \alpha^2=A_2\cdot\alpha^2 \tag{5.18}$$

erfüllen. Die Werte, die diese Bedingungen erfüllen, sind:

$$A_2=1,\ A_1=1-\frac{1-e}{1+e}=\frac{2e}{1+e}.$$

Das Einsetzen der Partialbruchzerlegung (5.16) in das Integral (5.15) ergibt:

$$\begin{aligned} S(\varphi^*) &= \int_0^{\tan\frac{\varphi^*}{2}} \frac{a^2\cdot(1-e)^2\cdot\left(1+\alpha^2\right)}{\left(\frac{1-e}{1+e}+\alpha^2\right)^2}d\alpha \\ &= \int_0^{\tan\frac{\varphi^*}{2}} \frac{a^2\cdot(1-e)^2\cdot 2e}{(1+e)\cdot\left(\frac{1-e}{1+e}+\alpha^2\right)^2}d\alpha+\int_0^{\tan\frac{\varphi^*}{2}}\frac{a^2\cdot(1-e)^2}{\left(\frac{1-e}{1+e}+\alpha^2\right)}d\alpha. \end{aligned} \tag{5.19}$$

Das erste Integral in der Summe (5.19) kann nach (Bronstein et al. 1997) mit Hilfe der Rekursionsformel

$$\begin{aligned} &\int\frac{d\alpha}{\left(\alpha^2+r_1\cdot\alpha+r_0\right)^k} \\ &\quad=\frac{(\alpha+r_1/2)}{2(k-1)\left(r_0-r_1^2/4\right)\left(\alpha^2+r_1\cdot\alpha+r_0\right)^{k-1}} \\ &\quad+\frac{2k-3}{2(k-1)\left(r_0-r_1^2/4\right)}\int\frac{d\alpha}{\left(\alpha^2+r_1\cdot\alpha+r_0\right)^{k-1}} \end{aligned} \tag{5.20}$$

berechnet werden:

$$\int_0^{\tan\frac{\varphi^*}{2}} \frac{a^2\cdot(1-e)^2\cdot 2e}{(1+e)\cdot\left(\frac{1-e}{1+e}+\alpha^2\right)^2}d\alpha$$

$$= \left[a^2\cdot(1-e)\cdot e\cdot\frac{\alpha}{\frac{1-e}{1+e}+\alpha^2}\right]_0^{\tan\frac{\varphi^*}{2}} + a^2\cdot(1-e)\cdot e\cdot\int_0^{\tan\frac{\varphi^*}{2}}\frac{d\alpha}{\frac{1-e}{1+e}+\alpha^2}. \tag{5.21}$$

Somit ist:

$$\begin{aligned}S(\varphi^*) &= \left[a^2\cdot(1-e)\cdot e\cdot\frac{\alpha}{\frac{1-e}{1+e}+\alpha^2}\right]_0^{\tan\frac{\varphi^*}{2}} + a^2\cdot(1-e)\cdot(1-e+e)\quad\cdot\int_0^{\tan\frac{\varphi^*}{2}}\frac{d\alpha}{\frac{1-e}{1+e}+\alpha^2}\\ &= a^2\cdot(1-e)\cdot e\cdot\frac{\tan\frac{\varphi^*}{2}}{\frac{1-e}{1+e}+\tan^2\frac{\varphi^*}{2}} + a^2\cdot(1-e)\\ &\quad\cdot\left[\sqrt{\frac{1+e}{1-e}}\cdot\arctan\left(\sqrt{\frac{1+e}{1-e}}\cdot\alpha\right)\right]_0^{\tan\frac{\varphi^*}{2}}\\ &= a^2\cdot(1-e)\cdot e\cdot\frac{(1+e)\cdot\tan\frac{\varphi^*}{2}}{1-e+(1+e)\cdot\tan^2\frac{\varphi^*}{2}} + a^2\cdot\sqrt{(1-e)\cdot(1+e)}\\ &\quad\cdot\arctan\left(\sqrt{\frac{1+e}{1-e}}\cdot\tan\frac{\varphi^*}{2}\right).\end{aligned} \tag{5.22}$$

Eine trigonometrische Umformung dieses Integrals

$$S(\varphi^*) = \frac{a^2\cdot\left(1-e^2\right)\cdot e\cdot\sin\frac{\varphi^*}{2}\cos\frac{\varphi^*}{2}}{(1-e)\cdot\cos^2\frac{\varphi^*}{2}+(1+e)\cdot\sin^2\frac{\varphi^*}{2}} + a^2\cdot\sqrt{1-e^2}\cdot\arctan\left(\sqrt{\frac{1+e}{1-e}}\cdot\tan\frac{\varphi^*}{2}\right) \tag{5.23}$$

ergibt eine einfache analytische Formel für die Fläche eines Ellipsensektors:

$$S(\varphi^*) = a^2\cdot\sqrt{1-e^2}\cdot\left(\arctan\left(\sqrt{\frac{1+e}{1-e}}\cdot\tan\frac{\varphi^*}{2}\right)+\frac{e\cdot\sqrt{1-e^2}\cdot\sin\varphi^*}{2(1-e\cos\varphi^*)}\right). \tag{5.24}$$

5.2.2 Nutzen der Formel für astronomische Berechnungen

Die Formel (5.24) berechnet die Fläche eines Ellipsensektors. Wird in dieser Formel für die Länge der großen Halbachse der Erdbahn $a = 149598022,96$ (km) und für e die Exzentrizität der Erdbahn $e = 0,0167086342$ eingesetzt, so liefert $S(\varphi^*)$ für jeden Winkel

$$0 \leq \varphi^* \leq \pi$$

die Fläche, die die Strecke Erde-Sonne überstreicht, wenn sich die Erde vom Aphel aus um φ^* Radiant bewegt. Für negative Winkel

$$-\pi \leq \varphi^* < 0$$

liefert $-S(\varphi^*)$ die Fläche, die die Strecke Erde-Sonne überstreicht, wenn sich die Erde um φ^* Radiant bewegt, um zum Aphel zu kommen.

Weil die Strecke Erde-Sonne nach dem zweiten Keplerschen Gesetz in gleichen Zeiteinheiten gleiche Fläche überstreicht, ist es mit der Formel (5.24) sehr leicht zu ermitteln, wie viel Zeit die Erde braucht, um von einem Punkt ihrer Bahn zu einem anderen Punkt zu kommen.

5.3 Position der Erde auf der Erdbahn

Um den Punkt der Erdbahn zu bestimmen, in dem sich die Erde zu einem gegebenen Zeitpunkt befindet, muss ihre Position zu einem anderen nicht allzu weit entfernten Zeitpunkt bekannt sein.

Als Startpunkt für die Berechnung der Erdposition wird der Zeitpunkt eines bestimmten Frühlingsäquinoktiums t_{Fr} verwendet. *Äquinoktien* sind die beiden Tage eines Jahres, an denen der Tag und die Nacht etwa gleich lang sind. Das *Frühlingsäquinoktium* ist der exakte Zeitpunkt des Frühlingsanfangs. Die Sonne hat zu diesem Zeitpunkt eine ekliptikale Länge von 0°. Sie befindet sich im *Frühlingspunkt.* Von der Sonne aus gesehen hat die Erde zu diesem Zeitpunkt die ekliptikale Länge von 180°. Sie steht im *Herbstpunkt.* Im Jahr 2021 war das Frühlingsäquinoktium am 20 März um 9:37 Uhr UTC.

Um die Position der Erde auf der Erdbahn zu berechnen, wird ein an die Erdbahn gebundenes Polarkoordinatensystem (H, ρ, φ) verwendet. Der Ursprung dieses Koordinatensystems liegt im Zentrum der Sonne, im Punkt H. Die Winkelkoordinate φ wird vom Aphel der Erdbahn in diejenige Richtung gerechnet, in die sich die Erde auf der Erdbahn bewegt.

Bezeichne $\phi_{Aphel}(t)$ die ekliptikale Länge des Aphels zum Zeitpunkt t. Weil sich der Frühlingspunkt und das Aphel langsam verschieben, ist $\phi_{Aphel}(t)$ eine veränderliche Größe. Laut (Erdbahn - Wikipedia 2020) kann die ekliptikale Länge des Aphels für die nächsten 6000 Jahren als

$$\phi_{Aphel}(t) = (180 + 102{,}94 + 1{,}7192 \cdot T_{2000}(t)) \cdot \pi/180 \tag{5.25}$$

berechnet werden. Die Funktion $T_{2000} : Zeit \rightarrow \mathbb{R}$ gibt für den Zeitpunkt t die Anzahl Julianischer Jahrhunderte an, die seit dem 1. Januar 2000, 12:00 Uhr terrestrischer Zeit vergangen sind. Für eine Julianische Tageszahl JD ist:

$$T_{2000}(JD) = \frac{JD - 2451545{,}0}{36525}. \tag{5.26}$$

Bezeichne $(\rho_{Erde}(t), \varphi_{Erde}(t))$ die Position der Erde im Polarkoordinatensystem (H, ρ, φ) zum Zeitpunkt t. Der Winkel $\varphi_{Erde}(t)$ kann für jeden Zeitpunkt t als Differenz zwischen der ekliptikalen Länge der Erde und der ekliptikalen Länge des Aphels berechnet werden.

Zum Zeitpunkt des Frühlingsäquinoktiums t_{Fr} befand sich die Erde im Herbstpunkt. Ihre ekliptikale Länge betrug π Radiant. Die ekliptikale Länge des Aphels war gleich $\phi_{Aphel}(t_{Fr})$. Demzufolge befand sich die Erde zum Zeitpunkt des Frühlingsäquinoktiums t_{Fr} in dem Punkt $(\rho_{Erde}(t_{Fr}), \varphi_{Erde}(t_{Fr}))$ mit

$$\varphi_{Erde}(t_{Fr}) = \pi - \phi_{Aphel}(t_{Fr}). \tag{5.27}$$

Um die Position der Erde zum Zeitpunkt t zu berechnen, wird zunächst die Fläche der halben Erdbahn-Ellipse bestimmt. Diese Fläche kann mit der Formel (5.24) berechnet werden und beträgt $S(\pi)$. Der Winkel $\varphi_{Erde}(t_{Fr})$ wird verwendet, um die Fläche

$$A_{Fr} = S(\pi) + S(\varphi_{Erde}(t_{Fr})) \tag{5.28}$$

zu berechnen, die von der Strecke Erde-Sonne überstrichen wurde, als die Erde sich vom Perihel zum Frühlingsäquinoktium t_{Fr} bewegte. In der Abb. 5.5 ist die Fläche A_{Fr} dunkel dargestellt. Sie berechnet sich aus der Fläche der halben Bahnellipse $S(\pi)$ und der Fläche $-S(\varphi_{Erde}(t_{Fr}))$, die von der Strecke Erde-Sonne in der Zeit zwischen dem Frühlingsäqui-

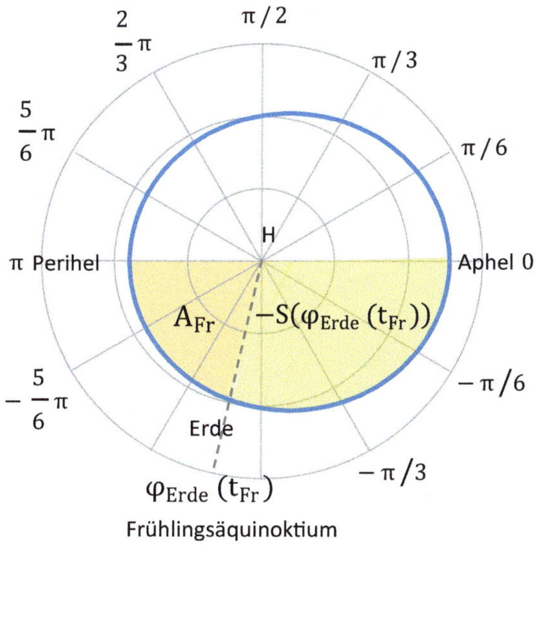

Abb. 5.5 Position der Erde zum Zeitpunkt des Frühlingsäquinoktium t_{Fr}. Die Strecke Erde-Sonne überstreicht zwischen dem Frühlingsäquinoktium t_{Fr} und Apheldurchgang die Fläche $-S(\varphi_{Erde}(t_{Fr}))$. Die Fläche A_{Fr} kann als Differenz zwischen der Fläche einer halben Erdbahn-Ellipse und der Fläche $-S(\varphi_{Erde}(t_{Fr}))$ bestimmt werden

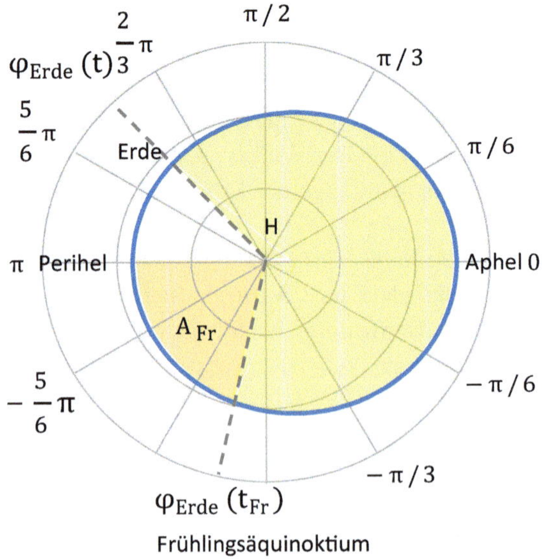

Abb. 5.6 Die Erde befindet sich auf dem Weg vom Frühlingsäquinoktium zum Perihel

noktium t_{Fr} und dem nachfolgenden Aphel überstrichen wird (hell schattierte Fläche in der Abb. 5.5).

Die Fläche der Bahnellipse wird durch die Dauer des mittleren anomalistischen Jahres

$$P_a = 365{,}259636 \cdot 24 \cdot 60 \cdot 60(\mathrm{s}) \tag{5.29}$$

geteilt, um die Fläche A_{sec} zu bestimmen, die die Strecke Erde-Sonne in einer Sekunde überstreicht:

$$A_{sec} = 2 \cdot \frac{S(\pi)}{P_a}. \tag{5.30}$$

Die Fläche, die die Strecke Erde-Sonne zwischen dem Frühlingsäquinoktium t_{Fr} und dem Zeitpunkt t überstreicht, ist in der Abb. 5.6 mit einer hellen Schattierung dargestellt. Sie ist gleich

$$(t - t_{Fr})A_{sec}.$$

Die Anzahl der Periheldurchgänge, die im Zeitintervall $[t_{Fr}, t]$ erfolgen, kann als

$$n = \left\lfloor \frac{A_{Fr} + (t - t_{Fr}) \cdot A_{sec}}{2S(\pi)} \right\rfloor \tag{5.31}$$

berechnet werden.

Um die Richtung zu bestimmen, in der sich die Erde von der Sonne aus betrachtet zum Zeitpunkt t befindet, können zwei Fälle unterschieden werden:

Fall 1:

$$A_{Fr} + (t - t_{Fr})A_{sec} - 2n \cdot S(\pi) \geq A_{Fr}$$

Die Erde befindet sich zum Zeitpunkt t im Sektor $[\varphi_{\mathrm{Erde}}(\mathrm{t_{Fr}}), \pi]$, auf dem Weg vom Frühlingsäquinoktium zum Perihel (Abb. 5.6). Die Fläche $(t - t_{Fr})A_{sec}$, die die Strecke Erde-Sonne im Zeitintervall $[t_{Fr}, t]$ überstreicht, setzt sich zusammen aus:

- der Fläche $2n \cdot S(\pi)$, die in n vollen Bahnumrundungen überstrichen wird, während die Erde n Mal zu ihrer Position am Frühlingsäquinoktium zurückkehrt;
- der Fläche $S(\varphi_{\mathrm{Erde}}(\mathrm{t})) - S(\varphi_{\mathrm{Erde}}(\mathrm{t_{Fr}}))$, die in der letzten (nicht vollen) Runde auf dem Weg von der Position der Erde am Frühlingsäquinoktium zu ihrer Position zum Zeitpunkt t überstrichen wird.

Die Position der Erde zum Zeitpunkt t kann aus der Flächengleichung

$$(t - t_{Fr})A_{sec} = 2n \cdot S(\pi) + S(\varphi_{\mathrm{Erde}}(\mathrm{t})) - S(\varphi_{\mathrm{Erde}}(\mathrm{t_{Fr}})) \tag{5.32}$$

ermittelt werden. Diese Flächengleichung ist erfüllt, wenn

$$S(\varphi_{\mathrm{Erde}}(\mathrm{t})) = (t - t_{Fr})A_{sec} + S(\varphi_{\mathrm{Erde}}(\mathrm{t_{Fr}})) - 2n \cdot S(\pi) \tag{5.33}$$

ist.

Fall 2:

$$A_{Fr} + (t - t_{Fr})S_{sec} - 2n \cdot S(\pi) \leq A_{Fr}.$$

Die Erde befindet sich zum Zeitpunkt t im Sektor $[-\pi, \varphi_{\mathrm{Erde}}(\mathrm{t_{Fr}})]$, auf dem Weg vom Perihel zum Frühlingsäquinoktium. Die Fläche $(t - t_{Fr})A_{sec}$, die die Strecke Erde-Sonne im Zeitintervall $[t_{Fr}, t]$ überstreicht, setzt sich zusammen aus:

- der Fläche $S(\pi) - S(\varphi_{\mathrm{Erde}}(\mathrm{t_{Fr}}))$, die in der ersten Runde auf dem Weg vom Frühlingsäquinoktium zum Perihel überstrichen wird;
- der Fläche $2(n-1) \cdot S(\pi)$, die in $n - 1$ vollen Bahnumrundungen überstrichen wird, während die Erde $n - 1$ Mal zu ihrer Position am Perihel zurückkehrt;
- der Fläche $S(\varphi_{\mathrm{Erde}}(\mathrm{t})) - S(-\pi)$, die in der letzten (nicht vollen) Runde auf dem Weg vom Perihel zur Position der Erde zum Zeitpunkt t überstrichen wird.

Die Position der Erde zum Zeitpunkt t kann aus der Flächengleichung

$$(t - t_{Fr})A_{sec} = S(\pi) - S(\varphi_{\mathrm{Erde}}(\mathrm{t_{Fr}})) + 2(n-1) \cdot S(\pi) + S(\varphi_{\mathrm{Erde}}(\mathrm{t})) - S(-\pi) \tag{5.34}$$

ermittelt werden. Diese Flächengleichung ist erfüllt, wenn

$$S(\varphi_{\mathrm{Erde}}(\mathrm{t})) = (t - t_{Fr})A_{sec} + S(\varphi_{\mathrm{Erde}}(\mathrm{t_{Fr}})) - 2n \cdot S(\pi). \tag{5.35}$$

In beiden Fällen gilt: Die Koordinate $\varphi_{Erde}(t)$ der Erde zum Zeitpunkt t erfüllt die Gleichung

$$S(\varphi_{Erde}(t)) = (t - t_{Fr})A_{sec} + S(\varphi_{\mathrm{Erde}}(\mathrm{t_{Fr}})) - 2n \cdot S(\pi) \tag{5.36}$$

für

$$n = \lfloor \frac{S(\pi) + S(\varphi_{Erde}(t_{Fr})) + (t - t_{Fr}) \cdot A_{sec}}{2S(\pi)} \rfloor. \tag{5.37}$$

Der Winkel $\varphi_{Erde}(t)$, der diese Gleichung erfüllt, kann (näherungsweise) mit Hilfe eines Iterationsverfahrens berechnet werden.

Das Verfahren kann mit einem beliebigen Winkel φ_0 mit $-\pi \leq \varphi_0 \leq \pi$ gestartet werden. In jeder Iteration wird für den aktuellen Wert des Winkels φ_i die Fläche $S(\varphi_i)$ berechnet. Diese Fläche wird mit dem Zielwert

$$\mathrm{S}^* = (t - t_{Fr})A_{sec} + S(\varphi_{\mathrm{Erde}}(\mathrm{t_{Fr}})) - 2n \cdot S(\pi) \tag{5.38}$$

verglichen. Ist $\left|\mathrm{S}^* - S(\varphi_\mathrm{i})\right| \geq 60 \cdot 60 \cdot A_{sec}$, so wird die erste Ableitung von $S(\varphi)$ an der Stelle φ_i berechnet:

$$S'(\varphi_\mathrm{i}) = \frac{\mathrm{a}^2}{2} \cdot \frac{\left(1 - \mathrm{e}^2\right)^2}{(1 - \mathrm{e}\cos\varphi)^2} \tag{5.39}$$

und ein neuer Winkel

$$\varphi_{i+1} = \varphi_i + \left(\mathrm{S}^* - S(\varphi_i)\right)/S'(\varphi_i) \tag{5.40}$$

wird gewählt[1].

Ist $\left|\mathrm{S}^* - S(\varphi_\mathrm{i})\right| < 60 \cdot 60 \cdot A_{sec}$, so ist

$$\varphi_{Erde}(t) \approx \varphi_i$$

eine hinreichend genaue Näherung der Richtung, in der sich die Erde zum Zeitpunkt t befinden wird. Die Entfernung der Erde von der Sonne zum Zeitpunkt t kann mit

$$\rho_{\mathrm{Erde}}(\mathrm{t}) = \frac{\mathrm{a} \cdot \left(1 - \mathrm{e}^2\right)}{1 - \mathrm{e} \cdot \cos\left(\varphi_{Erde}(\mathrm{t})\right)} \tag{5.41}$$

abgeschätzt werden.

[1] Die beschriebene Methode ist als das Newtonsche Iterationsverfahren bekannt (Selder 1973).

5.4 Sonnenstandsberechnung

Die berechnete Position der Erde auf der Erdbahn, wird benutzt, um für einen beliebigen Ort der Erde die Position der Sonne auf der Himmelsphäre zu bestimmen. Hierfür können Koordinatentransformationen verwendet werden, die in der Computergraphik zum Abbilden dreidimensionaler Räume eingesetzt werden (Foley et al. 1990).

Es werden mehrere Koordinatensysteme definiert. Das Koordinatensystem $\left(\mathrm{E}, \mathrm{x}^{\mathrm{B}}, \mathrm{y}^{\mathrm{B}}, \mathrm{z}^{\mathrm{B}}\right)$ ist ein an die Erdbahn gebundenes rechtwinkliges Koordinatensystem. Der Ursprung dieses Koordinatensystems befindet sich im Erdmittelpunkt E. Die Achsen $E\mathrm{x}^{\mathrm{B}}$ und $E\mathrm{y}^{\mathrm{B}}$ bilden die Ebene der Erdbahn. Die Achse $E\mathrm{x}^{\mathrm{B}}$ zeigt in die gleiche Richtung wie der Strahl, der von dem Aphel der Erdbahn zur Sonne geht. Die Achse $E\mathrm{z}^{\mathrm{B}}$ steht senkrecht zu der Ebene der Erdbahn und ist so ausgerichtet, dass die Bewegung der Erde um die Sonne von der Spitze des $E\mathrm{z}^{\mathrm{B}}$-Pfeils betrachtet gegen den Uhrzeigersinn erfolgt.

Die Position der Sonne in diesem Koordinatensystem kann aus den nach Abschn. 5.3 berechneten Koordinaten der Erde $(\rho_{\mathrm{Erde}}(\mathrm{t}), \varphi_{\mathrm{Erde}}(\mathrm{t}))$ im Polarkoordinatensystem (H, ρ, φ) bestimmt werden (Abb. 5.7):

$$\begin{cases} \mathrm{x}_{\odot}^{\mathrm{B}}(\mathrm{t}) = \rho_{\mathrm{Erde}}(\mathrm{t}) \cdot \cos\left(\varphi_{\mathrm{Erde}}(\mathrm{t})\right), \\ \mathrm{y}_{\odot}^{\mathrm{B}}(\mathrm{t}) = \rho_{\mathrm{Erde}}(\mathrm{t}) \cdot \sin\left(\varphi_{\mathrm{Erde}}(\mathrm{t})\right), \\ \mathrm{z}_{\odot}^{\mathrm{B}}(\mathrm{t}) = 0. \end{cases} \tag{5.42}$$

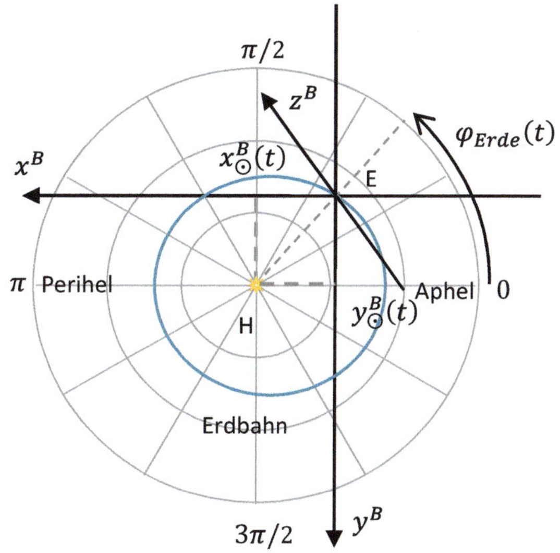

Abb. 5.7 Der Ursprung des Koordinatensystems $\left(E, x^B, y^B, z^B\right)$ liegt im Erdmittelpunkt. Die Ebene *Exy* bildet die Ekliptikebene. Die Achse *Ex* verläuft parallel zu der großen Achse der Erdbahnellipse. Das Polarkoordinatensystem (H, ρ, φ) bildet ebenfalls die Ekliptikebene ab. Der Ursprung diesesKoordinatensystem liegt im Mittelpunkt der Sonne. Die Richtung $\rho = 0$ zeigt die Position der Erde zum Zeitpunkt des Aphels.

Das zweite Koordinatensystem $\left(\mathrm{E}, \mathrm{x}^{\mathrm{F}}, \mathrm{y}^{\mathrm{F}}, \mathrm{z}^{\mathrm{F}}\right)$ ist an den Frühlingspunkt gebunden. Der Ursprung dieses Koordinatensystems befindet sich im Erdmittelpunkt E. Die Achsen $E\mathrm{x}^{\mathrm{F}}$ und $E\mathrm{y}^{\mathrm{F}}$ bilden die Ekliptikebene. Die Achse Ex^{F} zeigt zum Frühlingspunkt. Die Achse $E\mathrm{z}^{\mathrm{F}}$ ist senkrecht zur Ekliptikebene und zeigt ebenso wie die Achse $E\mathrm{z}^{\mathrm{B}}$ zur nördlichen Seite der Ekliptik.

Der Strahl, der vom Aphel der Erdbahn zur Sonne geht, zeigt in die Richtung mit der ekliptikalen Länge $\phi_{Aphel}(t) - \pi$ (Abschn. 5.3). Das heißt, dass die Achsen $E\mathrm{x}^{\mathrm{F}}$, Ey^{F} im Vergleich zu den Achsen $E\mathrm{x}^{\mathrm{B}}$, Ey^{B} um einen Winkel $\pi - \phi_{Aphel}(t)$ gedreht sind (Abb. 5.8). Die Sonne hat im Koordinatensystem $\left(\mathrm{E}, \mathrm{x}^{\mathrm{F}}, \mathrm{y}^{\mathrm{F}}, \mathrm{z}^{\mathrm{F}}\right)$ die Koordinaten

$$\begin{pmatrix} x_{\odot}^{F}(t) \\ y_{\odot}^{F}(t) \\ z_{\odot}^{F}(t) \end{pmatrix} = \begin{pmatrix} cos\left(\pi - \phi_{Aphel}(t)\right) & sin\left(\pi - \phi_{Aphel}(t)\right) & 0 \\ -sin\left(\pi - \phi_{Aphel}(t)\right) & cos\left(\pi - \phi_{Aphel}(t)\right) & 0 \\ 0 & 0 & 1 \end{pmatrix} \begin{pmatrix} x_{\odot}^{B}(t) \\ y_{\odot}^{B}(t) \\ z_{\odot}^{B}(t) \end{pmatrix}. \tag{5.43}$$

Das dritte Koordinatensystem $\left(\mathrm{E},\ \mathrm{x}^{\mathrm{N}}, \mathrm{y}^{\mathrm{N}}, \mathrm{z}^{\mathrm{N}}\right)$ ist an den Nordpol der Erde gebunden. Der Ursprung dieses Koordinatensystems befindet sich im Erdmittelpunkt. Die Achse $E\mathrm{z}^{\mathrm{N}}$ zeigt zum Nordpol. Die Achsen Ex^{N} und Ey^{N} bilden die Äquatorebene. Die Achse Ex^{N} zeigt zum Frühlingspunkt (Abb. 5.9).

Bezeichne ε die Schiefe der Ekliptik, $\varepsilon = 23{,}43661/180 \cdot \pi$. Von der Achse $E\mathrm{x}^{\mathrm{F}}$ betrachtet sind die Achsen $E\mathrm{y}^{\mathrm{N}}$, Ez^{N} gegenüber den Achsen $E\mathrm{y}^{\mathrm{F}}$, Ez^{F} um den Winkel ε gedreht (Abb. 5.9). Die Sonne hat im Koordinatensystem $\left(\mathrm{E}, \mathrm{x}^{\mathrm{N}}, \mathrm{y}^{\mathrm{N}}, \mathrm{z}^{\mathrm{N}}\right)$ die Koordinaten

$$\begin{pmatrix} x_{\odot}^{N}(t) \\ y_{\odot}^{N}(t) \\ z_{\odot}^{N}(t) \end{pmatrix} = \begin{pmatrix} 1 & 0 & 0 \\ 0 & cos(\varepsilon) & -sin(\varepsilon) \\ 0 & \sin(\varepsilon) & \cos(\varepsilon) \end{pmatrix} \begin{pmatrix} x_{\odot}^{F}(t) \\ y_{\odot}^{F}(t) \\ z_{\odot}^{F}(t) \end{pmatrix}. \tag{5.44}$$

Das vierte Koordinatensystem $\left(\mathrm{E}, x^{M}, y^{M}, z^{M}\right)$ ist an den Meridian eines Ortes O gebunden. Der Ursprung dieses Koordinatensystems befindet sich im Zentrum der Erde.

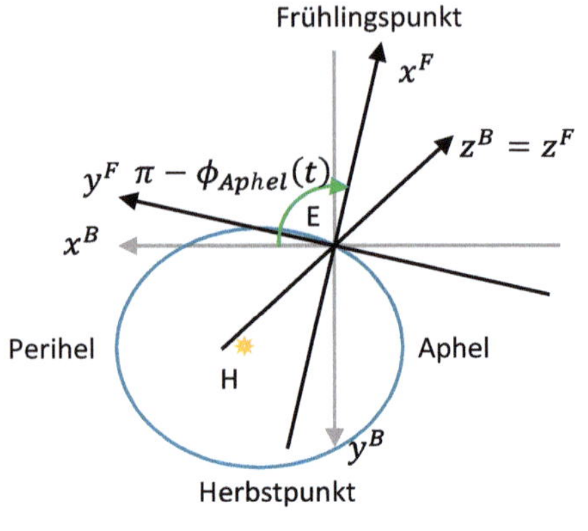

Abb. 5.8 Die Achse Ex^{B} des Koordinatensystems (E, x^{B}, y^{B}, z^{B}) verläuft parallel zur großen Achse der Bahnellipse (von Aphel zu Perihel). Die Achse Ex^{F} des Koordinatensystems (E, x^{F}, y^{F}, z^{F}) zeigt zum Frühlingspunkt. In beiden Koordinatensystemen bildet $Ex^{B}y^{B}$ bzw. $Ex^{F}y^{F}$ die Ekliptikebene. Die Achse Ez^{B} bzw. Ez^{F} zeigt zum Norden der Ekliptik.

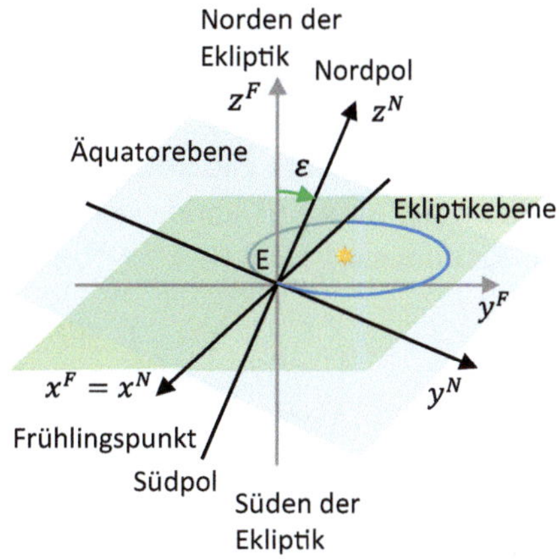

Abb. 5.9 Die Ebene Ex^Fy^F des Koordinatensystems (E, x^F, y^F, z^F) bildet die Ekliptikebene. Die Achse Ez^F zeigt zum Norden der Ekliptik. Das Koordinatensystem (E, x^N, y^N, z^N) ist an die Rotationsachse der Erde gebunden. Die Achse z^N zeigt zum Nordpol. Die Ebene Ex^Ny^N bildet die Äquatorebene. In beiden Koordinatensystemen zeigt die Achse Ex^F bzw. Ex^N zum Frühlingspunkt.

Die Achsen x^M und y^M bilden die Äquatorebene. Die Achse Ex^M zeigt in Richtung des Meridians, der durch diesen Ort verläuft. Die Achse Ez^M zeigt nach Norden.

Die Zeitspanne, die die Erde braucht, um nach einer Umdrehung wieder dieselbe Stellung bezüglich des Frühlingspunkts einzunehmen, wird als Sterntag bezeichnet. Ein Sterntag T_{Tag} beträgt 23 h 56 min und 4,0905 s. Sei L die Differenz zwischen der geographischen Länge des Ortes O und der geographischen Länge von Greenwich (Nullmeridian) ($0° \leq L \leq 180°$ für die östliche Länge, $-180 \leq L \leq 0°$ für die westliche Länge). Sei t^*_{Fr} der Zeitpunkt aus $[t_{Fr} - 12h, t_{Fr} + 12h)$, in dem es nach der Ortszeit von Greenwich (Nullmeridian) 12:00 Uhr war. Die Differenz L_{Fr} zwischen der geographische Länge des Ortes, an dem die Sonne zum Zeitpunkt des Frühlingsäquinoktiums t_{Fr} im Zenit stand, und der geographischen Länge von Greenwich, kann aus der Differenz der Zeitpunkte t^*_{Fr} und t_{Fr} berechnet werden:

$$L_{Fr} = 360 \cdot \frac{t^*_{Fr} - t_{Fr}}{T_{Tag}}. \tag{5.45}$$

Vom Mittelpunkt der Erde aus betrachtet war der Punkt, an dem der Meridian des Ortes O den Äquator kreuzt, zum Zeitpunkt des Frühlingsäquinoktiums t_{Fr} um den Winkel

$$L - L_{Fr}$$

vom Frühlingspunkt entfernt. Im Zeitintervall $[t_{Fr}, t]$ hat er sich um den Winkel

$$\frac{t - t_{Fr}}{T_{Tag}} \cdot 2\pi$$

gedreht. Zum Zeitpunkt t ist der Punkt, an dem der Meridian des Ortes O den Äquator kreuzt, um den Winkel

$$\delta(t,L) = \left(\frac{t - t_{Fr}}{T_{Tag}} + \frac{L - L_{Fr}}{360}\right) \cdot 2\pi = \left(\frac{t - t_{Fr}}{T_{Tag}} + \frac{L}{360} - \frac{t^*_{Fr} - t_{Fr}}{T_{Tag}}\right) \cdot 2\pi = \left(\frac{t - t^*_{Fr}}{T_{Tag}} + \frac{L}{360}\right) \cdot 2\pi \tag{5.46}$$

vom Frühlingspunkt entfernt. Das heißt, dass die Achsen Ex^M und Ey^M gegenüber den Achsen Ex^N und Ey^N um diesen Winkel $\delta(t,L)$ gedreht sind (Abb. 5.10). Die Sonne hat im Koordinatensystem $\left(\mathrm{E}, \mathrm{x}^{\mathrm{M}}, \mathrm{y}^{\mathrm{M}}, \mathrm{z}^{\mathrm{M}}\right)$ die Koordinaten

$$\begin{pmatrix} x^M_\odot(t) \\ y^M_\odot(t) \\ z^M_\odot(t) \end{pmatrix} = \begin{pmatrix} cos(\delta(t,L)) & sin(\delta(t,L)) & 0 \\ -sin(\delta(t,L)) & cos(\delta(t,L)) & 0 \\ 0 & 0 & 1 \end{pmatrix} \cdot \begin{pmatrix} x^N_\odot(t) \\ y^N_\odot(t) \\ z^N_\odot(t) \end{pmatrix} \tag{5.47}$$

Das fünfte Koordinatensystem $\left(\mathrm{E}, x^O, y^O, z^O\right)$ ist an einen geographischen Ort O gebunden. Der Ursprung dieses Koordinatensystems befindet sich im Erdmittelpunkt. Die Achse Ez^O geht durch den Ort O und zeigt an diesem Ort vertikal nach oben. Die Achse Ex^O bildet zusammen mit der Achse Ez^O die Ebene des durch diesen Ort verlaufenden Meridians. Die Achse Ey^O stimmt mit der Achse Ey^M überein.

Bezeichne β den Winkel zwischen der nach Norden zeigenden Normale der Äquatorebene und dem Vektor, der vom Mittelpunkt der Erde zum Ort O zeigt. Dieser Winkel kann aus der geographischen Breite des Ortes O berechnet werden. Für die nördliche Breite B ist $\beta = (90 - B)/180 \cdot \pi$, für die südliche Breite B ist $\beta = (90 + B)/180 \cdot \pi$.

Von der Achse Ey^M betrachtet sind die Achsen Ex^O, $\mathrm{E}z^O$ gegenüber den Achsen Ex^M ,Ez^{M} um einen Winkel β gedreht (Abb. 5.11). Die Sonne hat im Koordinatensystem $\left(\mathrm{x}^{\mathrm{O}}, \mathrm{y}^{\mathrm{O}}, \mathrm{z}^{\mathrm{O}}\right)$ die Koordinaten

$$\begin{pmatrix} x^O_\odot(t) \\ y^O_\odot(t) \\ z^O_\odot(t) \end{pmatrix} = \begin{pmatrix} cos(\beta) & 0 & -sin(\beta) \\ 0 & 1 & 0 \\ sin(\beta) & 0 & cos(\beta) \end{pmatrix} \cdot \begin{pmatrix} x^M_\odot(t) \\ y^M_\odot(t) \\ z^M_\odot(t) \end{pmatrix}. \tag{5.48}$$

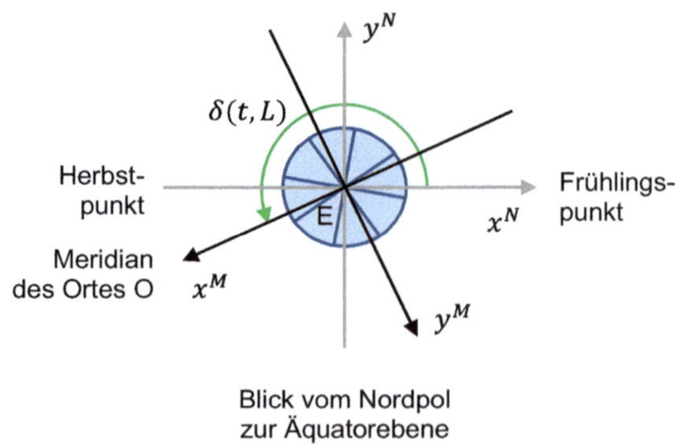

Abb. 5.10 Die Achse Ex^N des Koordinatensystems (E,x^N, y^N, z^N) zeigt zum Frühlingspunkt. Die Achse Ex^M des Koordinatensystems (E, x^M, y^M, z^M) zeigt zum Meridian des betrachteten Ortes. In beiden Koordinatensystemen geht die Achse Ez^N bzw. Ez^M zum Nordpol. Die Ebenen Ex^Ny^N und Ex^My^M entsprechen der Äquatorebene.

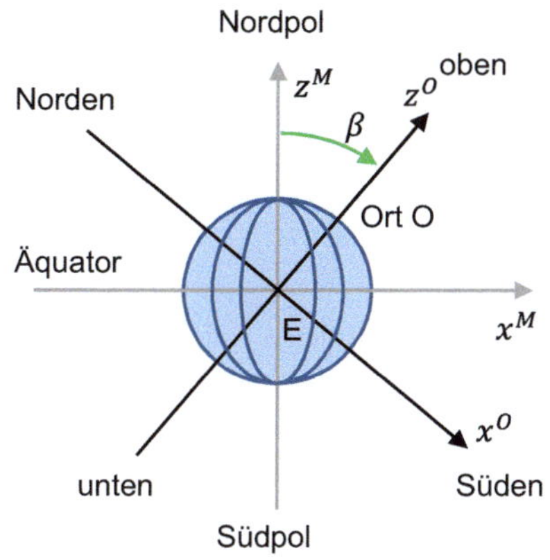

Abb. 5.11 Die Achse Ez^M des Koordinatensystems (E,x^M, y^M, z^M) zeigt zum Nordpol. Sie bildet zusammen mit der Achse Ex^M eine Meridianebene. Das Koordinatensystem (E,x^O, y^O, z^O) ist an das betrachtete Ort gebundet. Die Achse Ez^O zeigt in diesem Ort nach oben. Die Achsen Ez^O und Ex^O bilden die Meridianebene. Die Achsen Ey^M und Ey^O stimmen in beiden Koordinatensystemen überein.

Sei (O, ρ, α, ψ) ein an den Standort eines Beobachters gebundenes horizontales Koordinatensystem. Sein Pol befindet sich am Ort des Beobachters, im Punkt O. Der Strahl ρ zeigt auf der Nordhalbkugel horizontal in Richtung Norden und auf der Südhalbkugel horizontal in Richtung Süden. Die Koordinate ρ gibt die Entfernung an, die auf dem Strahl ρ zurückgelegt werden muss, um zu dem Punkt $(\rho, 0, 0)$ zu kommen. Die Koordinate α ist der Winkel, um den die Strecke, die den Pol mit dem Punkt $(\rho, 0, 0)$ verbindet, in der horizontalen Ebene gedreht werden muss, um von dem Punkt $(\rho, 0, 0)$ zum Punkt $(\rho, \alpha, 0)$ zu kommen. Der Winkel α wächst, wenn man sich auf der Nordhalbkugel von Norden nach Osten und auf der Südhalbkugel von Süden nach Osten dreht. Bewegt man sich von dem Punkt $(\rho, \alpha, 0)$ auf einer durch den Standpunkt verlaufenden Ebene um einen Winkel ψ in Richtung Zenit, erhält man den Punkt (ρ, α, ψ). Der Winkel α wird als Azimut bezeichnet. Der Winkel ψ ist die Elevation.

Die Sonne hat im Koordinatensystem (O, ρ, α, ψ) folgende Koordinaten:

$$\rho_\odot(t) = \sqrt{\left(x_\odot^O(t)\right)^2 + \left(y_\odot^O(t)\right)^2 + \left(z_\odot^O(t) - R\right)^2},$$

$$\alpha_\odot(t) = \begin{cases} \frac{\pi}{2} + arctan\frac{x_\odot^O(t)}{y_\odot^O(t)}, & falls\ y_\odot^O(\mathrm{t}) \geq 0 \text{ auf der Nordhalbkugel,} \\ \frac{3\pi}{2} + arctan\frac{x_\odot^O(t)}{y_\odot^O(t)}, & fallsy_\odot^O(t) < 0\ auf\ der\ Nordhalbkugel, \\ \frac{\pi}{2} - arctan\frac{x_\odot^O(t)}{y_\odot^O(t)}, & falls;\ y_\odot^O(t) \geq 0 \text{ auf der Südhalbkugel,} \\ \frac{3\pi}{2} - arctan\frac{x_\odot^O(t)}{y_\odot^O(t)}, & falls\ y_\odot^O(t) < 0\ auf\ der \text{ Südhalbkugel,} \end{cases}$$

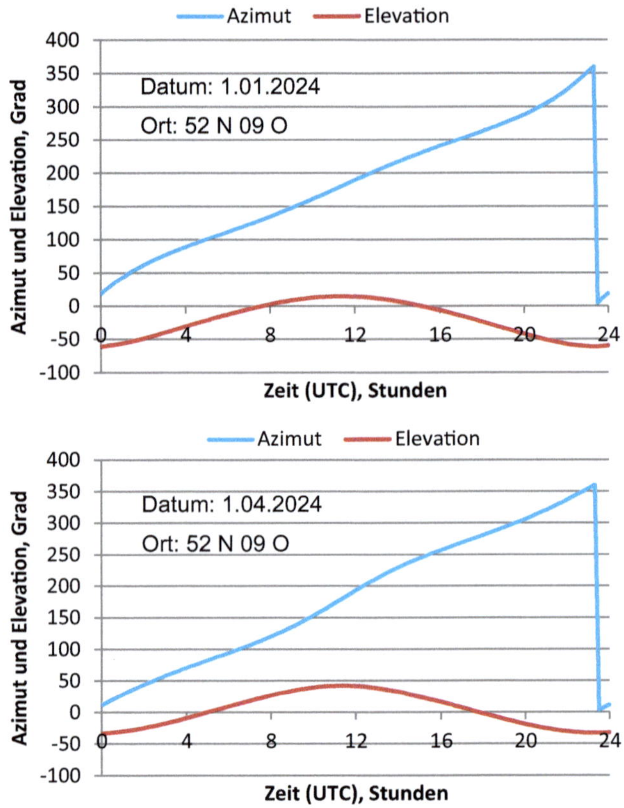

Abb. 5.12 Sonnenstand am Ort 52° nördlicher Breite 9° östlicher Länge. Oben: 1. Januar 2024, unten: 1. April 2024

$$\psi_{\odot}(t) = arcsin\frac{z_{\odot}^{O}(t) - R}{\rho_{\odot}(t)}.$$

Hier ist R der Abstand zwischen dem Mittelpunkt der Erde und dem Ort des Beobachters (ca. 6371 km).

Die Abb. 5.12 zeigt die berechneten Sonnenpositionen für einen Wintertag und einen Tag im Frühling. In der Abb. 5.13 sind Sonnenpositionen an einem Sommertag und an einem Herbsttag dargestellt. Die horizontale Achse gibt jeweils die Uhrzeit in UTC an.

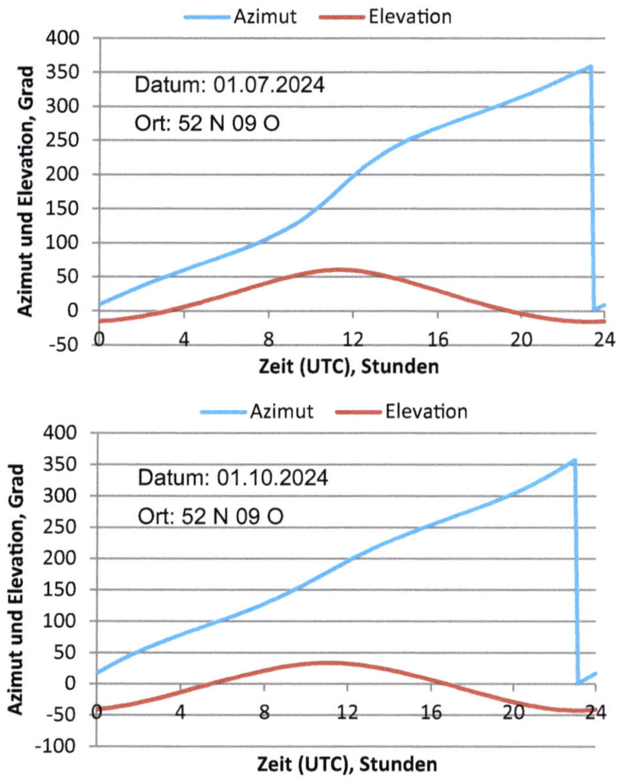

Abb. 5.13 Sonnenstand am Ort 52° nördlicher Breite 9° östlicher Länge. Oben: 1. Juni 2024, unten: 1. Oktober 2024

Literatur

Bronstein, Ilja N., Konstantin A. Semendjajew, Gerhard Musiol, und Heiner Mühlig. *Taschenbuch der Mathematik.* Frankfurt am Main: Verlag Harri Deutsch, 1997.

Erdbahn - Wikipedia. 2020. https://de.wikipedia.org/wiki/Erdbahn (Zugriff am 28. 07 2020).

Foley, James D., Andries van Dam, Steven K. Feiner, und John F. Hughes. *Computer Graphics: Principles and Practice.* USA: Addison-Wesley Publishing Company, Inc., 1990.

Guthmann, Andreas. *Einführung in die Himmelsmechanik und Ephemeridenrechnung: Theorie, Algorithmen, Numerik.* Heidelberg, Berlin: Spektrum Akademischer Verlag GmbH, 2000.

Selder, Helmut. *Einführung in die Numerische Mathematik für Ingenieure.* München: Carl Hanser Verlag, 1973.

MIX
Papier aus verantwortungsvollen Quellen
Paper from responsible sources
FSC® C105338

If you have any concerns about our products,
you can contact us on
ProductSafety@springernature.com

In case Publisher is established outside the EU,
the EU authorized representative is:
Springer Nature Customer Service Center GmbH
Europaplatz 3, 69115 Heidelberg, Germany

Printed by Libri Plureos GmbH
in Hamburg, Germany